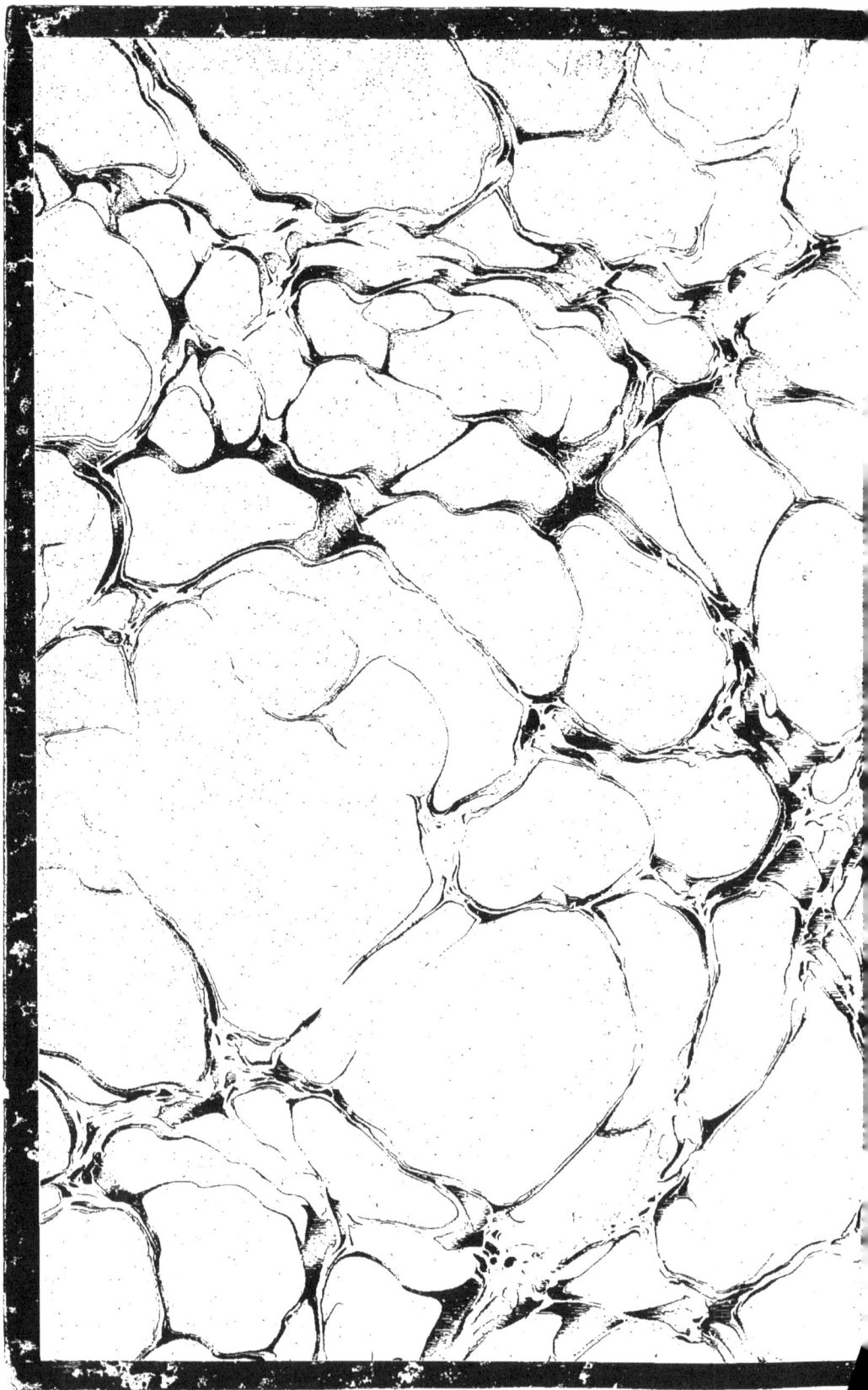

FUMISTERIE

CHAUFFAGE ET VENTILATION

2281

PAR

E. AUCAMUS

INGÉNIEUR DES ARTS ET MANUFACTURES

CHEF D'ATELIER A LA COMPAGNIE DES CHEMINS DE FER DU NORD

PARIS

Vve CH. DUNOD, ÉDITEUR

LIBRAIRE DES PONTS ET CHAUSSÉES, DES MINES
ET DES CHEMINS DE FER

49, Quai des Grands-Augustins, 49

—

1898

FUMISTERIE

CHAUFFAGE ET VENTILATION

TOURS. — IMPRIMERIE DESLIS FRÈRES

BIBLIOTHÈQUE DU CONDUCTEUR DE TRAVAUX PUBLICS

FUMISTERIE

CHAUFFAGE ET VENTILATION

PAR

E. AUCAMUS

INGÉNIEUR DES ARTS ET MANUFACTURES

CHEF D'ATELIER A LA COMPAGNIE DES CHEMINS DE FER DU NORD

PARIS

Vᵛᵉ CH. DUNOD, ÉDITEUR

LIBRAIRE DES PONTS ET CHAUSSÉES, DES MINES
ET DES CHEMINS DE FER

49, Quai des Grands-Augustins, 49

—

1898

BIBLIOTHÈQUE DU CONDUCTEUR DE TRAVAUX PUBLICS

PUBLIÉE SOUS LES AUSPICES

DE MESSIEURS LES MINISTRES DES TRAVAUX PUBLICS
DE L'AGRICULTURE
DE L'INSTRUCTION PUBLIQUE
DU COMMERCE ET DE L'INDUSTRIE
DE L'INTÉRIEUR, DES COLONIES
DE LA JUSTICE

Comité de patronage

HENRY (E.)	Inspecteur général des Ponts et Chaussées.
HUET	Inspecteur général des Ponts et Chaussées en retraite, ancien Directeur administratif des Travaux de la ville de Paris.
HUMBLOT	Inspecteur général des Ponts et Chaussées, Directeur du Service des Eaux de la ville de Paris.
JOUBERT	Ancien Président de la Société des Anciens Elèves des Ecoles nationales d'Arts et Métiers.
LAUSSEDAT (le Colonel)	Membre de l'Institut, Directeur du Conservatoire national des Arts et Métiers.
M° LE BERQUIER	Avocat à la Cour d'appel de Paris.
MARTIN (J.)	Inspecteur général des Ponts et Chaussées en retraite, Ancien professeur à l'École nationale des Ponts et Chaussées.
MARTINIE	Contrôleur général de l'Administration de l'Armée, Ancien président de la Société de Topographie de France.
METZGER	Inspecteur général des Ponts et Chaussées, Directeur des Chemins de fer de l'Etat.
MICHEL (J.)	Ingénieur en chef au Chemin de fer de Paris à Lyon et à la Méditerranée.
NICOLAS	Conseiller d'Etat, Directeur du Travail et de l'Industrie au Ministère du Commerce, de l'Industrie et des Postes et Télégraphes.
PHILIPPE	Inspecteur général des Ponts et Chaussées, Directeur de l'Hydraulique agricole au Ministère de l'Agriculture.
PILLET	Professeur au Conservatoire national des Arts et Métiers.
Le **Président** de la Société des Ingénieurs civils de France.	
RÉSAL	Ingénieur en chef des Ponts et Chaussées, Professeur à l'Ecole Nationale des Ponts et Chaussées.
ROUCHÉ	Professeur au Conservatoire national des Arts et Métiers.
SANGUET	Président de la Société de Topographie parcellaire de France.
TAVERNIER (de)	Ingénieur en chef des Ponts et Chaussées, Directeur du secteur électrique de la rive gauche.
TISSERAND	Conseiller maître à la Cour des Comptes.
TRICOCHE (le Général)	Président de la Société de Topographie de France.

BIBLIOTHÈQUE DU CONDUCTEUR DE TRAVAUX PUBLICS

Comité de rédaction

SIÈGE : 46, QUAI DE L'HÔTEL-DE-VILLE

Bureau

PRÉSIDENT :

JOLIBOIS   Conducteur des Ponts et Chaussées, ancien Président de la Société des Conducteurs, Contrôleurs et Commis des Ponts et Chaussées et des Mines, Membre des Sociétés des Ingénieurs civils de France, des Ingénieurs coloniaux, des anciens élèves des Ecoles d'Arts et Métiers, de Topographie de France, etc., Professeur à l'Association philotechnique.

VICE-PRÉSIDENTS :

CANAL   Conducteur des Ponts et Chaussées, Contrôleur Comptable des Chemins de fer (Orléans).

LAYE   Ancien commis des Ponts et Chaussés, Ingénieur des Arts et Manufactures (Cⁱᵉ du Chemin de fer du Nord).

VERDEAUX   Inspecteur de la voie (Cⁱᵉ du Chemin de fer d'Orléans), Membre de la Société des Ingénieurs civils de France.

VIDAL   Conducteur des Ponts et Chaussées (Contrôle des Chemins de fer du Midi).

SECRÉTAIRES :

DACREMONT   Conducteur des Ponts et Chaussées, Service municipal (Assainissement).

DEJUST   Conducteur municipal (Service des Eaux), Ingénieur des Arts et Manufactures, Répétiteur à l'École centrale des Arts et Manufactures.

DIÉBOLD   Conducteur des Ponts et Chaussées, Service Municipal (Assainissement).

HABY   Ancien conducteur des Ponts et Chaussées, Rédacteur au Ministère des Travaux Publics, Professeur à l'Association philotechnique.

Membres du Comité :

ALLEGRET Conducteur des Ponts et Chaussées, Contrôleur Comptable des Chemins de fer (Ouest), Professeur de mathématiques appliquées.

BONNET Conducteur des Ponts et Chaussées, Service Municipa (Eclairage), Professeur à la Société de Topographie de France.

BOSRAMIER Conducteur principal des Ponts et Chaussées en retraite.

DARIÈS Conducteur Municipal (Service des Eaux), Licencié ès-Sciences, Professeur à l'Association philotechnique.

DECRESSAIN Contrôleur principal des Mines, Professeur à l'École d'Horlogerie.

EYROLLES Conducteur des Ponts et Chaussées, Professeur de Mathématiques appliquées, Membre de la Société des Ingénieurs civils de France, Directeur de l'École spéciale des Travaux publics.

HALLOUIN Inspecteur principal de l'Exploitation commerciale des Chemins de fer.

MALETTE (G.) Conducteur des Ponts et Chaussées (Service ordinaire et vicinal de la Seine).

A.-H. PILLIET (Dr) Ancien interne, Lauréat des Hôpitaux, Chef du Laboratoire de Clinique chirurgicale de La Charité.

PRADÈS Ancien conducteur de l'Hydraulique agricole, Rédacteur au Ministère de l'Agriculture, Professeur à l'Association philotechnique.

REBOUL Contrôleur des Mines (Service des appareils à vapeur).

REVELLIN Contrôleur des Mines, Professeur de la Fédération centrale des Chauffeurs-Mécaniciens, de l'Union corporative et de l'Association polytechnique.

ROTTÉE Conducteur principal des Ponts et Chaussées (Service ordinaire et vicinal).

SIMONET Conducteur des Ponts et Chaussées, Service municipal (Métropolitain).

SAINT-PAUL Conducteur Municipal, Chef du Service de l'Eclairage de la 1re section de Paris, Secrétaire adjoint de la Société de Topographie de France, Professeur à l'Association polytechnique, Vice-Président de l'Association amicale et de prévoyance des Employés municipaux de la Direction des Travaux de Paris.

WALLOIS Conducteur principal des Ponts et Chaussées, Service municipal (Voie publique), Professeur à l'Association polytechnique.

NOTE DE L'AUTEUR

L'ouvrage de *Fumisterie, Chauffage et Ventilation* est essentiellement pratique ; il ne contient que quelques notions théoriques indispensables pour l'étude et le calcul d'un projet de chauffage, dont nous donnons d'ailleurs un exemple.

La fumisterie y est traitée surtout au point de vue du montage et de la réparation des appareils domestiques courants : l'installation *économique* des systèmes modernes de chauffage et de ventilation exigeant des connaissances toutes spéciales et une étude théorique approfondie.

Les appareils de chauffage ont été présentés méthodiquement ; les avantages et les inconvénients des différents systèmes ont été rappelés brièvement, ainsi que les circonstances pouvant aider à faire un choix raisonné d'appareils devant remplir un but précis.

La réalisation d'une ventilation économique et efficace s'appliquant à différents cas est indiquée dans la troisième partie de l'ouvrage, ainsi que l'énoncé de certaines précautions prises par les constructeurs pour assurer une bonne acoustique aux salles de spectacle et de réunion.

Nous croyons utile d'indiquer les sources où nous avons puisé de nombreux renseignements : le lecteur voudra bien s'y reporter lui-même pour approfondir quelques questions intéressantes que nous avons simplement ébauchées. Ce sont les ouvrages suivants :

GROUVELLE : *Cours de Physique industrielle* professé
     à l'Ecole Centrale ;

SER : *Traité de Physique industrielle ;*

PLANAT : *Chauffage et ventilation ;*

DENFER : *Fumisterie, chauffage et ventilation ;*

CLAUDEL : *Aide-mémoire ;*

RORET (Encyclopédie) : *Le Poêlier Fumiste ;*

LÉVY : *Le Gaz à l'Exposition de* 1889 ;

Le Génie civil ;

La Semaine des Constructeurs.

FUMISTERIE
CHAUFFAGE ET VENTILATION

PREMIÈRE PARTIE

FUMISTERIE

CHAPITRE I

GÉNÉRALITÉS. — MATÉRIAUX ET OUTILLAGE

§ 1. — GÉNÉRALITÉS

1. La profession de fumiste comportant l'établissement et la réparation des cheminées, poêles, calorifères, etc., c'est à dire, par conséquent, qu'un fumiste doit être à la fois maçon, forgeron et chaudronnier.

Un fumiste doit faire office de maçon dans la construction et la réparation des conduites d'air et de fumée, dans l'établissement des calorifères de cave, dans la réparation des souches de cheminées, etc. ; il doit être forgeron et chaudronnier, car c'est à lui qu'incombe la confection des coudes, raccords et tuyaux en tôle, d'un usage si fréquent en fumisterie. Il doit, en outre, posséder des notions assez étendues sur le fonctionnement et la construction des appareils qu'il installe ou qu'il répare.

Ces conditions ne sont malheureusement pas toujours remplies, et bien des installations sont faites, qui sont mal conçues et mal exécutées par de petits entrepreneurs plus souvent incapables que malhonnêtes. Aussi est-il nécessaire, lorsqu'on doit faire un travail important, de procéder à une étude spéciale du projet dont l'exécution sera confiée à un fumiste ; celui-ci n'aura plus qu'à exécuter un travail bien déterminé dont il s'acquittera, la plupart du temps, d'une façon satisfaisante.

§ 2. — MATÉRIAUX

2. L'entrepreneur de fumisterie doit constamment avoir à sa disposition certains matériaux qui sont pour lui d'un usage courant, tels que :

Des tôles douces brunies, d'épaisseurs diverses pour tuyaux, plaques de foyers, hottes, etc. ; les plus employées ont $0^{mm},5$ à $2^{mm},5$ d'épaisseur ;

Des tôles galvanisées pour appareils fumivores, girouettes brise-vent, ventilateurs, etc. ;

Du cuivre jaune en feuilles pour brides et raccords de poêles céramiques ; du cuivre rouge pour réservoirs d'eau chaude ;

Du fer plat, du fer à **I** pour armatures de fourneaux et calorifères ;

Des rivets, pointes, vis et articles courants de quincaillerie ;

Des tuyaux en fonte, en fer et en cuivre pour chauffages à la vapeur et à l'eau sous pression ;

Un approvisionnement de tuyaux droits, coudes, tés en tôle, prêts à poser ; des robinets en bronze ;

Des boisseaux, wagons, briques spéciales pour conduits de fumée ;

Des briques ordinaires et réfractaires ;

Des mitres et mitrons en poteries ;

Des dalles pour souches ;

Des carreaux céramiques, du plâtre, etc., du mastic de limaille pour les jointoyages extérieurs [1] ;

Enfin un certain nombre d'articles de fonte, tels que grilles et barreaux, et des appareils confectionnés prêts à

---

[1] Le mastic de limaille s'obtient en mélangeant de la limaille de fer très fine, de la terre à four, du sel et un peu d'eau légèrement acide ou ammoniacale.

installer : rideaux de fermeture de cheminées, foyers, poêles et calorifères de toutes grandeurs, poêles-cuisinières, chauffe-bains, etc.

§ 3. — OUTILLAGE

3. L'outillage du fumiste procède à la fois de ceux du serrurier et du maçon ; il doit en effet posséder un atelier de forge complet, avec enclumes, bigornes, tas, etc.

Le traçage des tôles nécessite l'installation d'un petit atelier d'ajustage, avec marbres, étaux, règles, compas, trusquins, etc., tous outils décrits d'autre part[1].

La confection des tuyaux en tôle, des hottes, exige l'emploi de machines à cintrer, de petits laminoirs spéciaux, et quelquefois de machines à confectionner les coudes ; une machine à percer, une cisaille pour découper les tôles sont également nécessaires.

Enfin tout l'outillage du terrassier et du maçon sert dans l'exécution des fouilles qu'exigent les installations ou les réparations diverses ; il doit se trouver dans la partie de l'atelier réservée aux accessoires : échelles, échafaudages volants, moufles, palans, cordages.

4. **Hérisson**. — Parmi les instruments spécialement employés par le fumiste pour le ramonage des conduits de fumée et des tuyaux de poêle, il faut citer les suivants :

Le *hérisson*, appareil constitué par un noyau de bois dur, quelquefois en forme d'olive, dans lequel on fixe une série de lames d'acier très flexibles, rayonnant tout autour du noyau.

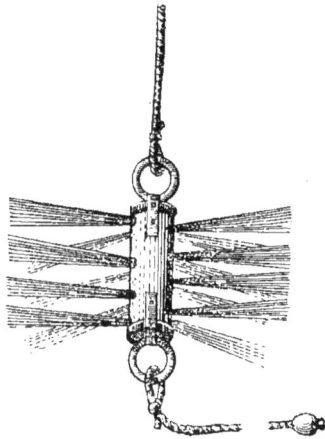

Fig. 1.

---

[1] Voir *Bois et Métaux*.

Normalement à la direction des lames, on visse sur le noyau deux anneaux destinés à recevoir les cordes à l'aide desquelles on manœuvre l'appareil dans les conduits de fumée. L'un des brins de la corde porte à son extrémité libre un contrepoids destiné à faciliter son passage dans les tuyaux déviés (*fig.* 1).

L'*écouvillon* se compose d'une brosse cylindrique emmanchée à l'extrémité d'une longue tige de bois; il sert au nettoyage des tuyaux de poêles.

Les *râclettes* employées pour le ramonage des tuyaux sont constituées par de petits disques en tôle d'un diamètre légèrement plus petit que celui des conduits dans lesquels ils doivent passer.

CHAPITRE II

TRAVAUX DE FUMISTERIE

---

§ 1. — Fabrication des tuyaux

5. Tuyaux droits. — Les tuyaux de poêles se font en tôle douce noircie, et rarement en laiton. La construction de ces tuyaux se fait généralement à la machine; les fumistes qui en confectionnent se servent d'un appareil très simple, sorte de laminoir marchant à bras.

La tôle est découpée suivant la longueur à obtenir; sa largeur est égale à la circonférence du tuyau, plus un recouvrement de 15 à 25 millimètres, nécessaire à la rivure; on forme ainsi un trapèze, si l'on désire obtenir une légère conicité, facilitant l'emmanchement. Un des bords de la tôle est introduit dans une rainure longitudinale que porte un des cylindres de l'appareil, cylindre de bois présentant le même diamètre que celui du tuyau à former; on replie ensuite légèrement la feuille sur ce mandrin, à l'aide du marteau. On approche alors l'ensemble du deuxième cylindre du laminoir, et l'on imprime un mouvement de rotation au mandrin portant la tôle; la feuille est entraînée dans ce mouvement et forcée de se rabattre exactement sur le mandrin, constituant ainsi le tuyau. On retire le cylindre formé, et on le maintient dans sa forme à l'aide de deux bagues passées aux extrémités; on l'enfile sur une règle en fer où on le poinçonne sur toute sa longueur en le faisant glisser progressivement; les trous, espacés d'une façon régulière, servent à recevoir des rivets qui maintiennent invariablement la tôle.

Le perçage des trous et la rivure constituent une main-d'œuvre considérable, aussi construit-on aujourd'hui des

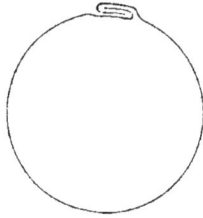

Fig. 2.

tuyaux *agrafés* ; les deux bords de la tôle sont préparés séparément dans les rainures du mandrin de l'appareil précédent; le cintrage terminé, on fait pénétrer les deux bords formant l'agrafe l'un dans l'autre et on rabat l'agrafure sur un bigorne ; il suffit de deux ou trois rivets sur toute la longueur pour constituer un tuyau de même durée qu'un tuyau rivé, mais plus économique (*fig.* 2).

6. Coudes. — Les coudes sont de deux formes : les coudes

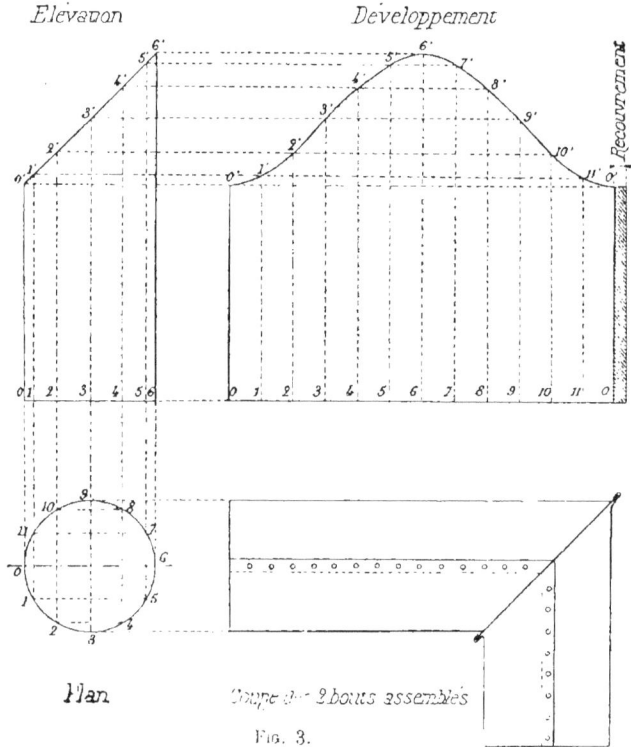

Elevation   Developpement

Recouvrement

Plan   Coupe de 2 bouts assembles

Fig. 3.

droits et arrondis ; ces derniers plus répandus et d'un meilleur emploi. La fabrication des coudes droits est assez simple : on commence par découper la tôle suivant le développement d'une section oblique d'un cylindre droit du diamètre à obtenir, et l'on tient encore compte du recouvrement pour la rivure ; on relève ensuite au marteau le bord découpé de l'une des tôles ; on fait de même pour l'autre tôle en opérant sur une bande plus large qu'on plie d'abord à angle droit, et qu'on replie sur elle-même par le milieu de la bande, en constituant une sorte d'**U** où l'on vient introduire, pour former l'agrafure, le bord replié de la première tôle ; on rabat le tout au marteau sur le bord du tuyau (*fig.* 3).

La fabrication des coudes donne un moyen excellent d'utilisation des vieux tuyaux droits usés aux extrémités ; en effet ceux-ci sont coupés par bouts de longueur suffisante pour former les deux branches du coude, puis enfilés sur un mandrin où on les coupe suivant un

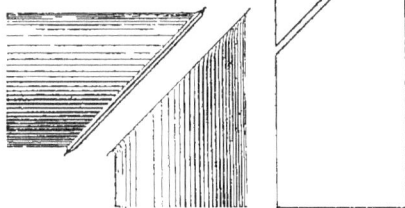

Fig. 4.

plan à 45° sur les génératrices ; on fait ensuite les pinces sur chaque tuyau à l'aide du petit marteau rond, on assemble les deux bouts en rabattant légèrement l'agrafe (*fig.* 4).

Les tuyaux arrondis en arc de cercle se font généralement à la machine ; on peut aussi les faire à la main, en rétreignant et étendant la matière au marteau sur un mandrin ; on produit ainsi dans le tuyau, primitivement droit, des plis transversaux qui sont très prononcés vers la concavité du coude et qui diminuent progressivement, à mesure qu'on s'approche de la convexité.

Les appareils à cintrer les tuyaux de poêle permettent également de rabattre les nervures saillantes ; mais, pour éviter les déchirures qui se produisent fréquemment, il est nécessaire d'employer des tôles de première qualité.

Les pièces décoratives que l'on utilise dans certains cas

pour l'ornementation des appareils de luxe sont des accessoires de chaudronnerie, rapportés sous forme de bagues
moulurées d'importance variable, sur des tuyaux ordinaires
où on les maintient à l'aide de rivets.

7. Tés et raccords divers en tôle. — Hottes. — L'épure

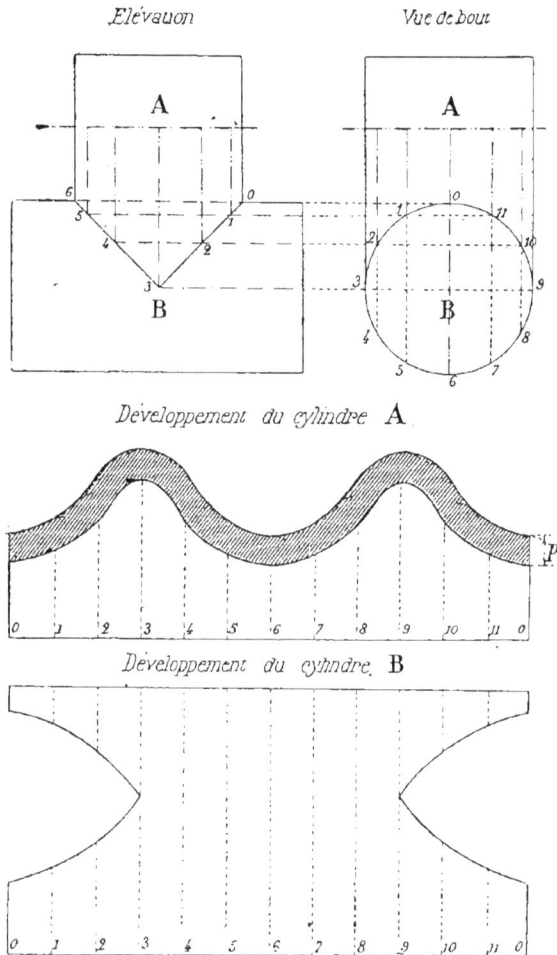

Élévation   *Vue de bout*

Développement du cylindre **A**

Développement du cylindre **B**

Fig. 5.

donnant le tracé des tôles pour la confection d'un té est représentée sur la figure 5 : c'est l'intersection de deux cylindres droits de diamètres égaux se rencontrant à angle droit.

On divise la base du petit cylindre en parties égales, 12 par

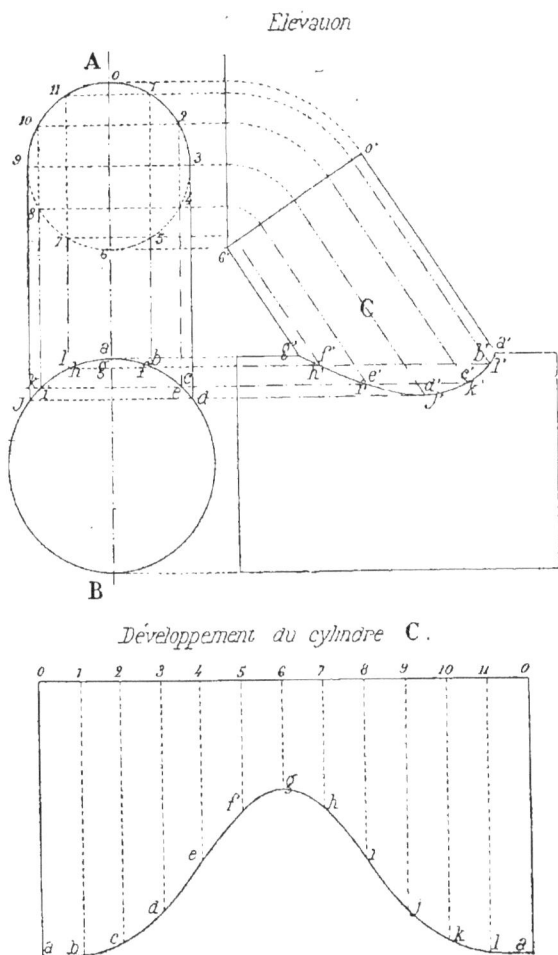

Elévation

Développement du cylindre C.

Fig. 6.

exemple, on trace les génératrices correspondant aux points de division ; celles-ci rencontrent la circonférence de base du deuxième cylindre en des points dont on relève les géné-

ratrices sur la projection verticale. Les points de rencontre
donnent les traces de l'intersection. On développe comme
précédemment les deux cylindres et l'on porte les *pinces* ; à
cet effet, on décrit, avec la largeur *p* de la pince comme rayon,
une série d'arcs de cercle dont les centres sont situés sur les
courbes de découpage, et on mène une courbe tangente à
tous ces arcs. Il est à remarquer que, si l'on portait la pince
le long des génératrices, l'on commettrait une erreur, puisque
celle-ci ne serait plus également distante du bord, et l'on
serait forcé de retoucher les trous.

Pour généraliser cette question, il est utile de rappeler
l'épure permettant de tracer l'intersection de deux cylindres
dont les axes se rencontrent sous un angle donné. Dans ce
cas, les cylindres ont généralement des diamètres différents,
mais ils ont un plan diamétral AB commun.

La figure 6 représente clairement la marche à suivre pour
faire le tracé et donne le développement du cylindre C ; on
procède comme sur la figure 5 pour trouver la courbe de
découpage de la pince.

Pour pratiquer dans une tôle un évidement livrant passage à

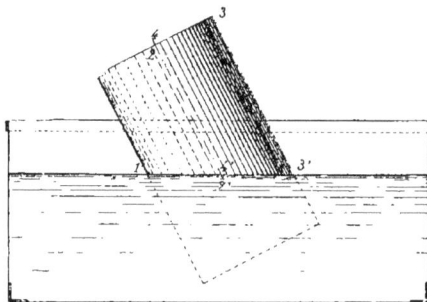

Fig. 7.

un cylindre donné, on marque sur la tôle donnée le point de
passage de l'axe du cylindre ; on perce en ce point un trou
de 20 à 30 millimètres de diamètre, dans lequel on introduit
une tige de fer bien ronde, suivant la direction exacte que
doit présenter l'axe du cylindre. On applique un trusquin à
cornière sur cet axe et l'on place la pointe à une distance de

cet axe égale au rayon extérieur de l'enveloppe circulaire, puis on fait mouvoir le pied du trusquin sur l'axe, en maintenant la pointe contre la tôle. On obtient ainsi la courbe de découpage.

Un moyen très simple pour *tracer une section plane sur un cylindre existant* consiste à tracer sur le cylindre quatre génératrices équidistantes ; on marque sur ces génératrices les quatre points où passe la section et l'on plonge le cylindre dans une bâche remplie d'eau, jusqu'à ce que le niveau affleure les quatre points tracés. On enlève ensuite le cylindre ; on marque à la craie la trace laissée par l'eau sur le cylindre qu'il ne reste plus qu'à couper (*fig.* 7).

Hottes. — Les hottes en tôle pour forges et ateliers s'exécutent en tôle de 2 à 3 millimètres d'épaisseur. La figure 8

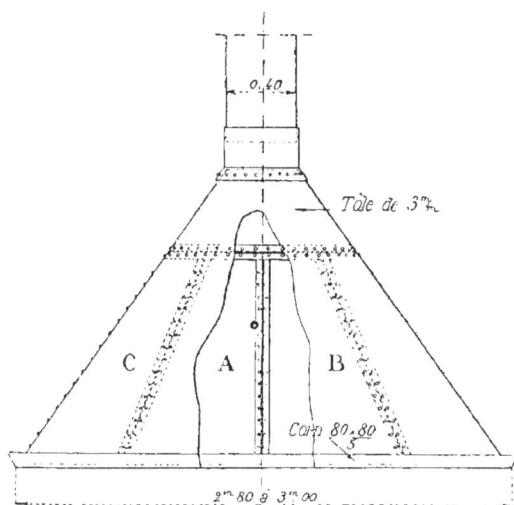

FIG. 8.

représente une hotte pour forge quadruple, de construction courante. Elle se compose d'une enveloppe en tôle découpée suivant les profils A, B et C, réunis par des fers à **T**, recevant la rivure sur l'aile la plus large ; à la partie supérieure, l'amorce du tuyau est d'une seule pièce rivée et reliée à la hotte proprement dite par l'intermédiaire d'un fer à **T**. La hotte est bordée, sur son pourtour inférieur, par une cornière de 80/80/5 qui donne de la raideur à l'ensemble.

§ 2. — Construction des tuyaux de fumée

8. Tuyaux en plâtre. — Ventouses. — Les conduits de fumée s'établissent généralement en même temps que la construction du bâtiment et sont construits par les maçons; cependant le fumiste est souvent chargé de la réparation de ces conduits, et, lorsqu'il y a lieu, de l'installation elle-même, corrélative à l'établissement d'un système de chauffage qu'il doit aménager d'une façon complète.

Les tuyaux de fumée et les corps de cheminée se faisaient autrefois en plâtre [1], construction qui offrait les inconvénients d'une faible durée, de réparations coûteuses, et d'un mauvais fonctionnement; ces tuyaux avaient l'avantage de se construire avec une très faible épaisseur, de s'adosser facilement les uns aux autres et de se ramoner aisément. Mais les cheminées tiraient très mal, les conduits étant beaucoup trop grands pour le passage des gaz; il s'établissait deux courants, l'un ascendant, l'autre descendant, qui faisaient fumer la cheminée. Lorsqu'un fumiste doit remédier à cet inconvénient, le moyen le plus efficace et le plus généralement employé consiste à disposer des *ventouses*, c'est-à-dire à diminuer la section du tuyau par une cloison en carreaux de plâtre, partant du toit pour aboutir dans l'appartement. L'établissement des ventouses a le grave défaut de diminuer la solidité des cheminées, la cloison exerçant des poussées variables contre des parois en matériaux friables; il se forme de nombreuses

---

[1] On forme le conduit de fumée en plâtre, en le calibrant avec un mandrin, ou plus simplement avec une feuille de zinc enroulée qu'on enlève lorsque le plâtre est moulé autour, pour recommencer plus haut la même opération. L'épaisseur du plâtre dépasse rarement 5 à 6 centimètres.

crevasses, des *déjoints* où la fumée s'accumule et peut occasionner des feux de cheminée, souvent très dangereux.

9. Conduites en poteries. — Boisseaux Gourlier, etc. — On a souvent à construire des conduits *adossés* ; on peut les faire en moellons avec enduit de plâtre intérieur — c'est le plus mauvais système — ou en briques posées à plat ou de champ avec enduit ; il faut avoir soin dans ces constructions de relier le moellon ou la brique à la maçonnerie existante. Ces procédés ne s'emploient plus guère de nos jours, soit que l'on ait à faire un conduit adossé ou un tuyau encastré dans un mur. Dès 1824, Gourlier imagina de former les tuyaux au moyen de briques cintrées d'un quart de cercle chacune, dont quatre, réunies, représentent un cylindre creux de 21 à 24 centimètres de diamètre et un carré de 43 centimètres, y compris les retours d'équerre extérieurs. Les formes les plus employées peuvent se ramener à cinq, connues sous les noms d'*équerre*, *té*, *plat à barbe*, *violon* et *chapeau du commissaire*. Les figures 9, 10 et 11 indiquent les

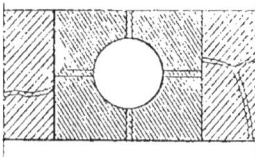
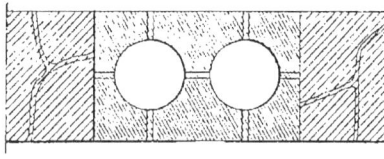
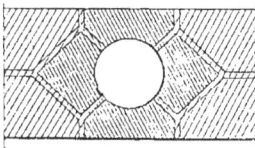

Fig. 9.   Fig. 10.

dispositions à adopter pour l'établissement d'un seul conduit ou de deux conduits accolés ou de plusieurs rangées adossées. Ces briques sont réunies par un léger coulis en plâtre et un enduit de même matière. Les figures indiquent comment on croise les joints.

Fonrouge a perfectionné la construction des briques Gour-

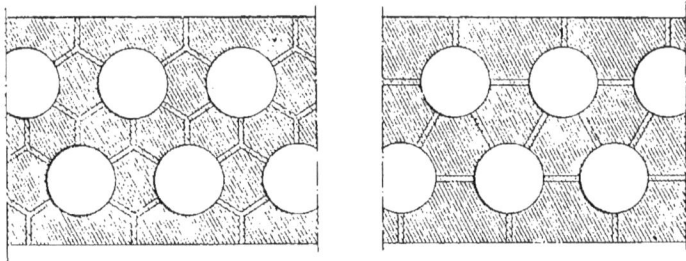

Fig. 11.

lier pour conduits rectangulaires, en faisant le conduit d'une seule pièce ; la figure 12 indique comment sont disposés ces boisseaux à emboîtement ou *wagons* pour croiser les joints.

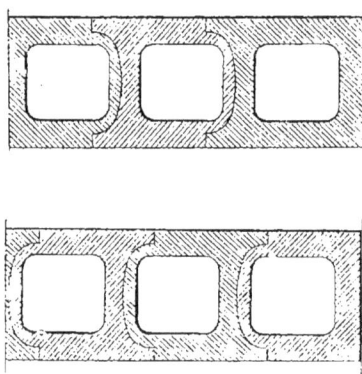

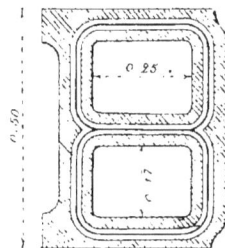

Fig. 12.   Fig. 13.

On fait également usage de wagons à doubles encoches ou doubles saillies, de wagons à doubles conduits à emboîtement et cannelures latérales pour assurer les joints verticaux (*fig.* 13).

Enfin l'on utilise partout aujourd'hui des boisseaux en terre cuite (*fig. 14*), à emboîtement, de longueur variant entre 0^m,30 et 0^m,50, droits ou inclinés. La figure 15 indique la construction d'une conduite adossée constituée avec ces boisseaux :

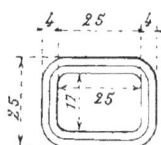
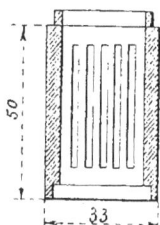

Fig. 14.

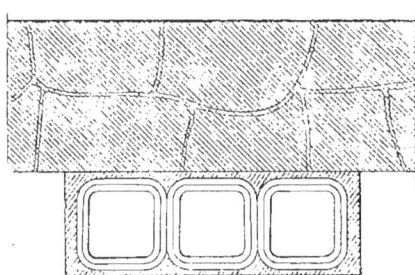

Fig. 15.

de distance en distance on dispose des brides de scellement pour établir la liaison avec le mur existant.

D'une manière générale, les conduits à section circulaire ou elliptique sont préférables aux conduits à section rectangulaire.

10. Souches de cheminées. — Les souches se font généralement en briques ordinaires ; elles sont surmontées d'une plinthe formant saillie et portant un *larmier* pour l'écoulement de l'eau ; cette plinthe se fait en plâtre, ou à l'aide de briques spéciales Gourlier ; pour les souches d'une certaine importance on emploie des dalles en pierre de taille évidées formant couronnement.

C'est généralement à la base des souches, au sortir du toit, que l'on dispose les portes de ramonage.

11. Couronnement des cheminées. — **Mitres, mitrons.** — Les mitres et mitrons des différents modèles représentés sur les figures 16, 17 et 18 sont scellés au moyen d'un solin en plâtre, en ménageant un talus pour l'écoulement de l'eau.

Ces mitres sont en terre cuite; elles ont des dimensions variables; on construit parfois d'une seule pièce des souches et des mitres en poterie, pour cheminées accolées (*fig.* 19).

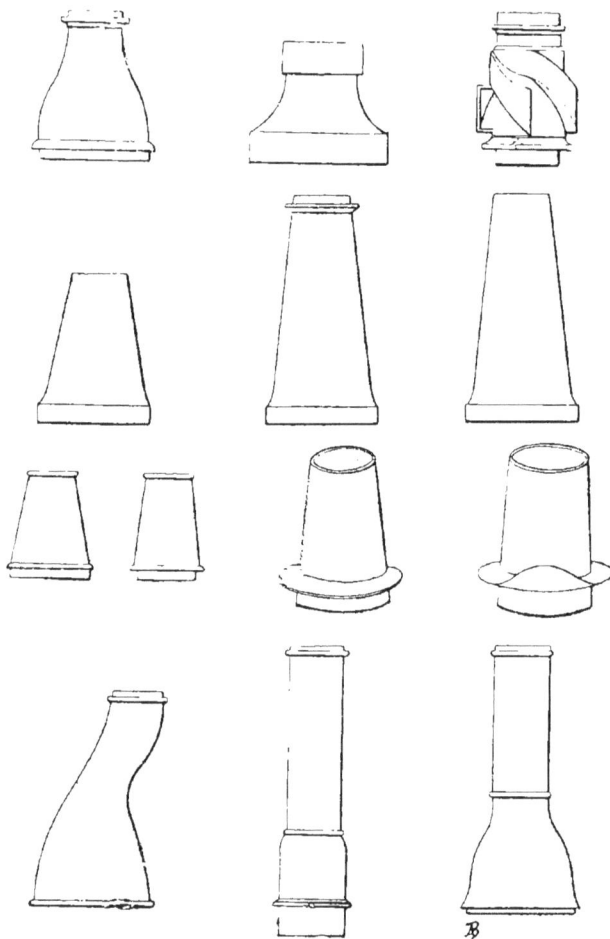

Fig. 16.

On remplace aussi les mitrons par des doubles tuiles inclinées, posées en forme de **V** renversé, qui ne permettent qu'une sortie latérale des gaz chauds; elles évitent le rabattement produit par les vents plongeants.

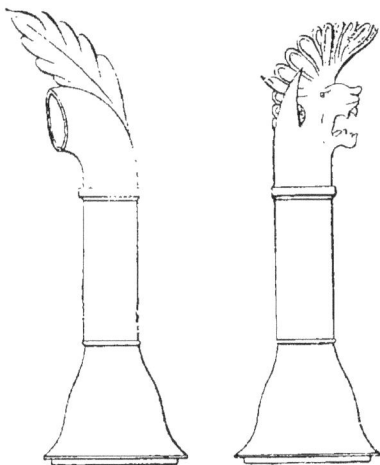

Fig. 17.

Fig. 18.

Fig. 19.

12. Chapeaux de cheminées en tôle. — **Girouettes, appareils fumivores, etc.** — Pour préserver les conduits de cheminée de la pluie, on les recouvre de chapeaux en tôle de toutes formes (*fig.* 20) ou d'appareils mobiles destinés à favoriser le tirage.

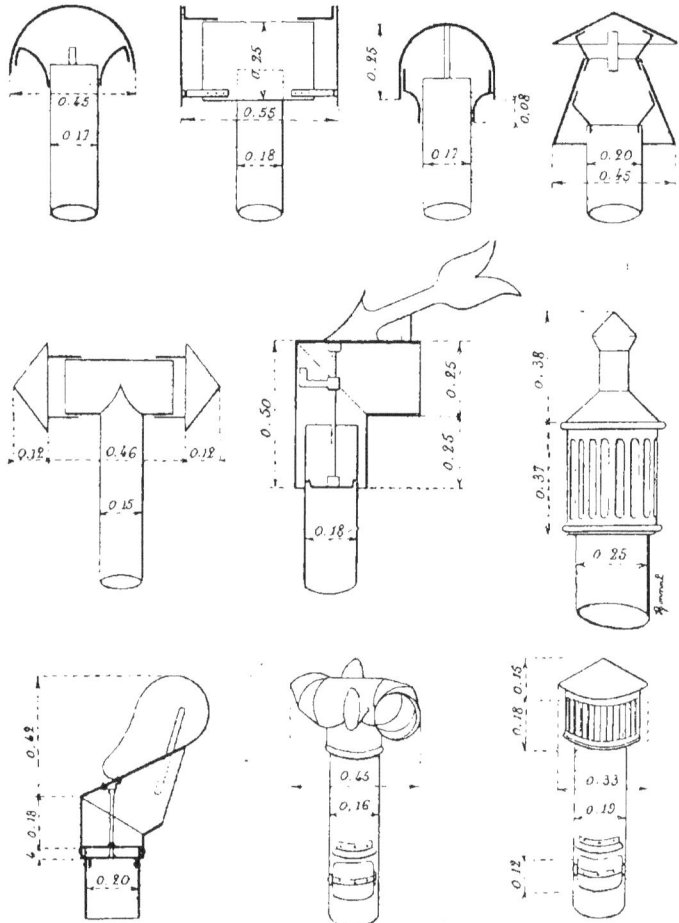

Fig. 20.

La figure 21 représente l'élévation et le plan d'une girouette établie très simplement : le tuyau supérieur B est mobile autour d'un axe C placé à la partie supérieure du tuyau A, au moyen des deux traverses D et E qui le maintiennent solidement dans la position verticale ; la traverse F sert de collier ou de guide à l'axe C, et G forme crapaudine. Le tuyau B, fermé à sa partie supérieure, reçoit une tôle T, rivée sur le fond, sur laquelle s'exerce l'action du vent ; la fumée s'échappe par une ouverture rectangulaire placée symétriquement de part et d'autre de T, de telle façon que le vent favorise toujours le tirage.

En règle générale, tous les appareils mobiles placés à l'extrémité des tuyaux de cheminée, et exposés par conséquent aux agents atmosphériques, doivent être faits en tôle galvanisée, qui est moins sujette à la rouille ; si celle-ci se produit, la mobilité des appareils est rendue très problématique, et par cela même leur utilité.

Enfin la figure 22 donne divers exemples d'appareils fumivores, ventilateurs, dus à différents constructeurs.

Les flèches indiquent la direction des courants dans les appareils. Ceux-ci se construisent tous en tôle de $1^{mm},5$ à 3 millimètres d'épaisseur ; les fumées acides attaquent même les tôles galvanisées et les détériorent vite.

Tous ces systèmes plus ou moins compliqués ont un effet utile très faible, et, lorsque le vent est nul, ou à peu près, ils ne fonctionnent pas.

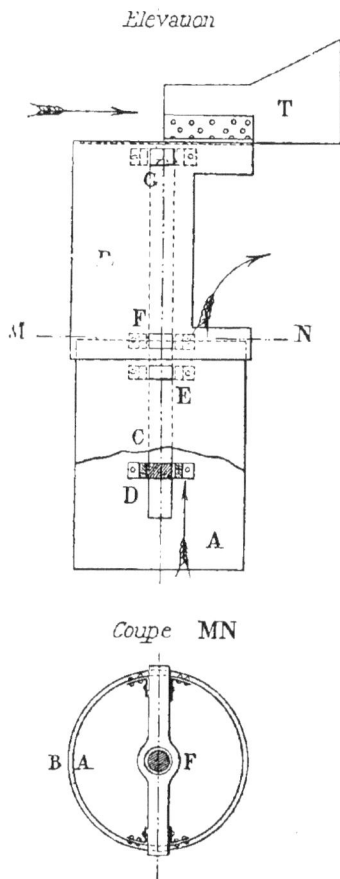

Fig. 21.

Remarque. — On construit quelquefois des cheminées d'usines en tôle d'acier; on les constitue par des viroles

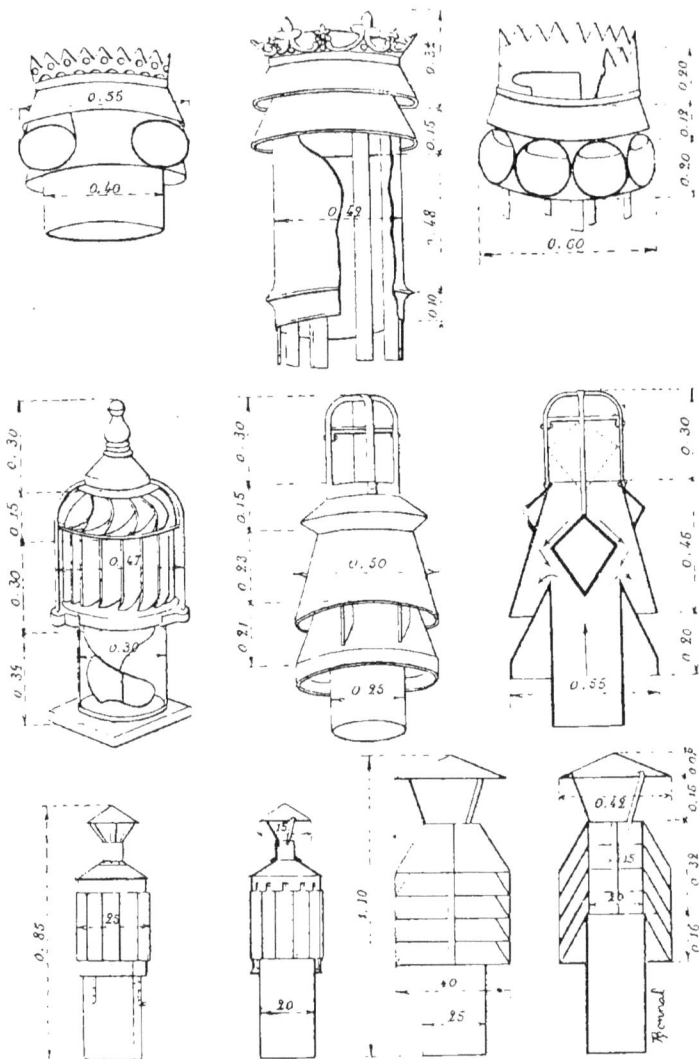

Fig. 22.

rivées de 1 mètre à 1^m,50 de hauteur environ, et d'épaisseur variable de la base au sommet, s'emboîtant les unes dans les autres. Ces cheminées sont plus économiques que celles en briques et s'exécutent très vivement ; bien protégées par des couches de peinture soigneusement renouvelées, elles peuvent durer très longtemps.

La partie qui s'use le plus est le sommet ; il faut éviter d'y mettre des chapeaux évasés en pavillon, qui ne font que rassembler l'eau de pluie et charger inutilement le sommet, mais il est bon d'y placer un chapeau indépendant d'un diamètre double de celui de la cheminée.

§ 3. — Montage et démontage des poêles et des tuyaux

13. Montage des poêles. — Les poêles, qu'ils soient en fonte ou en matériaux réfractaires, doivent toujours reposer sur un massif de briques ou sur une dalle, afin d'éviter les accidents ; souvent, dans les appartements parquetés, on se contente de poser le poêle sur une large plaque de fonte ou de tôle, mais ce n'est pas suffisant ; un lit de briques à plat dans l'épaisseur du plancher offrirait plus de sécurité.

Le montage proprement dit des poêles métalliques ne demande jamais qu'un peu d'attention ; ils sont généralement d'une construction relativement simple ; s'il s'agit d'une réparation, on peut facilement numéroter les pièces par ordre de démontage et les remonter en suivant l'ordre inverse.

Les poêles en faïence se composent ordinairement de trois parties : 1° d'une base plus ou moins ornementée ; 2° d'un corps principal ou *fût* contenant le foyer et la grille ; 3° d'une corniche moulurée destinée à recevoir une tablette de marbre servant d'étagère. Chacune de ces parties est formée d'éléments ou *carreaux* de forme appropriée. La base ne comprend généralement qu'une assise ; le fût se compose de 2 à 4 assises, selon l'importance du poêle, et la corniche d'une assise ; les poêles carrés ou rectangulaires comprennent deux modèles de carreaux, qui sont les carreaux courants rectangulaires et les carreaux d'angle formant équerres pour croiser les joints. On commence par poser les premiers élé-

ments moulurés de la base, les carreaux étant liés entre eux
par des crampons fixés dans des trous ménagés dans ce but
dans leur épaisseur ; on remplit les joints avec de la terre à
four délayée, on pose les assises suivantes jusqu'à la partie
supérieure, en procédant de la même façon et en croisant les
joints. On maintient ensuite l'ensemble au moyen de ceintures horizontales formées de bandes ou brides de cuivre
dissimulant les joints des assises et fixées par des vis ou des
pointes ; on en dispose quelquefois verticalement aux angles
dans les poêles de grandes dimensions, afin d'obtenir une
certaine décoration. Les bouches de chaleur, les ouvertures
nécessaires sont ménagées où besoin est, les joints étant particulièrement soignés.

14. Fourneaux de cuisine. — Il peut arriver que le fumiste
ait à construire un petit fourneau de cuisine : bien que sa
construction soit plutôt du domaine du maçon, on peut
l'indiquer brièvement. Le fourneau se compose de jambages
en briques atteignant 0^m,40 de hauteur, sur lesquels on vient
constituer une *paillasse* en fil de fer maintenue au droit des
jambages par une bande de fer plat formant étrier et scellement dans la maçonnerie du mur de fond. La paillasse reçoit
un remplissage en plâtre constituant le fond du fourneau ;
on monte ensuite les parois du coffre en ménageant sur le
mur de face les ouvertures nécessaires au passage des portes
et en donnant un léger fruit aux parois latérales : enfin on
constitue l'âtre comme le fond, en le maintenant à l'aide
d'une seconde bande de fer plat recourbée deux fois d'équerre
et scellée ; il faut avoir soin de laisser l'emplacement des
cuvettes de fonte constituant les fourneaux proprement dits,
que l'on vient placer ensuite en feuillure, au même niveau
que les carreaux en faïence émaillée qui constituent le remplissage. Le mur du fond, au-dessus du fourneau, reçoit également un carrelage semblable.

Les portes servant à régler le tirage et à nettoyer le fourneau sont logées dans un cadre en tôle à feuillures entre
lesquelles on peut les faire glisser.

Les hottes pour fourneaux de cuisine s'établissent sur une
carcasse en fer constituée par un cadre inférieur, situé de 1^m,60

à 1ᵐ,70 du sol, et par un *cadre* ou ceinture supérieure plus
petit et placé à 0ᵐ,20 environ en contre-bas du plafond, sur
lesquels on fixe une paillasse en fers fentons, coudés à la
partie basse et ligaturés sur la ceinture supérieure avec du fil
de fer galvanisé.

On construit sur cette carcasse un bandeau inférieur fait
d'un listel saillant formant tablette, et on empâte les fentons
par un hourdis qui constitue les parois inclinées de la
hotte.

On remplace quelquefois la paroi inclinée de la hotte par
un remplissage vertical, afin d'éviter l'amoncellement des
poussières ; dans ce cas, une *fausse languette* intérieure vient
rétablir la pente nécessaire pour conduire les gaz au tuyau
de fumée.

15. **Montage et démontage des tuyaux.** — D'une façon
générale, les tuyaux neufs, de fabrication soignée, présentent
une légère conicité ; cette précaution rend facile l'emmanchement de deux bouts voisins.

Le mode d'assemblage n'est pas indifférent ; il est préférable, par exemple, d'introduire l'extrémité inférieure d'un
tuyau à l'intérieur du bout précédemment monté ; dans les
parties verticales on évite ainsi les écoulements désagréables
résultant de la condensation des fumées dans les tuyaux.
Pour faciliter l'emmanchement, il ne faut pas opérer par
pression rectiligne, mais par un mouvement de rotation
continu avec pression simultanée ; si l'opération offre une
certaine difficulté, il faut, à l'aide de la batte rétreindre
légèrement l'un des bouts, par petits coups frappés sur la
paroi extérieure, ou bien ouvrir un peu l'autre bout en frap-
pant à l'intérieur, en évitant de faire des bosses.

Rappelons ici qu'il vaut mieux employer des coudes en
courbe que des coudes rectilignes, pour diminuer les pertes
de charge ; qu'il ne faut jamais disposer un tuyau descendant
immédiatement après le foyer, parce qu'il faut, pour qu'il y
ait tirage, que la portion d'air restant en contre-bas du foyer
soit échauffée. Il est avantageux, dans les parcours horizontaux, de donner aux tuyaux une pente légère pour faciliter
l'écoulement des produits de condensation et même pour

faciliter le tirage. Pour augmenter la surface de chauffe des tuyaux, il faut les munir d'ailettes sur une certaine longueur ; le procédé qui consiste à faire parcourir aux produits de la combustion un circuit double ou triple, comme celui de la figure 23, donne de très mauvais résultats, le courant gazeux s'établissant finalement dans le coude qui offre la moindre résistance, mais ne parcourant jamais simultanément les deux circuits. Il est également inutile d'accroître brusquement la largeur du tuyau sur une certaine longueur pour augmenter la surface de chauffe, car il se produit un courant central direct et des remous occasionnant des dépôts de fumée qui diminuent considérablement la conductibilité qu'on s'était proposé d'augmenter.

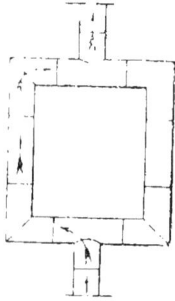

Fig. 23.

Il suffit souvent, pour faire *tirer* un poêle, de diminuer les tuyaux et les coudes qui sont en trop grand nombre. Lorsque les tuyaux, au lieu de déboucher dans une cheminée, traversent simplement un mur ou même une paroi légère en carreaux de plâtre ou en tôle, il est nécessaire d'établir à la sortie non pas un coude simple, mais un té terminé par une poche à tampon mobile (*fig.* 24). Les produits de la condensation, expurgés de temps en temps, ne peuvent plus pénétrer dans la pièce et salir les planchers.

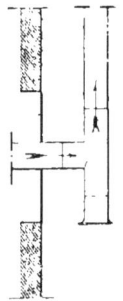

Fig. 24.

Pour le démontage des tuyaux, qui s'opère dans la plupart des cas sans le secours du fumiste, il est cependant nécessaire de prendre quelques précautions qui éviteront souvent bien des ennuis. L'installation des appareils de chauffage étant, dans la plupart des cas, le même d'une année à l'autre, il est facile, lorsqu'on procède au démontage, de *numéroter* les divers éléments constituant la conduite : il suffira, l'année suivante, de les placer dans le même ordre, sans aucun tâtonnement. Lorsque deux bouts adhèrent fortement l'un à l'autre, phénomène très fréquent produit par la rouille accumulée dans le joint, on frappe légèrement avec une batte[1] sur toute la circonférence du joint et à diverses hauteurs. La rouille se détache par plaques; on essaie alors de séparer les tuyaux en procédant à l'inverse de l'emmanchement, sans jamais tirer directement, mais en cherchant à faire tourner l'un des bouts dans l'autre maintenu fixe. Lorsque les tuyaux sont démontés, on doit les nettoyer soigneusement, puis les enduire de plombagine humectée d'huile, afin d'assurer leur conservation. Avec quelques soins, les tuyaux sont prêts à être posés l'année suivante.

Les tuyaux de poêle débouchent presque toujours, par l'intermédiaire d'un trou percé dans le mur, dans une cheminée. On se contente, lorsque le démontage est fait, de boucher l'ouverture toujours irrégulière par une large plaque de tôle, sur laquelle on colle du papier de tenture se raccordant avec celui qui règne dans la pièce, lorsque la pièce est décorée. Ce procédé a le grave inconvénient de dégrader les peintures environnantes : on aura tout avantage à employer un manchon placé à poste fixe et bouché, lorsque les tuyaux sont démontés, par un tampon plus ou moins décoré.

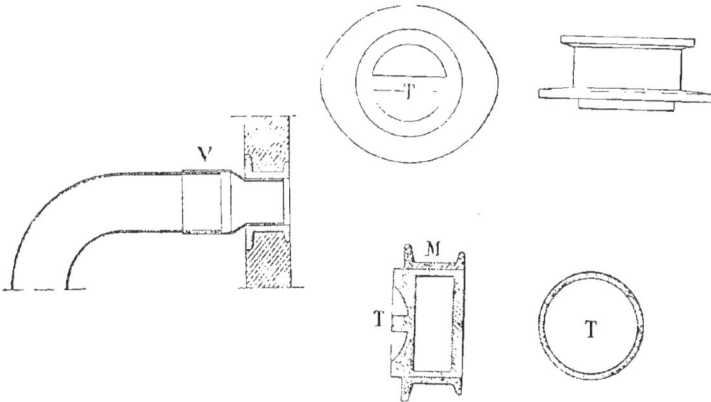

Fig. 25.

Le manchon Corbie, représenté sur la figure 25, se compose de l'enveloppe ou manchon proprement dit M, qu'on

[1] Ou à défaut avec un maillet ou une pièce de bois assez lourde.

scelle dans la maçonnerie, lors de la construction de la cheminée; la partie mobile, ou tampon T, pénètre dans la partie évidée du manchon, lorsque l'appareil de chauffage est démonté.

On peut d'ailleurs, pour une seule dimension de manchon, adopter les tuyaux de dimensions quelconques; il suffit d'interposer une *virole* de raccordement V placée entre la partie fixe du manchon et le premier bout de la conduite à poser.

Lorsqu'un tuyau en tôle traverse un plancher, il faut établir une trémie de dimensions telles qu'il y ait au minimum une distance de $0^m.20$ entre la tôle et la pièce de bois la plus rapprochée. Le tuyau doit passer librement dans un manchon métallique fixé au plancher et de diamètre légèrement supérieur (de $0^m,04$ à $0^m,06$) à celui du tuyau.

De plus, s'il existe un parquet, il faut remplacer les frises par un carrelage, sur toute la surface de la trémie.

Lorsque le tuyau en tôle doit déboucher directement sur une toiture, on peut remplacer la trémie de l'exemple précédent par une enveloppe en fonte [1] ou en tôle agrafée sur la toiture et laissant passer librement le tuyau. Sur les chevrons les plus voisins, on vient clouer une tôle qui reçoit un lattis en fer, remplaçant ainsi le bois sur un cercle de $0^m,50$ de rayon.

Comme la pluie pourrait passer entre le tuyau et l'enveloppe, il est nécessaire de disposer sur le tuyau, à quelque distance du toit, une large collerette qui forme larmier et assure l'étanchéité de la toiture.

§ 4. — Du ramonage

16. Généralités. — Le ramonage a pour but d'enlever la suie qui s'amoncelle à la longue dans les conduits de fumée et les coffres des cheminées; cette suie peut, accidentellement, prendre feu sous l'action de flammèches entraînées par les gaz chauds; le feu, se communiquant de proche en

---

[1] Constituant une tuile spéciale.

proche, peut produire un véritable *feu de cheminée* dont les conséquences sont sinon dangereuses, du moins toujours désagréables.

Les ramonages sont obligatoires (Ordonnance du 15 septembre 1875). Ils se pratiquaient autrefois avec l'aide d'un ramoneur : les dimensions des conduits de fumée permettaient à un enfant d'y pénétrer facilement ; néanmoins ce travail était extrêmement pénible : le ramoneur portait à ses pieds des crampons au moyen desquels il s'accrochait aux parois en s'aidant d'un bras pour se soutenir, tandis qu'à l'aide d'une râclette il détachait la suie adhérente au conduit.

Les tuyaux de fumée construits actuellement présentent des sections trop faibles pour permettre ce genre de ramonage ; on opère aujourd'hui presque exclusivement avec le hérisson.

Un ouvrier se place à l'entrée du foyer de la cheminée, préalablement entouré d'un paravent en tôle destiné à préserver les meubles et les tentures voisines des poussières produites. Un second ouvrier, placé sur le toit, hèle le premier par l'ouverture présumée du conduit jusqu'à ce qu'il reçoive une réponse de son compagnon lui indiquant qu'ils se trouvent bien tous les deux aux extrémités du même conduit. Il déroule alors un des brins de la corde attachée au hérisson et la laisse filer jusqu'au bas ; l'ouvrier placé dans la chambre tire alors progressivement le hérisson jusqu'au coffre, produisant dans son mouvement l'entraînement d'une certaine quantité de suie détachée. Au moment où le hérisson est sorti du coffre l'ouvrier hèle de nouveau son compagnon, qui procède à la manœuvre inverse, et ainsi de suite jusqu'à ce que le passage du hérisson ne ramène plus de suie dans le foyer [1].

Les tuyaux de poêle, et en particulier ceux placés horizontalement, s'encrassent assez rapidement : il faut les démonter,

---

[1] Il faut se servir d'un hérisson à lames dures et serrées, afin de détacher convenablement la suie ; lorsqu'il reste une certaine quantité de suie après un ramonage imparfait, il n'est pas rare qu'un feu de cheminée se déclare, alors qu'on voulait l'éviter.

les secouer et y passer l'écouvillon, la râclette ou, à défaut, une simple brosse emmanchée au bout d'un bâton.

Dans les fourneaux de cuisine (cuisinières), le nettoyage se fait par la trappe à coulisse pratiquée au premier bout du tuyau, en manœuvrant dans tous les sens un tampon fixé à l'extrémité d'une baguette flexible. Cette trappe peut également servir à accélérer le tirage lorsqu'il se fait mal. Il suffit d'introduire par l'ouverture un peu de copeaux ou du papier enflammé dont la combustion crée un courant d'air ascendant qui se transmet au poêle lui-même.

17. REMARQUE. — Dans les grandes villes il arrive fréquemment que les souches extérieures sont très élevées ; pour atteindre l'extrémité des tuyaux, on dispose alors des échelons en fer scellés dans la maçonnerie, ou bien l'on pratique des portes de ramonage que l'on place aussi haut que possible sur les souches. Dans quelques localités on établit les portes de ramonage dans les combles ; c'est un mauvais procédé, car, quelques précautions qu'on prenne, la maçonnerie se fendille, et les flammes peuvent pénétrer à l'intérieur du comble.

La présence des portes de ramonage, ou même celle d'appareils fumivores maintenus par des haubans fixés à des points éloignés, oblige à faire le ramonage de la partie de conduit placée au-dessus du point accessible ; on l'exécute à l'aide d'une tringle recourbée terminée par un râcloir.

Pour empêcher la suie de tomber dans les appartements, on emploie différents moyens : on prolonge quelquefois les conduits de fumée jusqu'au sous-sol, ce qui est assez dispendieux ; on peut aussi placer des tampons dans les locaux habités par les domestiques, etc.

§ 5. — DES CAUSES DE FUMÉE DANS LES CHEMINÉES
ET REMÈDES A EMPLOYER

18. 1° **Par défaut d'introduction d'air.** — Ceci se présente rarement dans les maisons d'habitation modernes où l'on a soin de ménager, dans les planchers, des conduites d'amenée de l'air extérieur dans le foyer ; dans certaines constructions neuves où cette précaution n'a pas été prise, il peut arriver que les boiseries des portes et des fenêtres soient jointives et qu'il n'y ait pas d'entrées d'air suffisantes pour alimenter la cheminée ; il se produit alors une dépression dans la pièce forçant la fumée à rabattre.

Les remèdes à apporter sont très simples : il faut pratiquer des vasistas à vitres perforées, établir des prises d'air, s'il est possible, ou disposer des ventouses sous le manteau de la cheminée, ou diminuer les dimensions du foyer, ou enfin employer un poêle-cheminée : cheminée prussienne, foyer normand, etc.

2° **Par suite d'une trop grande embouchure dans les chambres.** — Le remède consiste à diminuer l'ouverture du foyer en rapprochant les murettes latérales et le fond, en abaissant le dessus du foyer et établissant un tablier mobile ; il faut, souvent aussi, sectionner le conduit de fumée qui se trouve disproportionné : dans ce dernier cas, la mitre doit être diminuée en proportion, pour éviter les remous.

3° **Par manque de hauteur.** — Lorsque le tuyau de cheminée a une hauteur insuffisante, le tirage ne s'établit pas.

Il faut : ou l'allonger à l'extérieur du toit à l'aide d'un tuyau en tôle, ou ajouter un appareil fumivore, ou diminuer la section du foyer, ce qui produit un accroissement de vitesse de l'air chaud.

4° **Les cheminées se contrebalancent.** — Ceci se produit, par exemple, pour deux cheminées placées dans des pièces voisines. La plupart du temps, c'est que l'une d'elles manque d'air ; il faut lui en donner en établissant des prises d'air ou des ventouses ; on propose également de *marier* les deux conduits au-dessus du toit, c'est-à-dire d'établir un conduit oblique allant de la cheminée la plus basse à la plus élevée, de manière que les deux orifices se confondent. De cette façon, l'air ne peut plus descendre dans la plus petite cheminée quand il monte dans l'autre.

L'emploi de *tuyaux unitaires* dans les habitations, c'est-à-dire la construction d'un conduit unique sur lequel viennent se brancher les cheminées de tous les étages d'une maison, est évidemment très économique ; mais il est la cause fréquente de fumée ; en effet, si quelques foyers seulement sont allumés, les autres n'étant pas isolés du conduit unique de fumée par la fermeture de trappes spéciales, l'air froid aspiré par le tirage refroidit les produits de la combustion dans le conduit de fumée et peut diminuer suffisamment le tirage pour que ces gaz rabattent dans les locaux chauffés.

5° **Les cheminées sont dominées par des murs qui produisent des courants plongeants.** — Il faut les élever au-dessus des murs voisins, ou, tout au moins, disposer au sommet de la cheminée un ventilateur, un brise-vent, une gueule-de-loup, tous appareils qui (s'ils fonctionnent bien) obligent le vent à seconder le tirage au lieu de le contrarier.

6° **Les cheminées fument par suite d'un courant d'air produit par l'ouverture d'une baie voisine.** — Une porte ou une fenêtre, en s'ouvrant, produit un courant d'air qui, rasant le foyer, entraîne avec lui la fumée.

Il faut ou changer le sens de l'ouverture de la porte, ou disposer un paravent.

7° **Les cheminées fument dans les chambres où l'on ne fait jamais de feu**, par suite d'un appel produit par l'abaissement de température. Le seul remède consiste à fermer le conduit par une trappe.

8° **Différentes causes.** — Les cheminées fument par différentes autres causes qui rentrent toutes dans celles énoncées précédemment, par exemple par suite de la température trop basse de la fumée ; il faut, dans ce cas, diminuer l'appel d'air (Voir 2°), ou disposer des appareils destinés à réchauffer l'air.

Le conduit de fumée peut être insuffisant, il faut alors rétrécir l'âtre ou disposer un poêle ou une cheminée améliorée.

9° **Tuyaux bouchés.** — Il peut arriver, lorsqu'on allume le feu pour la première fois dans une maison nouvellement construite, que la cheminée fume ; cela tient, la plupart du temps, à ce que les tuyaux sont bouchés par des matériaux divers ; il suffit simplement d'introduire dans la cheminée, par la partie supérieure, une boule de plâtre suspendue au bout d'une corde ; lorsque la boule s'arrête, c'est qu'il y a engorgement : il suffit alors de dégager le tuyau à cet endroit. Ce sondage constitue d'ailleurs la première opération à effectuer lorsqu'on se plaint du fonctionnement d'une cheminée.

10° **Échauffement par le soleil.** — Lorsque le soleil agit, pendant l'été, sur la façade opposée à une cheminée, et l'échauffe suffisamment pour produire le renversement du tirage, il faut disposer des ventouses sur les faces non exposées au soleil, ou rétrécir l'âtre pour diminuer la quantité d'air nécessaire à la combustion ; si ces moyens ne suffisent pas, il faut remplacer la cheminée par un poêle qui exige moins d'air pour son fonctionnement normal.

ORDONNANCE DE POLICE

RELATIVE A

LA CONSTRUCTION DES CHEMINÉES
ET PRÉCAUTIONS CONTRE L'INCENDIE

(SEPTEMBRE 1875)

TITRE I

DISPOSITION COMMUNE AUX FOYERS DE CHAUFFAGE
ET AUX CONDUITS DE FUMÉE

ARTICLE PREMIER. — Toutes les cheminées et tous les autres foyers ou appareils de chauffage fixes ou mobiles, ainsi que leurs conduits ou tuyaux de fumée, doivent être établis et disposés de manière à éviter les dangers du feu et à pouvoir être visités, nettoyés facilement et entretenus en bon état.

TITRE II

ÉTABLISSEMENT DES CHEMINÉES OU AUTRES FOYERS FIXES
ET DES POÊLES OU AUTRES FOYERS MOBILES

ART. 2. — Il est interdit d'adosser les foyers de cheminées, les poêles, les fourneaux et autres appareils de chauffage à des pans de bois ou à des cloisons contenant du bois.

On doit toujours laisser, entre le parement extérieur du mur entourant ces foyers et lesdits pans de bois ou cloisons, un isolement ou une charge de plâtre d'au moins 16 centimètres.

Les foyers industriels et ceux d'une importance majeure doivent avoir des isolements ou charges de plâtre proportionnés à la chaleur produite et suffisants pour éviter tout danger de feu (art. 1).

ART. 3. — Les foyers de cheminées et de tous appareils fixes de chauffage sur plancher en charpente de bois doivent avoir, au dessous, des trémies en matériaux incombustibles.

La longueur des trémies sera au moins égale à la largeur des cheminées, y compris la moitié de l'épaisseur des jambages ; leur largeur sera de 1 mètre au moins, à partir du fond du foyer jusqu'au chevêtre.

Cette prescription s'applique également aux autres appareils de chauffage.

ART. 4. — Les fourneaux potagers doivent être disposés de telle sorte que les cendres qui en proviennent soient retenues par des cendriers fixes construits en matériaux incombustibles et ne puissent tomber sur les planchers.

Ces fourneaux doivent être surmontés d'une hotte, si le conduit de fumée n'aboutit pas aux foyers.

ART. 5. — Les poêles mobiles ou autres appareils de chauffage mobiles doivent être posés sur une plateforme en matériaux incombustibles dépassant d'au moins 20 centimètres la face de l'ouverture du foyer. Ils devront, de plus, être élevés sur pied, de telle sorte que, au-dessus de la plateforme, il y ait un vide de 8 centimètres au moins.

TITRE III

ÉTABLISSEMENT, ENTRETIEN ET RAMONAGE DES CONDUITS DE FUMÉE FIXES OU MOBILES

§ 1. — ÉTABLISSEMENT DES CONDUITS DE FUMÉE

ART. 6. — Les conduits de fumée, faisant partie de la construction et traversant les habitations, doivent être construits conformément aux lois, ordonnances et arrêtés en vigueur.

Toute face extérieure de ces tuyaux doit être à 16 centimètres au moins des bois de charpentes.

Quant aux conduits de fumée mobiles, en métal ou autres existant dans le local où est le foyer et aux conduits de fumée montant extérieurement, ils doivent être établis de façon à éviter tout danger de feu, ainsi qu'il est dit en l'article 1er. Ils doivent être dans tout leur parcours, à 16 centimètres au moins de tout bois de charpente, de menuiserie et autres.

Les conduits de chaleur des calorifères et autres foyers sont soumis aux mêmes conditions d'isolement que les conduits de fumée.

ART. 7. — Tout conduit de fumée traversant les étages supérieurs ou les habitations doit avoir une section horizontale ou capacité suffisante pour l'importance du foyer qu'il dessert.

Tout conduit de fumée de foyer industriel doit, autant que possible, être à l'extérieur ; mais, dans le cas contraire, et si le tuyau traverse les habitations, il doit avoir des dimensions telles ou être construit de telle sorte que la chaleur produite ne puisse le détériorer ou être la cause d'une incommodité grave et de nature à altérer la santé dans les habitations.

Les conduits de fumée des fourneaux en fonte des restaurateurs, traiteurs, rôtisseurs, charcutiers, et ceux des fours des boulangers, pâtissiers, et des autres grands fours, ceux des forges, des moufles, des calorifères chauffant plusieurs pièces, doivent notamment être établis dans ces conditions particulières.

ART. 8. — Tout conduit de fumée doit, à moins d'autorisation spéciale, desservir un seul foyer et monter dans toute la hauteur du bâtiment, sans ouverture d'aucune sorte dans tout son parcours.

En conséquence, il est formellement interdit de pratiquer des ouvertures dans un conduit de fumée traversant un étage pour y faire arriver de la fumée, des vapeurs ou des gaz, ou même de l'air.

§ 2. — ENTRETIEN DES CONDUITS DE FUMÉE

ART. 9. — Les conduits de fumée fixes ou mobiles doivent être entretenus en bon état.

A cet effet, les conduits de fumée fixes en maçonnerie doivent toujours être apparents sur une de leurs faces au moins, ou disposés de façon à pouvoir être facilement visités ou sondés.

Tout conduit de fumée brisé ou crevassé doit être de suite réparé et refait au besoin.

Après un feu de cheminée, le conduit de fumée où le feu se sera déclaré devra être visité dans tout son parcours par un architecte ou un constructeur, et sera au besoin réparé et refait.

Les tuyaux mobiles doivent toujours être apparents dans toutes les parties.

§ 3. — RAMONAGE

ART. 10. — Il est enjoint aux propriétaires et locataires de faire nettoyer ou ramoner les cheminées et tous tuyaux conducteurs de fumée, assez fréquemment pour prévenir les dangers du feu.

Les conduits et tuyaux de cheminées ou de foyers ordinaires dans lesquels on fait habituellement du feu doivent être nettoyés ou ramonés deux fois au moins pendant l'hiver.

Les conduits et tuyaux de tous foyers qui sont allumés tous les jours doivent être nettoyés ou ramonés tous les mois au moins.

Les conduits et tuyaux de tous les grands fourneaux de restaurateurs, des fours de boulangers, pâtissiers ou autres foyers industriels semblables, doivent être nettoyés ou ramonés tous les mois au moins.

ART. 11. — Il est défendu de faire usage du feu pour nettoyer les cheminées, les poêles, les conduits et tuyaux de fumée, quels qu'ils soient.

Le nettoyage des cheminées ne se fera par un ramoneur que si ces cheminées et leurs tuyaux ont partout un passage d'au moins 60 centimètres sur 25.

Le nettoyage des cheminées et tuyaux ayant une dimension moindre se fera soit à la corde, avec un hérisson ou écouvillon, soit par tout autre instrument bien confectionné, ou tout autre mode accepté par l'Administration.

Art. 12. — Il nous sera donné avis des vices de construction des cheminées, poêles, fourneaux et calorifères qui pourraient occasionner un incendie.

Il nous sera aussi donné avis du mauvais état, de l'insuffisance ou du défaut de ramonage de tout conduit de fumée qui pourrait, par suite, faire craindre soit un feu de cheminée, soit une incommodité grave et pouvant occasionner l'altération de la santé des habitants.

TITRE IV

COUVERTURES EN CHAUME, JONC, ETC.

Art. 13. — Aucune couverture en chaume, jonc, ou autre matière inflammable, ne pourra être conservée ou établie sans notre autorisation.

Les titres V et VI traitent des forges, foyers d'usine, entrepôts, magasins, salles de spectacle, etc...

Le titre VI traite de l'extinction des incendies ; nous citerons en particulier l'article 37, qui est ainsi conçu :

« Les maçons, charpentiers, fumistes, couvreurs, plombiers et autres ouvriers sont tenus, à la première réquisition, de se rendre au lieu de l'incendie *avec leurs outils ou agrès*, mais ils ne travailleront que d'après les ordres du commandant du détachement des sapeurs-pompiers ; faute par eux de déférer à cette réquisition, ils seront poursuivis devant les tribunaux, conformément à l'article 475 du Code pénal (Amende de 6 à 10 francs). »

Nota. — Lorsqu'un feu de cheminée éclate dans un local quelconque, la précaution à prendre consiste à boucher toutes les ouvertures qui pourraient laisser entrer de l'air dans le conduit en feu ; on commence d'abord par baisser le rideau mobile, puis on applique sur les joints des linges mouillés ; on monte dans le grenier ou sur le toit, et l'on pose une tuile ou un obturateur quelconque sur l'orifice extrême du conduit de fumée ; pour produire plus rapidement l'extinction, il suffit de jeter dans l'âtre de la fleur de soufre, répartie sur toute la surface du foyer, ou du sulfure de carbone, lorsqu'on en a à sa disposition.

Dans les maisons bien construites, aucune complication n'est à craindre, et le feu dure très peu de temps.

RÈGLEMENT

POUR LA

CONSTRUCTION DES TUYAUX DE FUMÉE
DANS L'INTÉRIEUR DES MAISONS DE PARIS

(18 AOUT 1874)

ARTICLE PREMIER. — Il est interdit, d'une manière absolue, de pratiquer des foyers ou des conduits de fumée dans les murs mitoyens et dans les murs séparatifs de deux maisons contiguës, qu'elles appartiennent ou non au même propriétaire.

ART. 2. — Il est permis de pratiquer des conduits de fumée dans l'intérieur des murs de refend en moellons ayant au moins 40 centimètres d'épaisseur, dans les murs en briques ayant au moins 37 centimètres d'épaisseur, enduit compris.

ART. 3. — Des conduits de fumée engagés dans ces murs ne pourront être exécutés qu'en briques, ou avec des matériaux en terre cuite pouvant se relier, au moyen de harpes courtes et longues, avec les matériaux constitutifs du mur.

Il est absolument interdit de se servir, pour cet usage, de boisseaux ou pots en terre cuite ou en plâtre, et de pigeonner ces conduits avec des moules dans l'intérieur des murs.

ART. 4. — Entre la paroi intérieure des tuyaux engagés dans les murs et le tableau des baies pratiquées dans ces murs, il sera toujours réservé un dosseret de maçonnerie pleine ayant au moins 45 centimètres d'épaisseur, enduit compris.

Cette épaisseur pourra être réduite à 25 centimètres, à la condition que le dosseret soit construit en pierre de taille dure ou en brique de bonne qualité.

ART. 5. — Tout conduit de fumée présentant une section intérieure de 60 centimètres de longueur et de 25 centimètres de largeur devra avoir au minimum une section de 4 décimètres carrés. Le petit côté des tuyaux rectangulaires n'aura pas moins de

20 centimètres, et le grand côté ne pourra dépasser le petit de plus d'un quart. Les angles intérieurs seront arrondis sur un rayon de 5 centimètres au moins, et ces parties retranchées seront comptées dans la section.

ART. 6. — Les tuyaux de cheminées non engagés dans les murs ne seront autorisés que s'ils sont adossés à des piles en maçonnerie ou à des murs en moellons ayant au moins 40 centimètres d'épaisseur, ou à des murs en briques ayant au moins 22 centimètres d'épaisseur, ou, dans le dernier étage, à des cloisons en briques de 11 centimètres d'épaisseur.

Ils devront être solidement attachés au mur tuteur.

Ceux qui présenteront une section de 60 centimètres de longueur sur 25 centimètres de largeur pourront être en plâtre, pigeonnés à la main.

Ceux de dimensions moindres devront, à moins d'une autorisation spéciale, être construits soit en briques, soit en terre cuite, et recouverts de plâtre.

ART. 7. — L'épaisseur des languettes, parois et costières des tuyaux engagés dans les murs ou adossés, ne pourra jamais être inférieure à 8 centimètres, enduit compris.

ART. 8. — Les tuyaux de cheminées ne pourront dévier de la verticale de manière à former avec elle un angle de plus de 30°.

Ils devront avoir une section égale dans toute leur hauteur, et seront facilement accessibles à leur partie supérieure.

ART. 9. — Ne sont pas assujettis aux prescriptions de constructions indiquées dans les articles précédents, notamment en ce qui concerne la nature des matériaux à employer :

1° Les tuyaux de fumée placés à l'extérieur des habitations ;

2° Les tuyaux des foyers mobiles ou à flammes renversées, pourvu que ces tuyaux ne sortent pas du local où est le foyer ;

3° Enfin les tuyaux de fumée d'usines, autant qu'ils ne traversent pas d'habitations.

DEUXIÈME PARTIE

CHAUFFAGE

CHAPITRE I

CONSIDÉRATIONS THÉORIQUES

§ 1. — Des différents modes de transmission de la chaleur

19. Généralités. — La connaissance des lois de la transmission de la chaleur est indispensable pour l'étude des meilleures dispositions à donner aux appareils de chauffage ; cette étude ayant été faite complètement dans l'ouvrage de M. Dejust [1], il suffira de rappeler ici les définitions et les formules nécessaires à l'établissement des calculs relatifs aux différents projets de chauffage domestique.

20. Classification et définitions. — L'expérience indique que, lorsque deux corps d'inégale température se trouvent dans une même enceinte, le plus chaud cède progressivement une partie de sa chaleur au plus froid, jusqu'à ce que l'équilibre de température s'établisse. Cette *transmission* s'effectue de quatre manières différentes :

1º Par *conductibilité* ou *conduction*, par vibration directe de molécule à molécule, dans l'intérieur d'un corps ou entre deux corps en contact. La vitesse de propagation varie entre des limites très différentes, suivant la nature des corps ; les *métaux* transmettent rapidement la chaleur et sont dits *bons conducteurs ;* les pierres, les bois, sont, au contraire, *mauvais conducteurs.* La loi suivant laquelle se fait la transmission est la même dans les deux cas et s'énonce ainsi :

La quantité de chaleur qui passe d'une face à l'autre d'un

---

[1] *Chaudières à vapeur.*

*corps solide est proportionnelle à la surface de transmission,
à la différence de température des deux faces, au temps et
en raison inverse de l'épaisseur.*

Cette loi s'exprime par la formule

$$M = SC \frac{t - t'}{e} z.$$

dans laquelle M représente, en calories, la quantité de chaleur transmise ; S, la surface de transmission en mètres carrés ; t et t', les températures des deux faces ; z, le temps, en heures ; e, l'épaisseur du corps solide ;

C, *coefficient de conductibilité* du corps, c'est-à-dire la quantité de chaleur qui passe par heure, par mètre carré de surface de ce corps, à travers 1 mètre d'épaisseur et pour une différence de 1 degré entre les deux faces ;

2° *Par mélange*, entre deux fluides : l'équilibre de température s'établit encore par contact direct des molécules, mais la position de celles-ci varie à chaque instant. C'est ainsi que l'on chauffe les liquides, que l'on prépare les bains, etc.

Théoriquement, la chaleur reçue par le liquide chauffé est égale à la chaleur transmise par le liquide chauffeur ; si l'on appelle M la quantité de chaleur transmise ; P, C, T, le poids, la chaleur spécifique et la température du liquide chaud ; p, c, t, les mêmes quantités pour le liquide froid, et si x est la température finale du mélange, on peut poser :

$$M = PC(T - x) = pc(x - t),$$

ce qui permet de déterminer, suivant les conditions du problème, ou M, ou x :

$$M = \frac{PC \times pc}{PC + pc}(T - t) \qquad \text{et} \qquad x = \frac{PCT + pct}{PC + pc}$$

3° *Par convexion* : cette transmission se fait par contact entre un solide et un fluide de températures différentes ;

4° *Par radiation* : le corps chaud émet dans toutes les directions des rayons calorifiques qui se transmettent à distance aux corps environnants.

Ces deux modes de transmission se produisent généralement d'une manière simultanée; aussi les physiciens ont-ils étudié en même temps ces deux phénomènes. Newton a donné l'énoncé d'une loi suffisamment exacte entre les limites de température que l'on considère habituellement dans l'étude des chauffages industriels, pour qu'il nous suffise de l'énoncer ici.

21. Loi de Newton. — *La quantité de chaleur transmise par un corps chaud, à l'enceinte dans laquelle il se trouve, est proportionnelle à l'excès de la température de la surface du corps sur celle de l'enceinte.*

Cette quantité de chaleur étant d'ailleurs proportionnelle à la surface de transmission S et au temps z, on peut écrire :

$$M = KS (t - \theta) z.$$

Dans cette formule, comme dans les précédentes, S est exprimée en mètres carrés, z en heures, t et θ, températures de la surface et de l'enceinte, en degrés centigrades ; enfin K représente le *coefficient de transmission* de la substance considérée.

Cette formule se vérifie assez exactement pour des écarts de température $(t - \theta)$ ne dépassant pas 25°. D'autre part, en donnant à K des valeurs non plus constantes, mais variables suivant une certaine loi, on peut la généraliser.

§ 2. — TRANSMISSION DE LA CHALEUR A TRAVERS UNE PAROI

22. Le phénomène de la transmission de la chaleur à travers une paroi quelconque se présente sous trois formes diverses :

1° *La paroi sépare deux enceintes maintenues à une température constante ;* ce cas se présente dans les maisons d'habitation où les murs extérieurs sont en contact, d'une part avec l'atmosphère à 0°, d'autre part avec une enceinte chauffée à t°, supérieure à 0° ;

2° *La paroi sépare deux fluides en mouvement :* la température des fluides varie à chaque instant, par suite de la transmission, que les fluides circulent dans le même sens ou en sens inverse ; ce phénomène se présente sous ces deux aspects dans les calorifères à air chaud ;

3° *La paroi sépare deux fluides, dont l'un est en mouvement, et l'autre reste à une température sensiblement constante,* comme, par exemple, dans une chaudière à vapeur, ou dans une chambre chauffée par un tuyau de poêle.

Le premier cas sera seul étudié ici car il permet de déduire quelques considérations intéressantes.

23. Transmission à travers une paroi à faces parallèles, placée entre deux enceintes à température constante. — On peut diviser le phénomène en trois phases : il faut supposer tout d'abord le *régime* établi, c'est-à-dire la quantité de chaleur absorbée par une des faces, transmise intégralement sur l'autre face, dans le même temps (*fig.* 26).

1° L'enceinte chauffée transmet à la paroi, par radiation et convexion simultanées, ou simplement par convexion, pendant un temps z, une quantité de chaleur M donnée par la formule

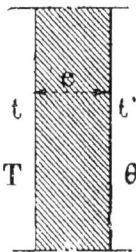

Fig. 26.

$$M = KS(T - t)z.$$

Dans cette formule, T représente la température de l'enceinte, et t la température de la face interne de la paroi (*fig.* 26).

2° La même quantité de chaleur M traverse la paroi, dans le même temps z, et la loi de la conductibilité s'exprime :

$$M = S \frac{C}{c} (t - t') z.$$

3° Il y a transmission par radiation et convexion de la face extérieure de la paroi à l'enceinte extérieure ; cette transmission s'exprimant par l'égalité :

$$M = K'S (t' - \theta) z,$$

pour éliminer t et t', qui sont les deux inconnues, il suffit d'écrire les trois équations sous la forme :

$$M \frac{1}{K} = S\,(T - t)\,z,$$

$$M \frac{c}{C} = S\,(t - t')\,z,$$

$$M \frac{1}{K'} = S\,(t^1 - \theta)\,z,$$

et d'ajouter membre à membre :

$$M \left(\frac{1}{K} + \frac{c}{C} + \frac{1}{K'} \right) = S\,(T - \theta)\,z,$$

en posant :

$$\frac{1}{K} + \frac{c}{C} + \frac{1}{K'} = \frac{1}{Q},$$

il vient :

$$M = SQ\,(T - \theta)\,z,$$

qui est la formule fondamentale de la transmission de la chaleur à travers une paroi, formule qu'il était nécessaire d'établir pour développer les calculs d'un projet de chauffage. Elle est, d'ailleurs, générale, car le coefficient Q varie seul, selon l'épaisseur du mur, les divers matériaux dont il est formé ; il varie avec la forme de la paroi, selon qu'elle est cylindrique, sphérique, etc.

24. Remarques. — De cette étude théorique il résulte :

1° Que, pour transporter la chaleur à distance, dans des conduites ou tuyaux, il faut, pour réduire les pertes au minimum, ou entourer les conduites d'un corps mauvais conducteur (*isolant*) ou l'entourer d'un matelas d'air en repos (*doubles conduites*) ;

2° Qu'au-delà d'une certaine étendue de transmission, comme la chaleur transmise devient très faible, il devient onéreux de multiplier ces surfaces ;

3° Que pour obtenir, dans les appareils de chauffage, le

meilleur effet utile, il y a avantage à faire circuler les fluides en présence en sens inverse, à réaliser ce qu'on nomme le *chauffage méthodique*.

§ 3. — ÉCOULEMENT DES GAZ

25. Généralités. — L'écoulement d'un gaz par un orifice de faibles dimensions, avec un faible excès de pression, se fait comme pour un liquide, et la vitesse théorique du gaz à la sortie est exprimée par la formule :

$$V = \sqrt{2gh},$$

h étant la hauteur d'une colonne homogène de gaz qui s'écoule, faisant équilibre à l'excès de pression de l'intérieur sur l'extérieur.

Le volume Q de gaz écoulé par seconde par un orifice de section Ω est égal à :

$$Q = \Omega V,$$

V étant la vitesse d'écoulement dans la section considérée. Il faut tenir compte d'un certain *coefficient de contraction*, dépendant de la forme de l'orifice considéré ; ce coefficient varie suivant que l'ajutage est fixé en mince paroi, qu'il est conique, cylindrique, etc.

26. Pertes de charges dans les conduites. — Le phénomène de la contraction de la veine fluide, dans un ajutage réduisant la vitesse dans la section de l'orifice, équivaut à une perte de pression ou de *charge*. De même, les frottements du fluide contre les parois des conduites, communiquant aux couches voisines des actions retardatrices variables, équivalent également à des pertes de charge ; de même pour les coudes brusques, les changements de section.

La perte de charge due aux frottements est proportionnelle à la longueur de la conduite, à son périmètre, et inversement proportionnelle à sa section ; elle croît proportionnellement au carré de la vitesse du fluide. Il existe, pour chaque nature de matériaux constituant les conduites, un *coefficient de frottement* dépendant de la rugosité des parois intérieures, des modes d'assemblage, du diamètre des conduites, etc. ; ce coefficient se détermine par l'expérience.

Les *changements de direction* créent des pertes de charge variables avec la nature de ces changements. Pour un coude brusque (*fig.* 27), la perte est peu sensible ; pour un angle

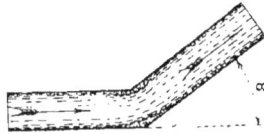

Fig. 27.

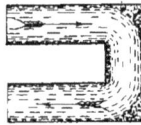

Fig. 28.

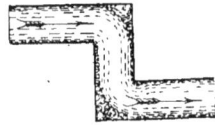

Fig. 29.

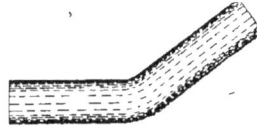

Fig. 30.

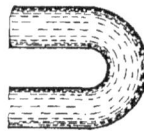

Fig. 31.

Fig. 32.

$\alpha \leqslant 20°$, elle croît sensiblement jusqu'à $\alpha = 90°$, où elle atteint son maximum ; on peut exprimer cette perte de charge par la formule :

$$\varepsilon = \mu d \, \frac{v^2}{2g};$$

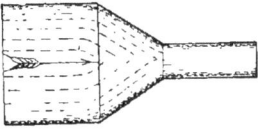

FIG. 33.

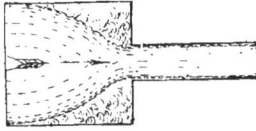

FIG. 34.

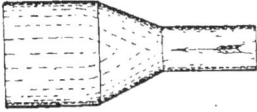

FIG. 35.

FIG. 36.

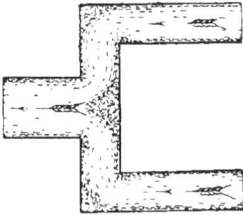

FIG. 37.

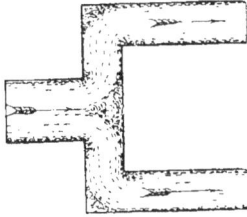

FIG. 38.

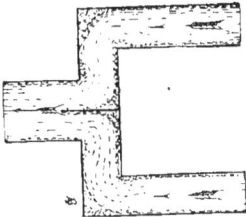

FIG. 39.

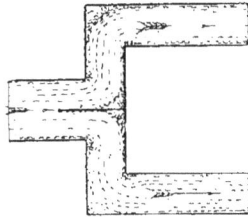

FIG. 40.

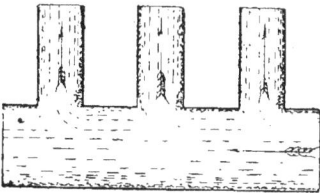

FIG. 41.

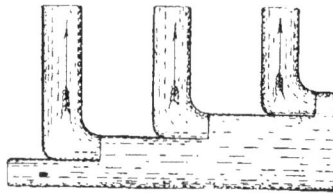

FIG. 42.

ε est exprimée en mètres d'eau ; v, la vitesse en mètres dans une section où le régime est régulier ; d, la densité du gaz prise par rapport à l'eau, et μ, le coefficient de résistance variant de 0,04 pour $\alpha = 20°$ à 0,984 pour $\alpha = 90°$.

Deux coudes brusques successifs dans le même plan (*fig.* 28) occasionnent une perte de charge qui est la même que pour un seul coude ; lorsque les deux coudes sont dans des plans différents, la perte de charge est égale, pour les deux coudes, à une fois et demie celle qui correspond à un seul coude.

Pour deux coudes situés dans un même plan, mais disposés de telle façon qu'après le passage le courant reprend sa direction primitive, la perte de charge est la somme des pertes causées par chacun des coudes pris séparément (*fig.* 29).

Lorsque les coudes sont arrondis, la perte de charge est diminuée, et le coefficient μ diminue avec la courbure du coude ; il est donc avantageux de remplacer les dispositions indiquées précédemment par celles qui sont représentées sur les figures 30, 31 et 32, en augmentant autant que possible le rayon de courbure.

Sans s'étendre davantage sur des considérations qui ont été développées d'autre part, on peut dire que les changements de section doivent se faire le moins brusquement possible ; la disposition indiquée sur la figure 33 est donc préférable à celle de la figure 34. De même, il vaut mieux employer, pour diminuer une section de conduite, le changement indiqué sur la figure 35, de préférence au changement (*fig.* 36).

Pour les branchements et les bifurcations, on emploie les dispositions représentées par les figures 39, 40 et 42, et non celles des figures 37, 38 et 41.

§ 3. — COMBUSTION ET COMBUSTIBLES

27. Généralités. — L'on sait que la *combustion*, c'est-à-dire la combinaison chimique d'un *comburant* et d'un *combustible*, est le moyen le plus employé pour produire de la chaleur. Les combustibles généralement employés contiennent une très notable quantité de carbone, qui, s'unissant à l'oxygène de l'air, produit de l'acide carbonique en dégageant une très grande chaleur ; l'hydrogène est aussi un élément principal des corps combustibles, qui donne de la vapeur d'eau après la combustion.

La quantité d'air nécessaire à la combustion est donc facile à déterminer, puisqu'on connaît la composition exacte de l'air atmosphérique, d'une part, et, d'autre part, les éléments constitutifs du combustible employé ; voici, d'après des expériences diverses, les nombres qui expriment, en mètres cubes, la quantité d'air à fournir par kilogramme de combustible brûlé :

Bois très sec	$6^{m3},75$
Bois ordinaire	5 ,40
Charbon de bois	16 ,40
Houille	18 ,10
Coke	15 ,00

Parfois la combustion est incomplète, et, en dehors de l'acide carbonique, il se produit de l'oxyde de carbone, qui contient moitié moins d'oxygène combiné ; la présence de l'oxyde de carbone est extrêmement dangereuse, même dans de très faibles proportions ; il y a donc intérêt à éviter sa formation, en fournissant au combustible l'oxygène qui lui est absolument nécessaire. D'autre part, si l'on exagère, dans un appareil de chauffage, la quantité d'air introduit, l'excès de gaz s'échauffe simplement, et, en s'échappant, emmène avec lui une certaine quantité de chaleur, qui diminue le rendement de l'appareil.

Il est donc nécessaire, pour l'établissement d'un appareil de chauffage quelconque, de tenir compte des observations suivantes :

1° Il faut fournir au combustible le volume d'air nécessaire à la combustion complète, mais sans excédent ;

2° Il faut assurer le mélange intime des gaz comburants et combustibles dans le foyer, et à cet effet étudier les grilles pour l'usage qu'on en veut faire, disposer le combustible par morceaux peu volumineux et en couches de faible épaisseur ;

3° Régler la vitesse des gaz de manière à maintenir, dans le

milieu où s'effectue la combustion, une température assez
élevée.

Les chapitres suivants indiquent comment on peut réaliser toutes ces conditions.

28. Combustibles.

28. Combustibles. — Les combustibles les plus employés
dans le chauffage des habitations sont :

Les *bois, durs* ou *blancs*, vendus sous le nom de *bois neufs*,
de *bois flottés* ou de *pelards*. Les plus estimés sont le charme,
le hêtre et le chêne. La puissance calorifique d'un bois dur
suffisamment sec est d'environ 3.700 calories.

La *houille, grasse* ou *maigre*, vendue sous les dénomina-
tions de *gros, gailleterie, menu* et *tout-venant*. La houille
maigre convient surtout aux poêles à combustion lente ; la
houille grasse est préférable pour les calorifères, les chaudières ; la puissance calorifique de la houille varie de 7.000
(houille maigre) à 8.500 calories.

L'*anthracite*, employée surtout dans les poêles mobiles et
les gazogènes, en petits morceaux, a une puissance calorifique de 8.000 calories environ.

Le *charbon de bois*, provenant des bois durs, est très estimé
pour le chauffage des aliments ; il est assez difficile à allumer ; sa puissance calorifique est de 6.500 calories.

Le *coke*, provenant des usines à gaz, est très économique ;
on l'emploie en morceaux de dimensions variables, pour le
chauffage des poêles et des cheminées d'appartements ; il ne
brûle que sous une forte épaisseur ; puissance calorifique,
6.800 calories.

On emploie plus rarement pour le chauffage des édifices,
la *tourbe*, le *charbon de tourbe*, les *briquettes* et le *charbon de
Paris ;* on utilise ces derniers pour l'étouffage, ou pour conserver le feu.

On préconise depuis quelque temps les poêles à pétrole ;
mais la pratique n'a pas encore sanctionné la valeur de ces
essais ; quant aux appareils à gaz, cheminées, poêles et calorifères, leur usage se répand de plus en plus, grâce à leur
commodité. La puissance calorifique du gaz d'éclairage est de
12.000 calories environ ; 1 mètre cube de gaz brûlant à
volume constant dégage environ 6.000 calories.

29. Transmission de la vapeur à l'air et de l'eau à l'air. — La quantité de vapeur condensée par mètre carré et par heure, dans un tuyau exposé à l'air libre, est :

Pour un tuyau horizontal en fonte nue........ $1^{kg},81$
   —   —   —   noircie..... $1 ,70$
   —   —   en cuivre nu........ $1 ,47$
   —   —   —   noirci..... $1 ,70$
Pour un tuyau vertical en cuivre noirci....... $1 ,98$

La quantité de chaleur transmise par mètre carré et par heure par un tuyau d'eau chaude dont la température varie de 50 à 100° dans une enceinte à 15° environ, est exprimée par les nombres suivants (Ser) :

TEMPÉRATURE de L'EAU CHAUDE	NOMBRE DE CALORIES par mètre carré et par heure
50	300
60	420
70	540
80	670
90	810
100	1.000

30. Coefficients de transmission et chaleur transmise par des parois en matériaux divers

[Application de la formule $M = SQ(t - 0)$ pour $S = 1$ mètre carré]

1° MURS EN MATÉRIAUX CALCAIRES, AVEC UNE FACE NUE OU ENDUITE DE PLATRE ET L'AUTRE FACE PEINTE A L'HUILE OU RECOUVERTE D'UN PAPIER PEINT

ÉPAISSEUR DU MUR	Q	VALEUR DE M POUR DES ÉCARTS DE TEMPÉRATURE $(t - 0)$ DEGRÉS																	
		10	11	12	13	14	15	16	17	18	19	20	21	22	23	24	25	26	27
0m,30	2,31	23,10	25,40	27,70	30,00	32,30	34,60	36,90	39,30	41,60	43,90	46,20	48,50	50,80	53,10	55,40	57,70	60,10	62,30
0,35	2,15	21,50	23,70	25,80	27,90	30,10	32,20	34,40	36,50	38,70	40,80	43,00	45,10	47,30	49,40	51,60	53,70	55,90	58,00
0,40	2,01	20,10	22,10	24,10	26,10	28,10	30,10	32,10	34,20	36,20	38,20	40,20	42,10	44,10	46,20	48,10	50,20	52,20	54,30
0,45	1,90	19,00	20,90	22,80	24,70	26,60	28,50	30,40	32,30	34,20	36,10	38,00	39,90	41,80	43,70	45,60	47,50	49,40	51,30
0,50	1,80	18,00	19,80	21,60	23,40	25,20	27,00	28,80	30,60	32,40	34,20	36,00	37,80	39,60	41,40	43,20	45,00	46,80	48,60
0,55	1,69	16,90	18,60	20,30	22,00	23,70	25,40	27,00	28,70	30,40	32,10	33,80	35,50	37,20	38,90	40,50	42,20	43,90	45,60
0,60	1,61	16,10	17,70	19,30	20,90	22,50	24,10	25,70	27,40	28,90	30,60	32,20	33,80	35,40	37,00	38,60	40,20	41,80	43,50
0,65	1,53	15,30	16,80	18,30	19,90	21,40	22,90	24,50	26,00	27,50	29,10	30,60	32,10	33,60	35,20	36,70	38,20	39,80	41,30
0,70	1,46	14,60	16,00	17,50	19,00	20,40	21,90	23,30	24,80	26,20	27,70	29,20	30,60	32,10	33,60	35,00	36,50	37,90	39,40
0,75	1,40	14,00	15,40	16,80	18,20	19,60	21,00	22,40	23,80	25,20	26,60	28,00	29,40	30,80	32,20	33,60	35,00	36,40	37,80
0,80	1,34	13,40	14,80	16,10	17,40	18,70	20,10	21,40	22,80	24,10	25,30	26,80	28,10	29,50	30,80	32,10	33,50	34,80	36,20
0,85	1,29	12,90	14,20	15,50	16,80	18,10	19,40	20,60	21,90	23,20	24,50	25,80	27,10	28,40	29,70	31,00	32,20	33,50	34,80
0,90	1,24	12,40	13,70	14,90	16,10	17,40	18,60	19,80	21,10	22,30	23,50	24,80	26,00	27,30	28,50	29,80	31,00	32,20	33,50
0,95	1,19	11,90	13,10	14,30	15,50	16,70	17,80	19,00	20,20	21,40	22,60	23,80	25,00	26,20	27,40	28,50	29,70	30,90	32,10
1,00	1,15	11,50	12,60	13,80	15,00	16,10	17,20	18,40	19,50	20,70	21,80	23,00	24,10	25,30	26,40	27,60	28,70	29,90	31,00
1,10	1,07	10,70	11,80	12,80	13,90	15,00	16,00	17,10	18,20	19,30	20,30	21,40	22,50	23,50	24,60	25,70	26,70	27,80	28,90
1,20	1,00	10,00	11,00	12,00	13,00	14,00	15,00	16,00	17,00	18,00	19,00	20,00	21,00	22,00	23,00	24,00	25,00	26,00	27,00
1,30	0,94	9,40	10,30	11,30	12,20	13,20	14,10	15,00	16,00	16,90	17,90	18,80	19,70	20,70	21,60	22,50	23,50	24,40	25,40
1,40	0,89	8,90	9,80	10,70	11,60	12,50	13,30	14,20	15,10	16,00	16,90	17,80	18,70	19,60	20,50	21,40	22,30	23,10	24,00
1,50	0,85	8,50	9,30	10,20	11,00	11,90	12,70	13,60	14,40	15,30	16,10	17,00	17,80	18,70	19,60	20,40	21,20	22,10	22,90

VALEUR DE M POUR (° °)

MURS EN BRIQUES

0m,09	2,42	24,20	26,60	29,05	31,45	33,88	36,30	38,70	44,10	43,50	46,00	48,40	50,80	53,20	55,60	58,10	60,50	62,90	65,30
0,14	2,23	22,30	24,50	26,76	28,90	31,20	33,40	35,60	37,90	40,10	42,30	44,60	46,80	49,10	51,30	53,50	55,70	58,00	60,20
0,25	1,58	15,80	17,30	18,95	20,50	22,10	23,70	25,20	26,80	28,40	30,00	31,60	33,20	34,70	36,30	37,90	39,50	41,10	42,70
0,36	1,23	12,30	13,50	14,76	15,95	17,20	18,40	19,70	20,90	22,10	23,30	24,60	25,20	27,60	28,30	29,50	30,70	32,00	33,20
0,47	1,00	10,00	11,00	12,00	13,00	14,00	15,00	16,00	17,00	18,00	19,00	20,00	21,00	22,00	23,00	24,00	25,00	26,00	27,00
0,58	0,85	8,50	9,35	10,29	11,05	11,90	12,70	13,60	14,40	15,30	16,10	17,00	17,80	18,70	19,50	20,40	21,20	22,10	22,90

CLÔTURES EN BOIS PEINTES A L'HUILE

0,013	2,57	25,70	28,27	30,80	33,40	36,00	38,50	41,10	43,70	46,20	48,80	51,40	53,90	56,50	59,10	61,90	64,20	66,80	69,40
0,016	2,36	23,60	25,90	28,30	30,70	33,00	35,40	37,70	40,10	42,50	44,80	47,20	49,50	51,90	54,20	56,60	59,00	61,30	63,70
0,027	1,83	18,30	20,40	21,90	23,80	25,60	27,40	29,30	31,10	32,90	34,70	36,60	38,40	40,20	42,00	43,90	45,70	47,50	49,10
0,034	1,60	16,00	17,60	19,20	20,80	22,40	24,00	25,60	27,20	28,80	30,40	32,00	33,60	35,20	36,80	38,40	40,00	41,60	43,20
0,041	1,43	14,30	15,70	17,10	18,00	20,00	21,40	22,90	24,30	25,70	27,10	28,60	30,00	31,40	32,90	34,30	35,70	37,10	38,60
0,047	1,36	13,60	14,30	16,30	18,20	19,50	20,80	22,10	23,40	24,70	25,00	27,30	28,60	29,90	31,20	33,80	32,50	35,70	35,10

CARREAUX DE PLATRE ENDUITS ET PEINTS A L'HUILE

0,110	1,72	17,20	18,90	20,30	22,30	24,10	25,80	27,50	29,20	30,90	32,70	34,40	36,10	37,80	39,50	41,20	43,00	44,70	46,40

BRIQUES DE 0,11 SÉPARÉES PAR UN MATELAS D'AIR DE 0m,05

0,310	1,20	12,00	13,20	14,40	15,60	16,80	18,00	19,20	20,40	21,60	22,80	24,00	25,20	26,80	27,60	28,80	30,00	31,20	32,40

TOITS EN TUILES AVEC VOLIGEAGE

»	1,00	10,00	11,00	12,00	13,00	14,00	16,00	17,00	18,00	19,00	20,00	21,00	22,00	23,00	24,00	25,00	25,00	27,00	

TOITS EN ZINC, VOLIGEAGE, CHEVRONNAGE AVEC REVÊTEMENT DE SAPIN

»	1,10	11,00	12,70	13,20	14,30	15,40	16,50	17,60	18,70	19,80	20,90	22,00	23,10	24,20	25,30	26,40	27,50	28,40	29,70

VITRES SIMPLES SANS RIDEAU OU AVEC RIDEAUX

»	4,00	40,00	44,00	48,00	52,00	56,00	60,00	64,00	68,00	72,00	76,00	80,00	84,00	88,00	92,00	96,00	100,00	104,00	108,00
»	3,65	36,60	40,20	43,90	47,50	51,20	54,90	58,50	62,20	65,90	69,50	73,20	76,80	80,50	84,20	87,80	91,50	95,10	98,80
»	3,00	30,00	33,00	36,00	39,00	42,00	45,00	48,00	51,00	54,00	57,00	60,00	63,00	66,00	69,00	72,00	75,00	78,00	81,00

CHEMINÉES D'APPARTEMENTS

§ 1. — Généralités

31. Construction d'une cheminée ordinaire. — On dispose dans le plancher, pour éviter toute chance d'incendie, une *trémie* de cheminée, sur laquelle on vient placer le *foyer* proprement dit (*fig.* 43).

Le foyer comprend deux *jambages* ou *pieds-droits* J, en plâtras ou en briques de 0^m,11, sur lesquels on vient poser deux ou trois fers carillons destinés à supporter le *manteau* M construit en plâtre ou plâtras. Sur le massif ainsi formé on pose les *chambranles* C et la *traverse* E, généralement en marbre, et on maintient le tout par des pattes à scellement. A l'intérieur du foyer, on dispose des *jambages* O, en briques de champ et des *contre-cœurs* H. Les parties inclinées sont revêtues de plaques de faïence. On garnit le fond du foyer d'une plaque de fonte au bois I, qu'on avance légèrement dans le foyer pour en restreindre les dimensions; cette plaque protège le foyer

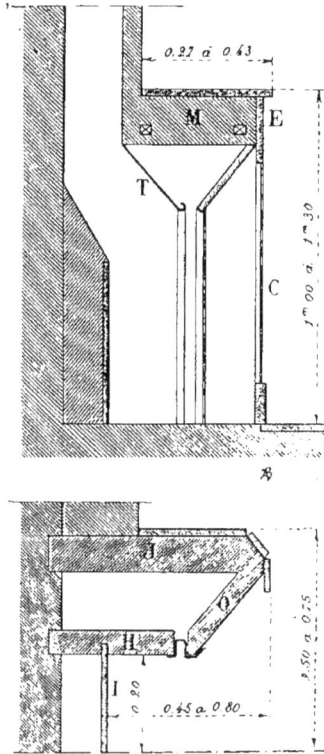

Fig. 43.

contre les coups de feu. L'espace compris entre les contre-cœurs et les pieds-droits sert à l'arrivée de l'air des ventouses, si l'on en établit, et à la manœuvre des contrepoids qui équilibrent le *tablier*. On place quelquefois, à l'arrière du manteau, une plaque de tôle T qui empêche les gaz de s'infléchir sous le manteau.

Les cheminées d'appartement ont généralement les dimensions suivantes : largeur, de 1 mètre à 1^m,50 ; hauteur du dessus de la tablette au plancher, 1 mètre à 1^m,30 : largeur de la tablette, 0^m,27 à 0^m,43 ; profondeur, de 0^m,45 à 0^m,80 ; distance du tablier au contre-cœur, 0^m,10 environ ; largeur de l'âtre, 0^m,40 à 0^m,50.

Les sections courantes de tuyaux de cheminées d'appartement sont : 30 $\times$ 30 pour les grands foyers, 0^m,25 $\times$ 0^m,25 pour les moyens, et 0^m,22 $\times$ 0^m,25 et 0^m,20 $\times$ 0^m,20 pour les plus petits.

Les dimensions des cheminées sont extrêmement variables ; leur décoration se porte principalement sur le chambranle et sur la traverse que l'on exécute en marbres de diverses provenances et que l'on orne soigneusement. Les parties inclinées qui raccordent le châssis du rideau avec le cadre du chambranle, ou *rétrécissement*, s'exécutent également en fonte ornée, d'une seule pièce, que l'on décore à l'aide de dorures, d'émaillages, etc.

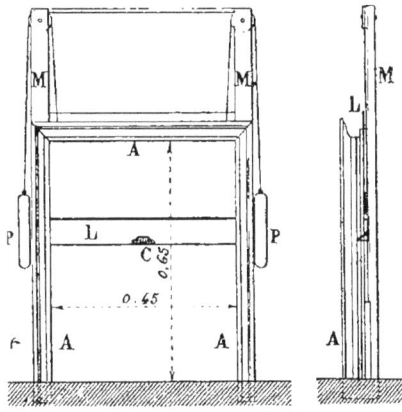

Fig. 44.

32. Châssis à rideau. — Les châssis à rideau (*fig.* 44), que les fumistes tiennent toujours en approvisionnement et dont la pose est faite exclusivement par eux, se composent d'un cadre en cuivre mouluré A rivé sur deux montants verticaux à rainures M. Trois ou quatre lames de tôle L, manœuvrées à l'aide d'une poignée ou *coquille* C, coulissent dans les rainures des montants; la lame inférieure, en montant, entraîne, à fin de course, la suivante, jusqu'à ce que le cadre soit complètement ouvert. Deux contrepoids P équilibrent les tôles du rideau et facilitent la manœuvre; ces contrepoids sont logés dans deux conduits circulaires constitués par deux tubes de fer.

Quelquefois on remplace la manœuvre par contrepoids par deux crémaillères latérales qui permettent d'arrêter les lames à une hauteur convenable pour le tirage.

33. Ventouses. — Les ventouses sont des conduits réservés dans l'épaisseur du plancher, qui amènent à la cheminée l'air froid nécessaire à la combustion. Pour les soustraire à l'action des vents contraires, il est bon de faire déboucher les prises d'air sur deux faces opposées du bâtiment, et d'installer un grillage assez fin, à la bouche, pour s'opposer à l'entrée des détritus. On loge le conduit entre deux solives, ou même entre deux lambourdes, lorsque la pièce est parquetée; la section nécessaire est d'environ $0^m,30 \times 0^m,10$. Dans quelques constructions, on fait également arriver l'air au bas des jambages de la cheminée et l'on règle le courant à l'aide d'une trappe. Cette disposition, commode, n'est pas très répandue.

§ 2. — Cheminées diverses

34. Cheminées au bois, au coke, etc. — Les cheminées ordinaires, moyennant certaines précautions, peuvent indifféremment brûler du bois, du coke ou de la houille.

Lorsqu'elles sont destinées à marcher au bois, on dispose deux chenets en fer qui permettent de relever les bûches et laissent pénétrer l'air nécessaire; les chenets ont de $0^m,08$ à $0^m,10$ de hauteur.

Pour brûler du coke ou de la houille, on rapporte dans le foyer une grille en fonte, à barreaux suffisamment espacés pour donner passage à l'air, tout en maintenant les menus morceaux. Les cendres peuvent tomber en certaine quantité

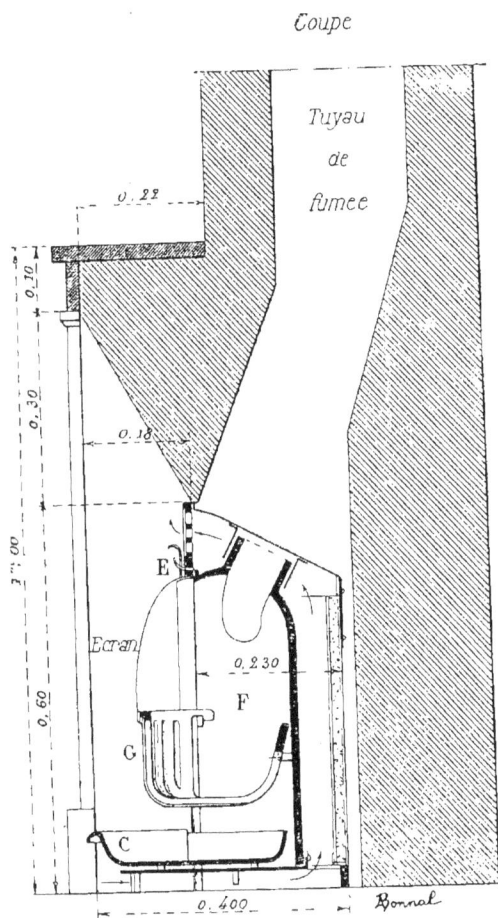

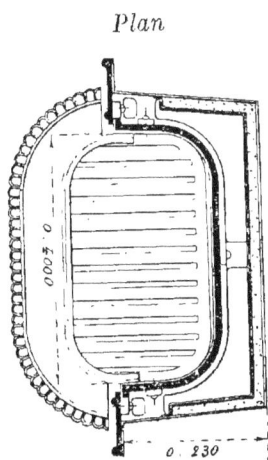

Coupe

Tuyau
de
fumée

0. 22

0. 10

0. 30

0. 18

1 ". 00

E

Ecran

0. 230

0. 60

F

G

C

0. 400

Bonnal

Plan

0. 400

0. 230

Fig. 45.

sans gêner la combustion. Ordinairement les cheminées au bois sont trop larges pour les grilles de dimensions courantes ; il est bon alors de rapporter latéralement deux murettes en briques réfractaires, qui améliorent le tirage et donnent de la propreté au foyer.

L'allumage est facilité par la manœuvre du rideau mobile, qu'on relève progressivement à mesure que la combustion se développe.

35. Grille à coke. — La Compagnie parisienne du Gaz a disposé, pour l'emploi du coke, un véritable foyer, qui donne d'excellents résultats. Ce foyer est représenté en coupe et en plan sur la figure 45.

Il se compose : 1° d'une enveloppe en tôle à double paroi et isolant intercalé ; 2° d'un foyer proprement dit F, en fonte, avec buse de départ ; 3° d'une grille G, s'accrochant au foyer et complètement indépendante de celui-ci ; 4° d'un cendrier mobile C.

Cet appareil se loge exactement dans le foyer d'une cheminée ordinaire ; le rideau mobile seul doit être supprimé, mais on le remplace facilement pour l'allumage par un écran en toile métallique que l'on accroche en E, au-dessus de la grille.

Une certaine quantité d'air froid s'introduit sous le cendrier, passe entre l'enveloppe et le foyer où il s'échauffe et se dégage enfin par le grillage, pour pénétrer dans la pièce ; il faut toutefois que le joint du foyer avec la traverse du rideau mobile soit étanche, sinon une certaine quantité d'air chaud passe directement dans le conduit de fumée.

36. Cheminées-calorifères. — Appareil Péclet. — On a cherché à augmenter le rendement des cheminées ordinaires. Péclet, en 1828, proposa de chauffer une partie de l'air introduit dans la pièce en lui faisant parcourir un conduit autour duquel circulent les gaz chauds (fig. 46, 1 et 2). L'air, réchauffé, débouche dans la pièce au-dessous du plafond ; la surface de chauffe ainsi créée est importante ; mais les mélanges de fumée et d'air qui entourent le conduit ne sont pas à une température assez élevée pour produire un effet utile satisfaisant. De plus, cette disposition cause une grande gêne pour le ramonage et même pour l'établissement; Péclet a

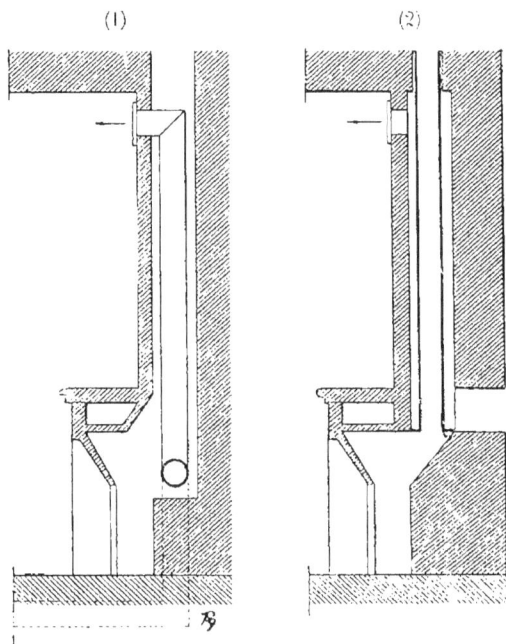

Fig. 46.

proposé une deuxième solution indiquée en (2), qui remédie au premier inconvénient.

37. Appareil Fondet. — Tout en respectant la forme extérieure de la cheminée, il existe un second moyen d'augmenter son rendement : c'est de développer le foyer, en tant que surface de chauffe. C'est sur ce principe qu'est établi l'appareil Fondet (*fig.* 47 et 48).

Il se compose de deux coffres en fonte entretoisés par des tuyaux carrés, également en fonte, de 25 millimètres de diamètre, disposés en quinconce, au nombre de trente-cinq, quarante ou soixante, suivant les dimensions de l'appareil. Une plaque de base, en fonte, se pose au niveau de l'âtre, et maintient tout le système. Le coffre supérieur et les tuyaux sont en contact avec le combustible; les gaz chauds circulent autour des tuyaux. L'air extérieur arrive par une

Coupe suivant **MN**

Elevation

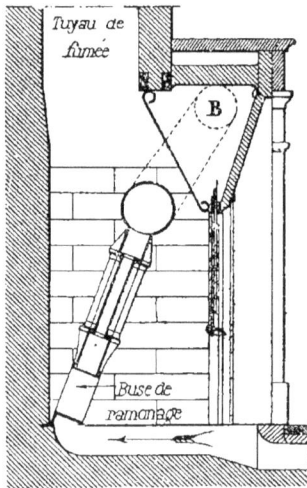
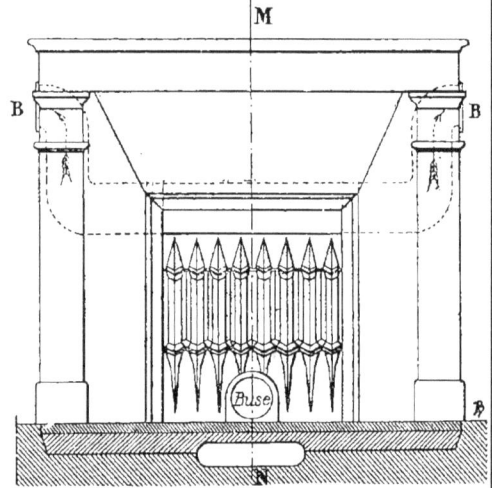

Fig. 47.

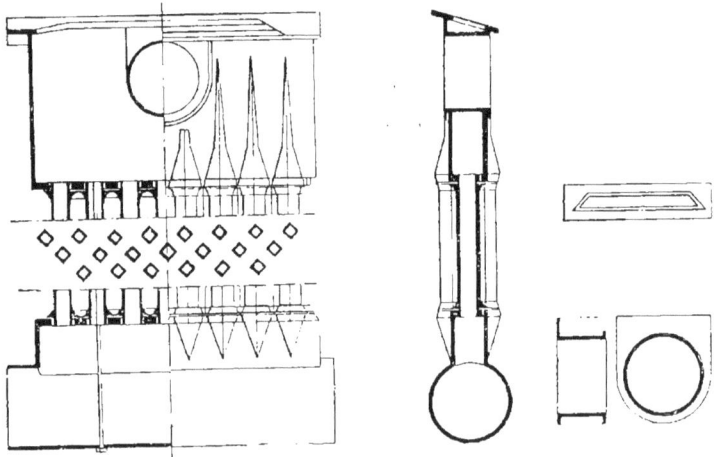

Fig. 48.

ventouse dans le coffre inférieur, traverse les tuyaux, passe
dans le coffre supérieur, et, par l'intermédiaire de deux con-

duits en tôle fixés sur le coffre, viennent déboucher par deux bouches de chaleur B, B, disposées latéralement.

La forme des tuyaux et leur disposition facilitent le nettoyage ; comme la conductibilité diminue rapidement lorsque les surfaces de contact s'encrassent, il faut nettoyer de temps en temps la surface externe des tubes à l'aide d'une lame.

Une buse, fermée d'ordinaire par un tampon, permet de sortir les produits du ramonage, lorsqu'on a passé le hérisson dans le conduit de fumée.

38. Appareil Cordier, etc. — L'appareil Cordier (*fig*. 49) est une modification de celui de Fondet, ayant pour but de per-

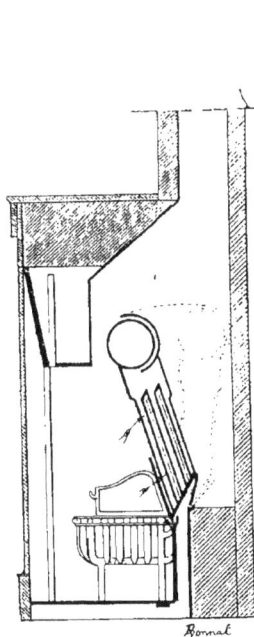
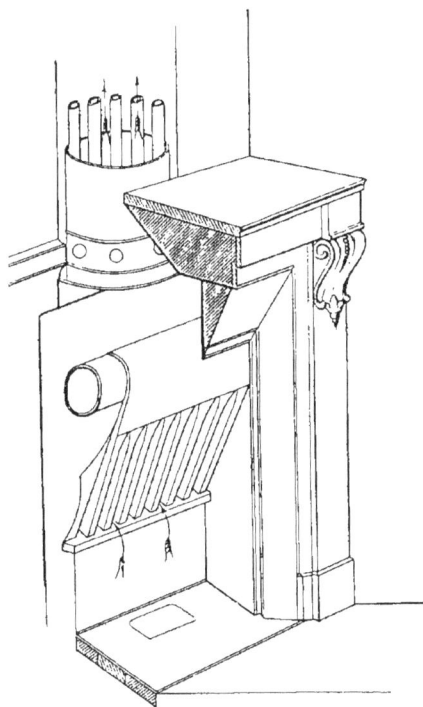

Fig. 49.   Fig. 50.

mettre un nettoyage plus facile du conduit de fumée. A cet effet, l'appareil supérieur est articulé et peut se rabattre, comme l'indique le tracé pointillé, pour donner passage au hérisson. Par suite de la forme des tubes, la surface de chauffe est plus développée que dans le système Fondet; l'assemblage à manchon en feuillure ne donne lieu à aucune infiltration de fumée dans les conduits d'air chaud. Enfin une grille-tube garantit la partie inférieure des tubes, qui ne tarderait pas à se détériorer par suite des coups de feu.

Le poêle-calorifère Laury (*fig.* 50), disposé sur le même principe que les précédents, est d'une seule pièce, ce qui apporte une certaine économie dans le prix de revient et facilite la pose.

39. Cheminée Joly. — La cheminée Joly se compose d'une coquille en fonte M, ondulée intérieurement et nervée extérieurement; la partie supérieure, en forme de dôme, forme réflecteur. La coquille, supportée par une plaque P, à la partie inférieure, reçoit un coffre en fonte N supportant lui-même une trappe à fermeture conique T. Dans la feuillure supérieure du cadre viennent se poser les tuyaux ou les tambours en tôle O dans lesquels circulent les gaz de la combustion (*fig.* 51).

Une chicane mobile S sépare le coffre en deux parties; il suffit de l'enlever pour effectuer le ramonage. La fermeture à trappe permet d'interrompre toute communication avec le conduit de fumée, soit en cas d'incendie, soit que la cheminée ne fonctionne pas.

Un rideau mobile facilite l'allumage et permet de fermer le foyer lorsqu'on ne l'utilise pas.

L'air froid introduit dans la cheminée rencontre une surface de chauffe très développée avant de s'échapper par les bouches R placées sur les côtés.

Cet appareil, bien compris et simple de construction, permet un nettoyage assez facile et une bonne utilisation de tous les combustibles; c'est un des meilleurs de ce genre.

Il existe beaucoup de foyers spéciaux, employés en France et à l'étranger, et présentant chacun certains avantages, mais leur défaut principal réside dans la complexité de leur construction et dans leur prix élevé, qui les fait rejeter de la pratique. Il faut citer cependant la cheminée ventilatrice Douglas-Galton, très employée en Angleterre, et qui donne une bonne utilisation du combustible. Elle a le défaut de tenir beaucoup de place.

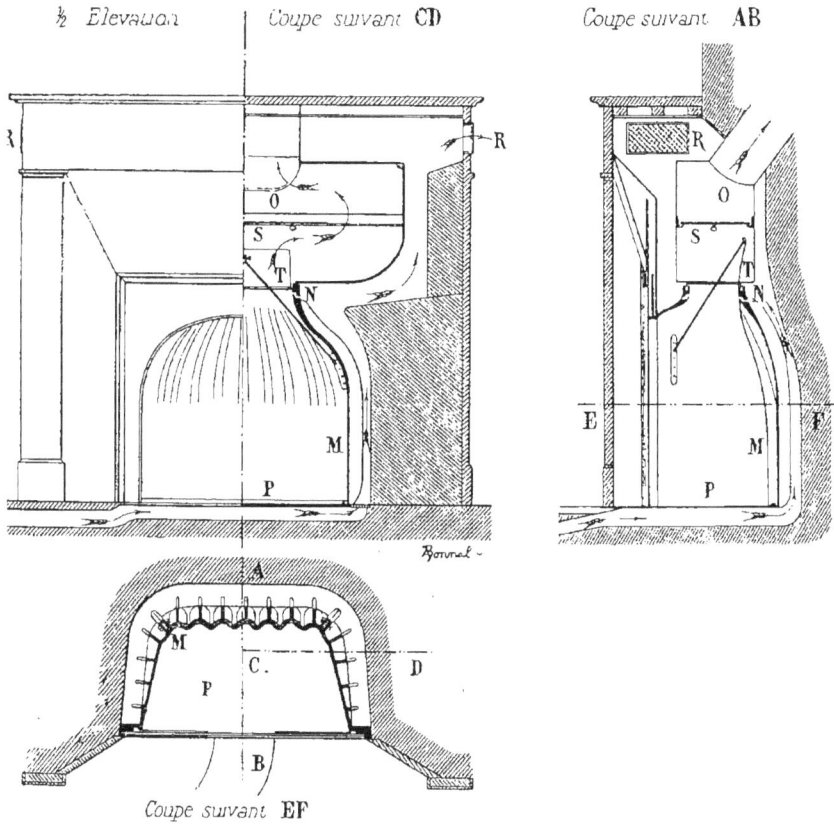

Fig. 51.

40. Appareil Arnott. — Cet appareil, très employé en Angleterre, est une cheminée à houille à magasin de combustible. Une caisse mobile C, en fonte, surmontée de quelques barreaux horizontaux formant grille, reçoit un piston mobile P dont la manœuvre s'obtient à l'aide d'un tisonnier actionnant des trous O, ménagés sur la tige T. Un cliquet engrenant avec les dents d'une crémaillère maintient le piston à hauteur convenable (*fig. 52*).

Le piston étant à fond de course, le matin, on emplit la caisse de houille, de telle façon qu'on puisse procéder à

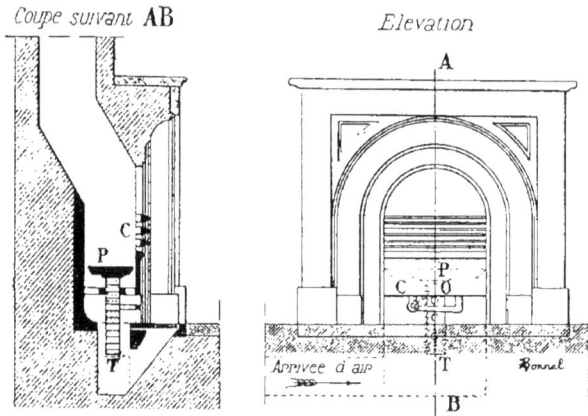

Fig. 52.

l'allumage ; la combustion s'opère sur toute la hauteur de la grille ; les couches inférieures de combustible, en raison du manque d'air, ne peuvent pas brûler ; à mesure que le combustible disparaît, on remonte le piston d'une certaine quantité ; la houille, déjà fortement chauffée, brûle facilement, malgré les scories qui s'accumulent constamment dans la caisse.

§ 3. — Cheminées-poêles

41. Cheminées-poêles, cheminée prussienne. — Les cheminées-poêles constituent une catégorie d'appareils mixtes, analogues aux cheminées en ce qu'elles présentent la même forme extérieure et qu'elles rayonnent la chaleur par un foyer découvert, et se rapprochant des poêles par la nature des matériaux qui en constituent l'enveloppe et les surfaces de transmission ; comme les poêles aussi, elles ont l'inconvénient de tenir beaucoup de place.

Le plus répandu des appareils de ce genre et l'un des mieux compris est représenté sur la figure 53 ; il est connu sous le nom de *cheminée prussienne*. Il se place devant une cheminée ordinaire préalablement bouchée où les gaz s'échappent par un tuyau plus ou moins long, suivant qu'il débouche directement dans la cheminée ou qu'il s'élève jusqu'au plafond. Ces

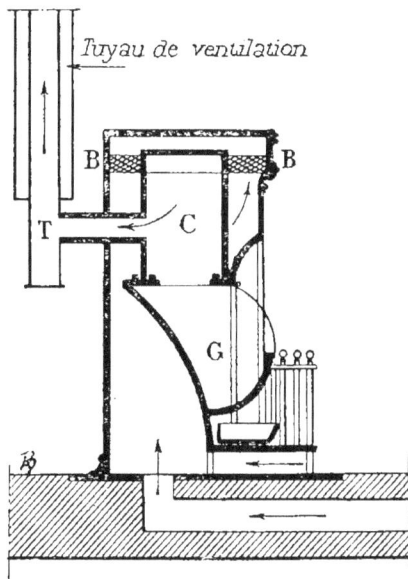

Tuyau de ventilation

Fig. 53.

appareils se construisent en fonte et tôle, en tôle et briques, avec décorations diverses ; la figure 53 représente un modèle destiné à brûler du charbon de terre. La grille G, en forme de corbeille, fait saillie sur la face ; elle fait corps avec le foyer, dont le fond présente une convexité vers l'avant. Les gaz chauds sortent à la partie supérieure du foyer, traversent le cylindre C et gagnent le tuyau T. L'air froid de la pièce s'introduit sous le cendrier, passe entre l'enveloppe et la face arrière du foyer, puis autour du cylindre C où il s'échauffe, et s'échappe à la partie supérieure par les bouches B.

Cette cheminée est acceptable dans les pièces secondaires ; bien que l'âtre soit légèrement surélevé, il est nécessaire de l'isoler du parquet par une plaque de tôle, pour éviter toute chance d'incendie.

42. Cheminée Godin-Lemaire. — Cette cheminée, entièrement en fonte, est représentée en coupe sur la figure 54. Le foyer F est garni à l'arrière de plaques réfractaires; il est

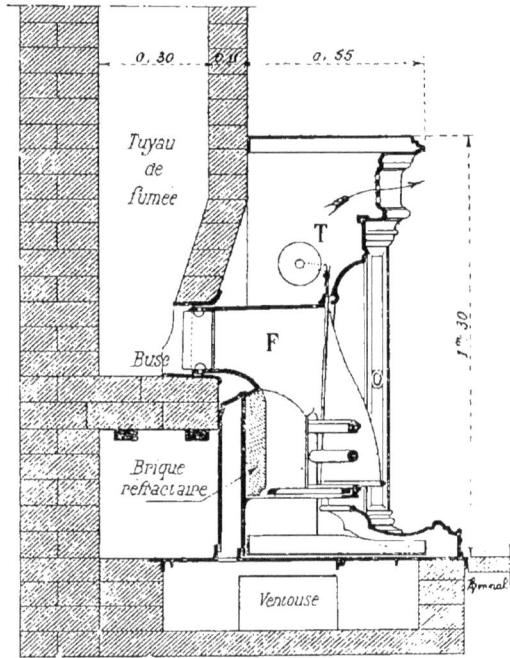

Fig. 54.

limité par deux grilles : une grille de fond et une grille de face. Une toile métallique, s'enroulant autour du tambour T, joue le rôle de rideau mobile. Dans cet appareil, la partie postérieure ne forme pas surface de transmission ; de plus, il est nécessaire, pour maintenir convenablement la buse de sortie des gaz du foyer, de construire une petite murette en briques, appuyée sur deux fers plats formant paillasse. Il tient moins de place que la cheminée prussienne.

43. Cheminée-poêle à chargement continu. — La cheminée représentée sur la figure 55 est un modèle allemand, construit entièrement en fonte.

Le chargement et l'enlèvement des cendres se font d'une pièce contiguë ou d'un couloir, ce qui évite le transport du combustible dans la pièce où se trouve placé l'appareil.

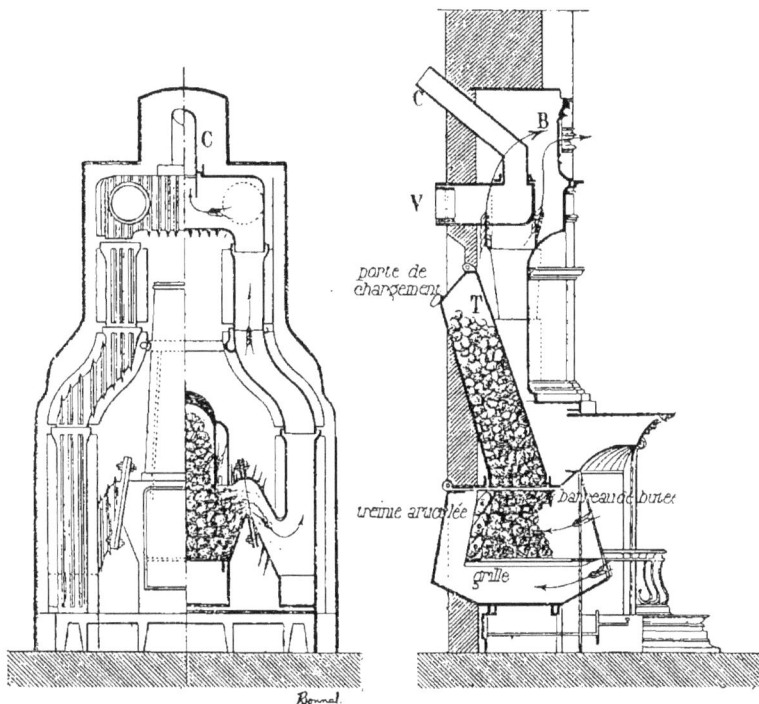

porte de chargement

C

B

V

T

trémie arquée

banneau de butée

grille

Bonnal.

FIG. 55.

La trémie T contient de la houille ou du coke pour douze heures de marche environ. La fumée parcourt deux circuits latéraux, constitués par des tuyaux à ailettes, et se réunit à la partie supérieure dans un conduit unique C; V est un tampon de nettoyage. L'air frais circule entre les tubes et la double enveloppe; il débouche à la partie supérieure par les ouvertures B. Cet appareil, de dimensions assez grandes, convient parfaitement au chauffage des salons, qu'il permet de tenir très propres ; il donne l'agrément des foyers ouverts et une bonne utilisation du combustible.

Parmi les bonnes cheminées à circulation, on peut citer les cheminées dites *suédoises* et *russes*.

Enfin il existe, depuis quelques années, un certain nombre de cheminées à gaz qui présentent de réels avantages ; elles seront décrites au chapitre IV.

§ 4. — FONCTIONNEMENT DES CHEMINÉES

44. Considérations relatives au tirage. — L'on sait que le *tirage* des cheminées, c'est-à-dire le poids de gaz écoulé par seconde, est *proportionnel à la section du conduit de fumée et proportionnel à la racine carrée de la hauteur de la cheminée.* D'autre part, on démontre que les frottements croissent avec la hauteur des cheminées et que la température qui correspond au maximum de débit est comprise entre 250 et 300°.

De ces faits il résulte :

1° *Qu'il ne faut pas exagérer la hauteur des cheminées :* pour les cheminées d'appartements, 15 à 20 mètres sont largement suffisants ; toutefois on sera souvent obligé de faire déboucher les ouvertures au-dessus des bâtiments voisins, pour ne pas gêner le tirage et pour le soustraire à l'action des vents plongeants.

2° *Qu'il ne faut pas donner une trop grande section aux conduits de fumée :* une trop grande section, exigeant une circulation d'air considérable, refroidira le courant ascendant produit par la combustion et diminuera le tirage. Nous avons donné (9) les sections pratiques usitées dans les constructions modernes. Pour les poêles, la section des conduits de fumée ne doit pas être inférieure à $0^m,18 \times 0^m,20$.

3° *Qu'il faut diminuer les frottements*, c'est-à-dire éviter les changements brusques de section, les coudes brusques, etc.

45. Consommation. — Au point de vue de la consommation, les considérations relatives au tirage peuvent se traduire ainsi :

1° *Il existe pour chaque cheminée une consommation minima de combustible* nécessaire pour produire le tirage, c'est-à-dire pour donner au mélange des gaz une température suffisante pour déterminer un courant ascendant. Cette quantité varie évidemment avec la chaleur extérieure ;

2° L'utilisation du combustible est nécessairement très faible, puisque la quantité d'air expulsé et, par conséquent, le calorique extrait en pure perte du local à chauffer croît avec la quantité de combustible brûlé.

On estime qu'il faut de 200 à 300 mètres cubes d'air par kilogramme de combustible minéral brûlé ; 1 kilogramme de bois en exige de 60 à 100 mètres cubes, la température de la fumée variant de 30 à 80°, suivant l'intensité du feu ; la vitesse des gaz varie entre 0 et 8 mètres.

On peut brûler par heure de 60 à 80 kilogrammes de houille par mètre carré de surface de grille.

Les combustibles les plus convenables pour le chauffage par cheminée sont la houille et le coke, qui possèdent un grand pouvoir rayonnant.

46. Avantages et inconvénients des cheminées. — Rendement.

— Les cheminées sont des appareils qui produisent un chauffage insuffisant, une ventilation efficace, mais irrégulière. L'effet utile d'une cheminée ordinaire varie de 3 à 5 0/0 ; les cheminées perfectionnées les mieux établies atteignent rarement un rendement de 10 0/0.

Agissant par simple rayonnement, elles donnent une chaleur très saine, mais mal répartie dans l'appartement ; leur faible rendement ne permet guère de les utiliser que pour un chauffage de luxe ; mais, même dans les logements où elles ne sont pas employées pour le chauffage, elles sont toujours d'une grande utilité pour la ventilation, principalement dans les chambres à coucher ; elles se prêtent d'ailleurs à la décoration des pièces. En outre, le chauffage par cheminée est, sans contredit, le plus agréable à la vue, tout en restant le plus sain.

Les cheminées constituent, avec les poêles, surtout avec les poêles mobiles si recherchés aujourd'hui, le seul mode permettant d'utiliser convenablement des appareils à faible consommation, dans des locaux de peu d'importance : le chauffage en commun d'une maison d'habitation n'étant pas encore répandu en France.

L'effet utile des cheminées peut, pour ainsi dire, être nul, lorsque la *ventilation naturelle*, c'est-à-dire celle qui provient des fissures de toutes les baies, est exagérée. Cette ventilation se traduit par des lames d'air froid très désagréables et toujours dangereuses pour les occupants ; aussi l'alimentation par *ventouses* est-elle de beaucoup préférable au point de vue de l'hygiène.

La ventilation est irrégulière : très énergique en hiver, par suite des différences de températures intérieure et extérieure, elle devient presque nulle en été, et se renverse même parfois, amenant dans les appartements des odeurs de suie souvent intenses. Quant au procédé de ventilation, il est mauvais, puisque le courant d'air produit n'intéresse que les couches d'air voisines du sol, c'est-à-dire l'air neuf et frais, alors que l'air vicié par la respiration et les appareils d'éclairage se cantonne au plafond et ne se mélange que très lentement aux couches inférieures.

La véritable manière confortable de se servir des cheminées consiste à les combiner avec l'emploi d'un chauffage par calorifère de cave débouchant dans les pièces par de larges conduits. Le moindre feu allumé dans la cheminée détermine un appel sur la bouche de chaleur et, par suite, donne aussitôt une grande augmentation de chauffage. Le courant d'air appelé est chaud et ne risque point de gêner ni d'incommoder.

De ce fait, l'air chaud introduit déplace l'air vicié cantonné à la partie supérieure des pièces, et la ventilation devient rationnelle ; seulement, dans ce cas, les cheminées deviennent un corollaire du chauffage en commun.

47. Éléments qui influent sur le tirage des cheminées. — Des faits énoncés précédemment il résulte que la pression motrice qui constitue le tirage varie avec la *hauteur* de la cheminée ; mais il est nécessaire, pour que le tirage persiste, que l'on établisse dans la pièce des *prises d'air de section suffisante ;* si cette condition n'est pas remplie, il se produit dans l'appartement une dépression de l'air ambiant, et, à un moment donné, la fumée rabat par le foyer.

La température extérieure produit une augmentation ou une diminution de tirage, suivant qu'elle s'abaisse ou qu'elle s'élève ; dans le premier cas il se produit, en effet, un appel d'air violent résultant de la grande différence de densité entre la colonne des gaz chauds et l'air extérieur ; dans le second cas, l'équilibre tend à s'établir entre les produits gazeux de la combustion et l'atmosphère ; souvent même en été, les rayons solaires agissant sur les matériaux des couvertures et pénétrant dans les conduites de cheminée, il n'y a plus aucun appel ; il devient très difficile d'allumer du feu à un pareil moment.

L'abaissement de la pression atmosphérique produit le même effet que l'abaissement de la température ; les variations d'humidité de l'air agissent également de la même manière.

Tous ces inconvénients ne sauraient être combattus par aucune disposition, et il faut absolument les subir.

Les vents ont aussi une très grande influence sur le tirage des cheminées ; lorsqu'ils soufflent obliquement de bas en haut, leur effet est d'activer le courant ascendant des gaz, en créant un appel d'air au voisinage des souches ; mais, lorsque les vents sont *plongeants*, c'est-à-dire dirigés de haut en bas, la composante verticale a pour effet de refouler les gaz chauds dans la cheminée et de la faire fumer. Cet effet de courants obliques peut également se produire par réflexion du vent sur un mur voisin, plus haut que les couvertures des cheminées qu'il gêne fréquemment ; le remède, dans ce dernier cas, consiste à prolonger les tuyaux en tôle de ces cheminées pour les soustraire aux actions des vents réfléchis sur le mur voisin. La pluie tombant dans les conduits produit la même action que les vents plongeants. Pour remédier à l'un et à l'autre de ces inconvénients, on a imaginé divers appareils connus sous le nom de chapeaux.

CHAPITRE III

POÊLES

§ 1. — Généralités

48. Définition. — Classification. — Les poêles sont des appareils de chauffage à enveloppe métallique ou en matériaux réfractaires, contenant un foyer généralement fermé, et disposés de façon à forcer l'air de la pièce à passer sur le combustible. Les produits de la combustion sont évacués par un conduit en tôle qui va rejoindre les conduits de fumée ménagés dans les murs.

Ces appareils, sauf quelques exceptions, se placent à *poste fixe* dans les locaux à chauffer ; depuis un certain nombre d'années, l'usage des poêles dits *mobiles* s'est répandu un peu partout, grâce au peu d'entretien qu'ils exigent, leur foyer recevant une alimentation unique chaque vingt-quatre heures. On distingue trois catégories de poêles :

1° Les *braseros* ou poêles sans conduit de fumée ;

2° Les poêles avec conduit de fumée, mais sans circulation d'air ;

3° Les *poêles-calorifères* ou à *circulation d'air* et conduit de fumée.

49. Braseros. — Les braseros sont des appareils peu employés pour le chauffage des espaces fermés, car ils dégagent dans les locaux mêmes de l'oxyde de carbone et de l'acide carbonique qui sont dangereux pour la respiration. On se sert cependant de braseros pendant l'hiver, sur les voies publiques ; on les utilise également pour activer le séchage des maçonneries.

Les *chaufferettes* sont de petits braseros à combustion

lente qui n'ont d'autre inconvénient que celui de pouvoir se
renverser et être la cause d'incendies ; leur peu d'importance les rend inoffensifs. Il n'en est pas de même pour les
réchauds et les *fours de campagne*, appareils
très économiques, encore employés dans
les logements d'ouvriers ; avec des pièces
bien closes, ils peuvent devenir rapidement
la cause d'asphyxies.

Un des appareils de ce genre, des moins
mauvais, est le brasero Mousseron, que l'on
peut placer dans les vestibules, salles
d'attentes, bien aérées ; il est disposé pour
éviter la production d'oxyde de carbone.

Le brasero Mousseron (*fig.* 56) est formé
d'une capacité cylindrique en tôle, doublée
en briques réfractaires sur toute la hauteur
de la chambre de combustion C. Une grille
circulaire G reçoit une cloche en fonte,
percée de trous, à l'intérieur de laquelle
arrive l'air nécessaire à la combustion ;

Fig. 56.

cet air se répartit sur toute la hauteur et sur toute la surface
en ignition. Les produits gazeux s'échappent au sommet de
la cloche par un tuyau en T, qui vient les déverser à la surface de l'eau contenue dans la cuvette R, et y laissent une
partie des poussières dont ils sont chargés ; ils s'échappent
dans la chambre par les orifices percés dans la tôle à la hauteur de la cuvette.

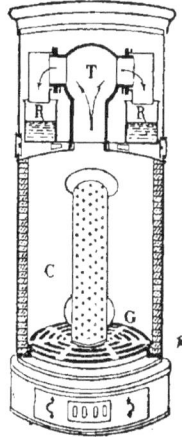

§ 2. — Poêles sans circulation

50. Il existe un nombre considérable de poêles de ce
genre ; leur bon marché et leur commodité les font employer communément dans les logements d'ouvriers où ils
servent comme appareils de chauffage et comme fourneaux
de cuisine ; c'est à cette catégorie d'appareils qu'on reproche
l'insalubrité ; en effet, dès que l'on pousse le feu, l'enveloppe
métallique rougit, la chaleur rayonnante devient insupportable, et l'atmosphère de la chambre s'emplit des mauvaises
odeurs produites par les opérations de cuisine.

Le poêle *lyonnais*, ou *de corps de garde* (*fig.* 57 et 58), est un des plus anciens types de poêles sans circulation ; il est

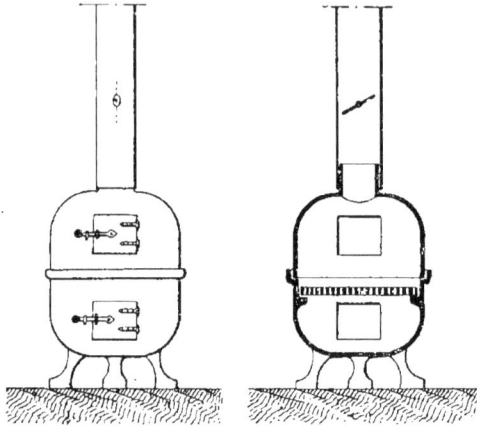

Fig. 57.   Fig. 58.

constitué par deux pièces en fonte formant cloche ; la partie inférieure reçoit la grille et est montée sur pieds ; la cloche

Fig. 59.

supérieure est munie d'une porte de chargement et présente une petite tubulure pour l'emmanchement des tuyaux de fumée. Ce poêle présente tous les défauts précédemment énoncés ; il ne faut pas charger le combustible en couche trop épaisse, la combustion se faisant mal.

La figure 59 représente un poêle sans circulation, en fonte, légèrement modifié de forme, pour servir à la cuisson des aliments. On construit également des poêles-cheminées aménagés pour la cuisson des aliments ; ils ont l'avantage du feu apparent, mais coûtent plus cher que les poêles simples [1].

[1] Il existe des poêles en terre cuite, sans circulation, dits *poêles suédois, russes*, etc., qui présentent une très grande surface de circulation aux gaz chauds ; ces appareils, très répandus dans les

51. Poêle Gurney. — Le poêle Gurney est un poêle en fonte, à cloche ; il est muni de nervures, ce qui augmente la surface de transmission et évite que la fonte ne soit chauffée au rouge (*fig.* 60).

Comme le poêle précédent, il exige un assez long développement de tuyaux dans le local à chauffer pour utiliser une partie importante des chaleurs perdues.

Le poêle Gurney est muni d'une cuvette d'humidification où plonge la partie inférieure des ailettes ; mais, comme elles sont à température élevée, la quantité d'eau vaporisée est considérable, ce qui présente un certain inconvénient pour le chauffage des appartements, mais ne gêne en rien dans une salle de réunion ou dans une église où cet appareil est d'un bon service. Pour assurer une bonne utilisation du combustible, il exige un peu d'entretien, car il ne faut pas trop charger la grille.

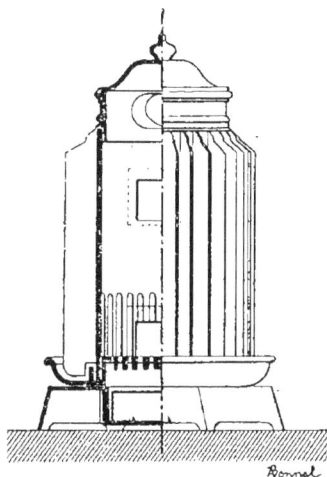

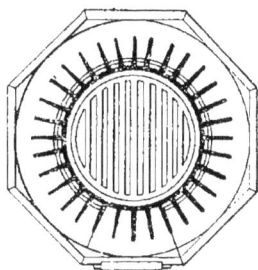

52. Poêle Phénix. — Dans cet appareil (*fig.* 61 et 62) et dans

Fig. 60.

ceux qui vont suivre, comme il serait superflu de répéter la même nomenclature des pièces, les éléments constitutifs restant constamment les mêmes, on se bornera à signaler les propriétés qui caractérisent chacun d'eux ; les figures com-

pays septentrionaux, où ils sont d'une nécessité presque absolue, tiennent beaucoup trop de place pour être employés dans nos pays, au moins dans les maisons urbaines. Ils donnent une chaleur très agréable et très régulière.

plèteront d'une façon très claire les explications du texte.

Le poêle Phénix est entièrement construit en fonte ; il contient un magasin de combustible M, en forme de tronc de cône. Le foyer est indépendant de l'enveloppe, ce qui facilite son remplacement. Le cendrier est complètement fermé ; une valve de réglage à vis sert à faire varier l'allure du feu. Le couvercle est mobile pour permettre le chargement du com-

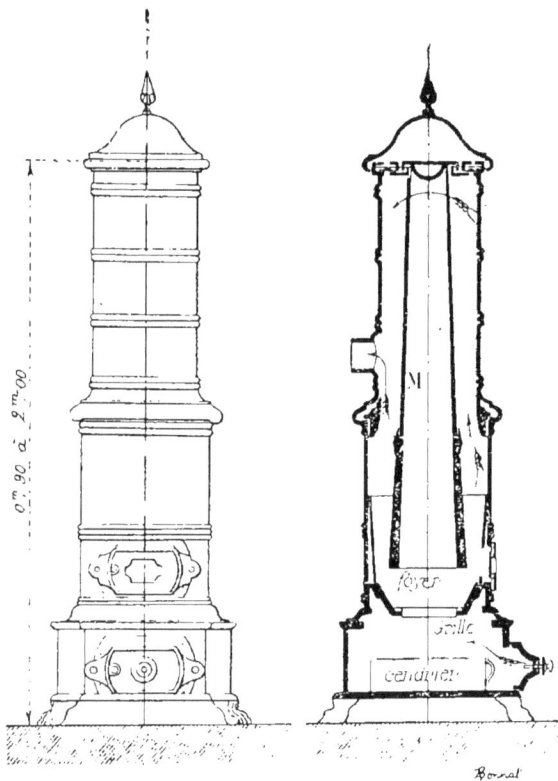

FIG. 61.   FIG. 62.

bustible ; la trémie est fermée hermétiquement par un tampon à joint de sable. La combustion, ayant lieu sur une couronne de peu d'épaisseur, est complète ; la surface de chauffe est bien utilisée ; il suffit de ringarder la grille de temps en temps, pour enlever les mâchefers. C'est un appareil très bien étudié (*fig.* 62).

Le poêle Phénix se construit sur neuf types différents, dont la contenance varie de 10 à 110 litres de coke; la hauteur totale varie de 0m,90 à 2 mètres, et la consommation de 1 litre et demi à 6 litres par heure. Il peut chauffer des pièces de 40 à 1.500 mètres cubes. Le chargement de la trémie alimente le feu pendant dix-huit heures.

Parmi les bons appareils à magasin il faut citer les appareils de la Compagnie du Gaz destinés à brûler du coke ; ils ne diffèrent du poêle Phénix que par les dimensions de la trémie et de la grille, qui sont relativement plus considérables par rapport à la capacité totale du poêle.

§ 3. — POÊLES-CALORIFÈRES

53. Généralités. — Les poêles-calorifères ou à circulation d'air ne diffèrent, en principe, des précédents, que par la présence d'une enveloppe entourant le foyer proprement dit. Cette circulation d'air permet d'activer la ventilation, insuffisante dans les poêles précédemment décrits, et fournit une méthode rationnelle d'utilisation des gaz chauds auxquels on peut faire parcourir un circuit aussi développé qu'il est nécessaire, sans recourir aux parcours de tuyaux annexes qui sont à la fois une gêne et un défaut d'ornementation.

Le premier modèle satisfaisant de ce genre est dû à Arnott ; on en construit aujourd'hui de grandes variétés qui donnent un très bon rendement et sont hygiéniques. Pour remédier aux inconvénients qu'on attribuait à la fonte, on a proposé divers modèles de poêles en matériaux céramiques; ils ont l'avantage de présenter un aspect plus gai et plus propre que les poêles en fonte, mais ils diminuent considérablement la transmission.

54. Poêle en terre réfractaire. — Le poêle représenté sur les figures 63 et 64 (d'Anthonay) est destiné au chauffage des écoles; il est entièrement construit en terre réfractaire, sauf le cendrier, le regard de chargement et les ceintures reliant les panneaux cintrés formant l'enveloppe extérieure. La double cloche C force les gaz chauds à circuler le long des parois (*fig.* 64). L'air frais peut venir de l'extérieur ou être admis par des ouvertures ménagées sur tout le pourtour du socle ; il sort par trois bouches percées dans la corniche et grilla-

Elevation   Coupe suiv' OP

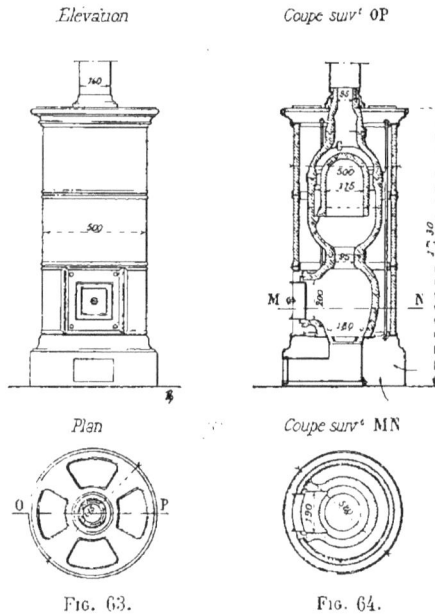

Plan   Coupe suiv' MN

Fig. 63.   Fig. 64.

gées. On peut, s'il est nécessaire, utiliser le saturateur, disposé à la sortie de l'air chaud. Ce poêle se construit sur quatre modèles différents pouvant chauffer des locaux de 150 à 400 mètres cubes. Le coke doit être préféré à la houille comme combustible, celle-ci détériorant rapidement la cloche et pouvant produire des dislocations, par suite de l'intensité excessive du feu.

55. Le **poêle-calorifère Martin** (*fig.* 65) est un appareil en fonte et tôle avec trémie de chargement assurant une alimentation de huit à douze heures de chauffage. Le com-

bustible (coke) est introduit par la partie supérieure ; il suffit,
pour faire le chargement,
d'enlever le chapeau qui
remplit lui-même le rôle de
saturateur d'humidité ; le
chargement ne se fait
qu'après l'allumage du
combustible placé dans le
foyer F, auquel la porte P
donne accès. L'air néces-
saire à la combustion entre
par le cendrier C, mobile
par l'intermédiaire de la
poignée P' ; les produits gazeux ne pouvant vaincre
les résistances qu'oppose
la charge de coke accumulé
dans le réservoir R
s'échappent par l'orifice
annulaire oo', remplissent
l'espace compris entre la

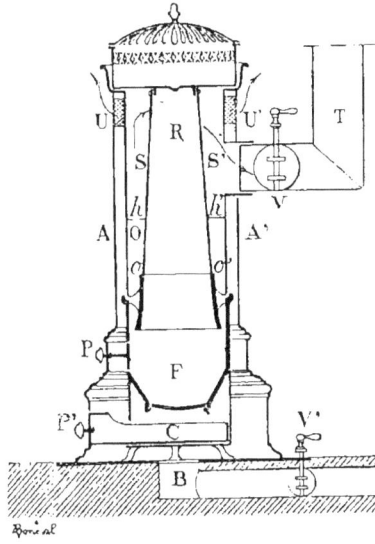

Fig. 65.

trémie et la première enveloppe SS', puis, trouvant en hh',
une cloison horizontale percée d'un trou O, opposé au tuyau
de départ de fumée T, passent par O, circulent encore au
contact de la surface de chauffe SS', pour se diriger enfin
dans le tuyau T. Un registre V', placé sur la branche de T,
permet de faire varier le tirage.

L'air à chauffer entre par le socle du poêle par le canal B
muni d'une valve régulatrice V', pénètre autour du cendrier
et s'échauffe dans l'espace compris entre l'enveloppe extérieure AA' et la paroi de chauffe SS' ; il se répand dans la
salle par les ouvertures latérales UU' grillagées.

56. Poêle-ventilateur Besson. — Ce poêle est un appareil
à magasin et circulation d'air réglable de deux manières :
1° par le cendrier, pour modifier l'allure du feu ; 2° par les
tubes de circulation d'air, qu'on peut boucher à volonté à
l'aide de tampons mobiles, en fonte (fig. 66). Un appel d'air
froid supplémentaire peut également être obtenu au moyen

de l'ouverture A, les gaz chauds formant appel vers la cheminée.

Avec un feu un peu plus visible, cet appareil serait parfait; tel qu'il est présenté, il est néanmoins très économique. Il est muni d'une grille à secousse manœuvrable à la main, à l'aide de la poignée P; de cette façon, on peut nettoyer la grille de temps en temps (*fig*. 67).

Les appareils du familistère de Guise sont très bien com-

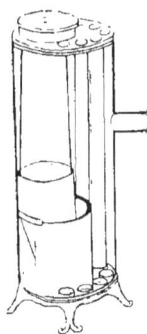 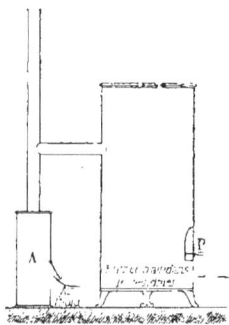 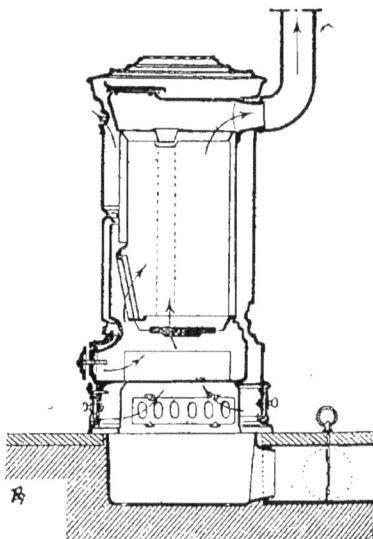

Fig. 66.   Fig. 67.   Fig. 68.

pris; ils présentent l'agrément du feu continu et visible. La figure 68 donne un exemple de poêle-calorifère à double grille, dont une horizontale à mouvement de va-et-vient. La porte est garnie de mica; le réglage du feu se fait en agissant sur l'entrée d'air pratiquée dans la porte du cendrier, et la circulation d'air, provenant d'une prise extérieure, est variable à l'aide d'un registre placé près du poêle.

57. Poêle pour salle à manger. — On a installé pendant très longtemps, dans les salles à manger, des poêles-calorifères avec enveloppe en matériaux céramiques, pouvant brûler

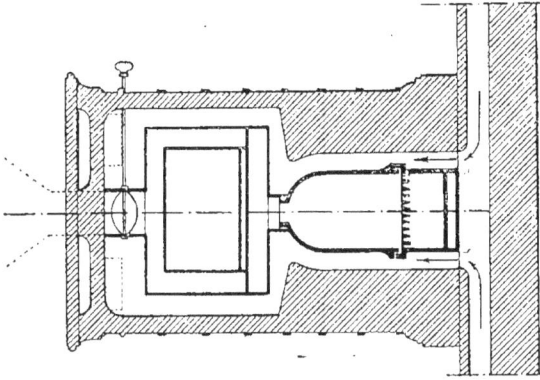

Coupe transversale

Fig. 71.

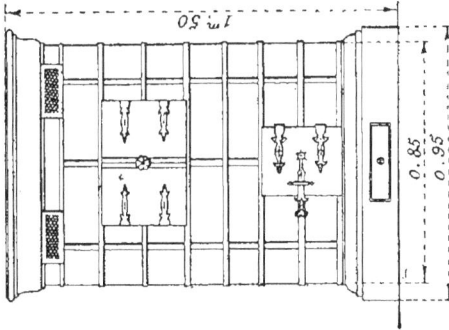

Élévation

Fig. 70.

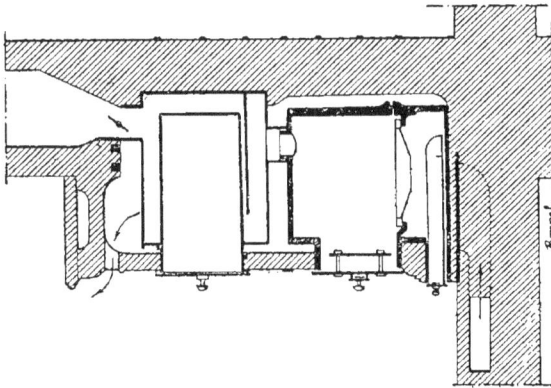

Coupe longitudinale

Fig. 69.

indifféremment du bois, de la houille ou du coke. Ces appareils demandent un montage soigné et tiennent beaucoup de place ; mais, lorsqu'ils sont suffisamment chauds, ils communiquent à la pièce une chaleur douce et régulière. La circulation des gaz chauds, qui varie d'un modèle à l'autre, doit être étudiée au point de vue de la facilité du nettoyage, et des tampons doivent donner accès dans les divers circuits, qui s'encrassent rapidement. Les bouches de chaleur sont grillagées ; on peut les ouvrir ou les fermer à l'aide d'une manœuvre simple, pour modifier la circulation. Enfin ces appareils peuvent servir à chauffer les assiettes, par l'addition d'une étuve placée au milieu des conduits de fumée (*fig.* 69, 70 et 71).

Parmi les bons appareils de construction simple, citons encore les poêles-calorifères de la Compagnie du Gaz, destinés à brûler du coke, et construits sur cinq modèles différents permettant de chauffer des capacités variant de 100 à 700 mètres cubes ; les poêles pour hôpitaux, à foyer découvert, de MM. Geneste et Herscher, les calorifères Joly, Chaussenot, etc.

§ 4. — Poêles mobiles

58. Poêles Choubersky. — Les poêles Choubersky sont des appareils à combustion lente, à magasin de combustible, et, dans certains types, à feu visible.

Ils sont montés sur roulettes ; la roue d'avant porte un frein automatique ; trois poignées servent à la manœuvre. Ces poêles se placent devant les cheminées, le tuyau d'évacuation s'engageant dans un trou préalablement percé dans la cheminée à hauteur convenable ; ce tuyau d'évacuation est à valve automatique.

Le type représenté sur la figure 72 se compose d'un cylindre F en fonte, formant foyer démontable et indépendant de l'enveloppe ; d'un magasin de combustible M, en tôle ; d'une grille G ; d'un cendrier C, de grandes dimensions, pour recevoir les cendres accumulées pendant vingt-quatre heures, temps que dure le chargement, enfin d'une enveloppe extérieure en tôle.

La grille est supportée par trois taquets venus de fonte
avec le foyer; elle se compose, en réalité, de deux parties:
une circulaire, à barreaux espacés, qui porte des coulisseaux
venus de fonte avec elle et où vient s'engager la deuxième
partie de la grille, nommée *fourchette*, dont les dents se

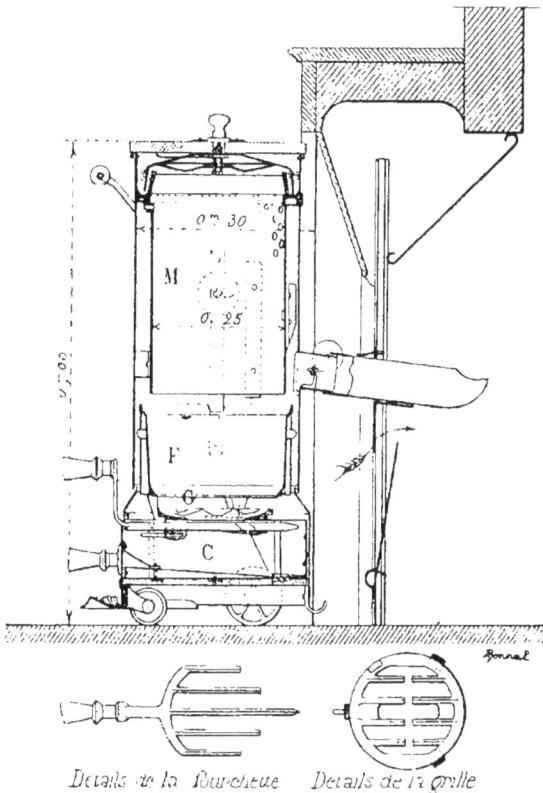

Détails de la fourchette   Détails de la grille

Fig. 72.

placent entre les barreaux de la première grille. La *fourchette* est terminée par une poignée qui permet de la manier
facilement. Lorsqu'on veut nettoyer la grille, on imprime
un mouvement de va-et-vient à la fourchette, les cendres
ainsi secouées tombent dans le cendrier; pour enlever
les mâchefers, on tire la fourchette en arrière; on sup-

prime ainsi la moitié des barreaux, et les pierres peuvent alors tomber dans le cendrier.

Dans l'appareil représenté figure 72, le tuyau d'évacuation est muni d'une valve de réglage manœuvrable à la main et permettant de faire varier la combustion entre la *grande marche*, c'est-à-dire avec tuyau complètement ouvert, et la *petite marche* (lorsque la section de passage est strictement suffisante pour laisser échapper tous les gaz de la combustion). Il est préférable de régler la marche en faisant varier l'admission d'air au cendrier, au moyen d'un papillon régulateur, et sans toucher au tuyau d'évacuation qui reste toujours ouvert ; on est certain, de cette façon, que la section de passage est largement suffisante pour évacuer les produits de la combustion.

La cloche supérieure, qui fait corps avec un couvercle en marbre, ou avec un chapiteau en fonte, ferme à joint de sable le magasin.

Un autre type de poêle Choubersky est formé par un unique cylindre en tôle, garni intérieurement de briques réfractaires et remplissant à la fois le rôle de foyer et de réservoir. L'entrée d'air est réglable par un clapet à vis fermant complètement le cendrier. Il y a deux buses de sortie pratiquées à des hauteurs différentes dans l'enveloppe et permettant d'obtenir une combustion lente ou vive, suivant que les deux buses sont complètement ouvertes et le clapet du cendrier presque fermé (petite marche) ou que la buse inférieure est fermée et le cendrier complètement ouvert (grande marche). Ces poêles à combustion complète, donnant une chaleur douce et peu élevée, conviennent très bien pour le chauffage des appartements.

59. Poêle Cadé. — Le poêle Cadé est à feu visible (*fig.* 73). Son foyer, très spécial, est constitué par une faible capacité, et reçoit deux rangées verticales de barreaux horizontaux, en terre réfractaire, ajustés dans un cylindre en fonte ouvert à l'avant. La plaque de fond est à bascule et fait corps avec un chariot que l'on peut tirer à l'aide d'une manette. Pour allumer le feu, la trémie étant chargée, on retient le combustible avec la palette à poignée B, introduite

entre deux barreaux ; on tire le chariot mobile, qu'on emplit de braise allumée et qu'on re-
pousse ensuite à sa place. En retirant
la palette B, le combustible tombe et
le feu s'active. Pour enlever les cendres, il suffit de retenir le combustible,
puis de faire basculer la plaque de
fond. Le poêle Cadé donne une moins
bonne utilisation du combustible que
le précédent, les produits de la combustion étant directement expulsés sans
bénéfice pour le chauffage, excepté celui
du rayonnement du foyer, qui est considérable ; par ce fait même, le chauffage
qu'il donne est assez agréable. La partie
supérieure de l'appareil reste constamment froide. Cet appareil exige un très
bon tirage.

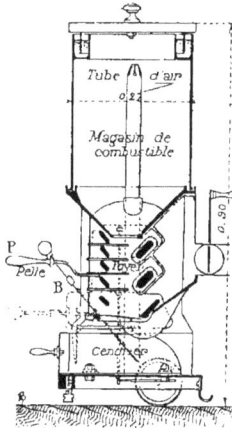

Fig. 73.

60. **Cheminées mobiles.** — **La Salamandre** (*fig. 74*). — La

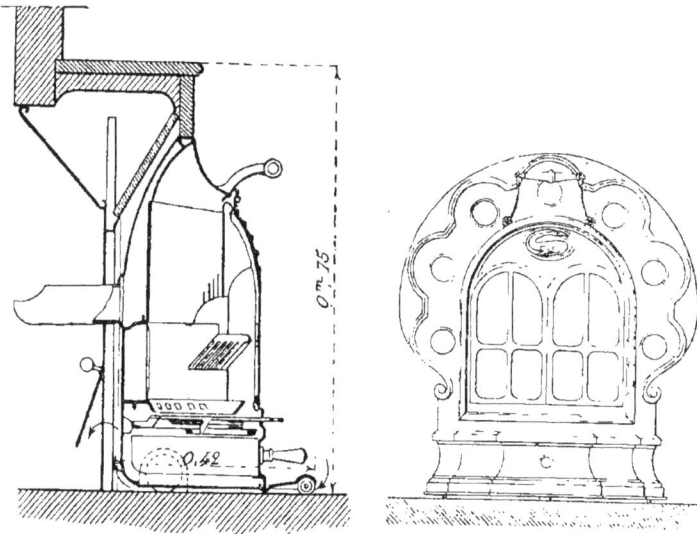

Fig. 74.

Salamandre est, comme les appareils du même genre, un

poêle mobile d'une forme particulière que l'on peut disposer devant les chambranles, et qui ne présente qu'une légère saillie sur le manteau. La disposition des détails permet d'apercevoir le feu à travers une large ouverture percée de compartiments recevant des plaques de mica. Cet appareil tient peu de place et fonctionne très régulièrement.

61. Inconvénients des poêles mobiles. — L'usage des poêles mobiles étant très répandu, il est nécessaire d'indiquer sommairement les instructions données par le Conseil d'Hygiène publique de la Seine en 1889 :

1° Les combustibles destinés au chauffage et à la cuisson des aliments ne doivent être brûlés que dans les cheminées, poêles et fourneaux, qui ont une communication directe avec l'air extérieur, même lorsque le combustible ne donne pas de fumée. Le coke, la braise et les diverses sortes de charbons qui se trouvent dans ce dernier cas sont considérés à tort comme pouvant être brûlés impunément à découvert dans une chambre habitée. Aussi doit-on proscrire l'usage des braseros, des poêles et des calorifères portatifs de tous genres qui n'ont pas de tuyaux d'échappement au dehors. Les gaz qui sont produits pendant la combustion par ces moyens de chauffage, et qui se répandent dans l'appartement, sont plus nuisibles que la fumée de bois ;

2° Il ne faut jamais fermer complètement la clef d'un poêle ou la trappe intérieure d'une cheminée qui contient encore de la braise allumée ;

3° Il faut proscrire formellement l'emploi des appareils et poêles économiques à faible tirage dits *poêles mobiles* dans les chambres à coucher et les pièces adjacentes ;

4° L'emploi de ces appareils est dangereux dans les locaux occupés en permanence par des employés et dont la ventilation n'est pas largement assurée par des orifices constamment et directement ouverts à l'air libre ;

5° Dans tous les cas, le tirage doit être convenablement garanti par des tuyaux ou cheminées présentant une section et une hauteur suffisantes, complètement étanches, ne *présentant aucune fissure ou communication avec les appartements contigus* et débouchant au-dessus des fenêtres voisines. Il est indispensable à cet effet, avant de faire fonctionner le poêle mobile, de vérifier l'isolement absolu des tuyaux ou cheminées qui le desservent ;

6° Il ne suffit pas qu'un poêle portatif soit muni d'un bout de tuyau destiné à être simplement engagé sous la cheminée de la pièce à chauffer. Il faut que cette cheminée ait un tirage convenable ;

7° Il importe, pour l'emploi de semblables appareils, de vérifier préalablement l'état du tirage, par exemple à l'aide de papier enflammé. Si l'ouverture momentanée d'une communication avec l'extérieur ne lui donne pas l'activité nécessaire, on fera directement un peu de feu dans la cheminée avant d'y adapter le poêle, ou, au moins, avant d'abandonner ce poêle à lui-même. Il sera bon, dans le même cas, de tenir le poêle un certain temps en grande marche (avec la plus grande ouverture du régulateur) ;

8° On prendra scrupuleusement ces précautions chaque fois que l'on déplacera un poêle mobile ;

9° On se tiendra en garde, principalement dans le cas où le poêle est en petite marche, contre les perturbations atmosphériques qui pourraient venir paralyser le tirage et même déterminer un refoulement des gaz à l'intérieur de la pièce. Il est utile, à cet effet, que les cheminées ou tuyaux qui desservent le poêle soient munis d'appareils sensibles indiquant que le tirage s'effectue dans le sens normal ;

10° Les orifices de chargement doivent être clos d'une façon hermétique, et il est nécessaire de ventiler largement le local chaque fois qu'il vient d'être procédé à un chargement de combustible.

§ 5. — Fonctionnement des poêles

62. Avantages et inconvénients des poêles. — Les poêles sont très employés dans les grandes villes où les combustibles sont d'un prix élevé ; à l'inverse des cheminées, ils donnent beaucoup de chaleur, mais ne produisent qu'une ventilation insuffisante. Leur rendement est très élevé et varie entre

0,65 et 0,90 ; ils coûtent relativement bon marché et s'installent sans aucun frais.

En adoptant pour un local donné un poêle de dimensions sensiblement plus grandes que celles qui seraient nécessaires pour le chauffage normal, on peut rapidement amener le local à la température de régime ; de plus, le développement de la surface de chauffe permet de ne pas porter l'air à une température très élevée.

Les poêles sont encombrants et peu décoratifs ; on hésite parfois à les installer lorsqu'il faut disposer un tuyau qui traverse la pièce.

Les poêles sans ventilation sont particulièrement économiques ; mais la quantité d'air neuf entrant dans la pièce est celle qui est nécessaire à l'entretien de la combustion, c'est donc toujours le même air qui est repris et chauffé à nouveau.

Les poêles à appel d'air, qui sont de véritables calorifères à faible hauteur de tirage, constituent, au contraire, un chauffage suffisamment sain ; le débit de l'air est faible, par suite de la faible hauteur de tirage.

L'évacuation de l'air se fait en partie par le foyer, en partie par les fentes des portes et des fenêtres, car il se produit dans la pièce une légère surpression créée par l'air chaud lui-même ; cette surpression tend également à diminuer le tirage.

Les poêles à feu apparent rayonnent la chaleur comme les cheminées ; c'est un des avantages que présentent les poêles mobiles Choubersky, Cadé, etc., et qui peut-être les fait rechercher. Dans la plupart des cas, le feu n'est pas apparent, et l'air de la pièce qui s'échauffe au contact de l'enveloppe monte immédiatement vers le plafond.

L'air chaud évacué par les bouches est projeté horizontalement et monte moins directement. Le foyer produisant appel, ramène une partie de cet air vers le plancher.

D'après Morin, il existe une grande différence de température au niveau du plancher et celle prise à 3 mètres au dessus ; avec les poêles sans ventilation, cette différence atteint 14°, et 8° seulement avec les poêles à renouvellement d'air.

On reproche aux poêles de vicier l'air et de le dessécher ; le premier inconvénient a sûrement lieu avec les appareils domestiques dont on porte les parois au rouge. Les poussières organiques en suspension se brûlent au contact des surfaces surchauffées et produisent de mauvaises odeurs ; mais on voit qu'il est facile de remédier à cet état de choses en modérant convenablement le feu. Les poêles en matériaux céramiques et à circulation d'air ne présentent pas ces défauts. On peut d'ailleurs facilement humidifier l'air chaud qui se trouve très éloigné de son point de saturation, en disposant sur le poêle des réservoirs d'eau de dimensions suffisantes.

Par suite de la faible quantité d'air que nécessite leur tirage, les poêles ne donnent pas lieu à des rentrées d'air froid comme les cheminées.

En résumé, les poêles de bonne construction, convenablement installés, sont les appareils les plus économiques qu'on puisse placer pour chauffer des locaux de faible importance.

63. Des dimensions à donner aux poêles. — Les dimensions pratiques que l'on doit prendre pour un poêle devant chauffer une salle donnée se déterminent empiriquement; on peut admettre qu'il faut une surface de grille de 1 décimètre carré par 50 mètres cubes de capacité à chauffer.

Il faut 1 mètre carré de surface de chauffe par 130 mètres cubes environ ; on prend encore trente-cinq à quarante fois la surface de la grille, quand les poêles sont à parois lisses, et soixante à cent cinquante fois la surface de la grille quand la surface de chauffe est nervée. Triest conseille de prendre une surface de chauffe égale au 1/7 de la surface extérieure de la pièce à chauffer, lorsque celle-ci est de petites dimensions, et au 1/9 seulement lorsque la salle est de grandeur notable.

On admet une section de cheminée égale au 1/5 de la surface de grille, soit 40 centimètres carrés par 100 mètres cubes, mais le minimum à adopter est un conduit de $0^m,18 \times 0^m,20$, correspondant aux dimensions courantes des boisseaux, lorsque ce conduit est en maçonnerie. Pour les tuyaux en tôle, on pourra se borner aux sections fournies par la règle énoncée ci-dessus, sauf pour les poêles de petites dimensions; il faut en effet tenir compte des résistances considérables qu'offre un conduit de petite section, et du peu de calorique qu'il transmet, dans son parcours, à la pièce à chauffer.

A volume égal, les quantités de chaleur perdue peuvent varier du simple au double suivant l'exposition de la pièce ; la position du poêle n'est pas non plus indifférente, car la quantité de chaleur abandonnée par le tuyau de fumée, dans son parcours dans la pièce, peut être une fraction importante de la chaleur totale produite. Ces considérations, jointes à la nécessité d'activer la mise en train, chaque jour au moment de l'allumage, prouvent qu'il est bon de choisir un poêle présentant une surface de chauffe double de celle qui serait nécessaire, quitte à modérer l'allure du feu pendant la période normale de marche.

CHAPITRE IV

CHAUFFAGE AU GAZ D'ÉCLAIRAGE

§ 1. — Généralités

64. Les appareils de chauffage au gaz peuvent être groupés en trois classes :

1° Les *foyers ouverts*, comprenant eux-mêmes les cheminées à simple rayonnement, les appareils à réflecteurs, et enfin les foyers portant à l'incandescence des surfaces réfractaires ou métalliques ;

2° Les *poêles* ;

3° Les *calorifères*.

L'emploi du gaz comme combustible a pour principal avantage la commodité, et, depuis la création d'appareils très étudiés, l'hygiène. En utilisant le gaz pour le chauffage des appartements, on évite toute espèce d'approvisionnements, la mise en cave et le transport quotidien depuis la cave jusqu'aux appareils ; on évite également la manipulation des cendres, l'entretien et la surveillance des foyers, les ennuis résultant d'un mauvais tirage et rendant l'allumage difficile.

D'autre part, le gaz d'éclairage étant un agent calorifique très puissant, le rendement des appareils de chauffage au gaz étant tout aussi élevé que celui des appareils utilisant des combustibles différents, il suffit d'un très petit emplacement pour la pose des foyers, qui permettent même d'obtenir, au moyen d'appareils spéciaux de réglage, un chauffage immédiat aussi intense ou aussi faible qu'on le désire.

Au point de vue du fonctionnement, les appareils de chauffage au gaz se divisent en appareils à *flamme blanche*, sans

mélange d'air, et les appareils à *flamme bleue*, à brûleurs
Bunsen ou dérivés. Lorsque la combustion du gaz n'est pas
complète, les produits gazeux dégagés offrent une odeur
caractéristique désagréable, due à la présence d'une petite
quantité d'acétylène. Ce fait se produit dans les appareils à
flamme bleue, principalement lorsqu'on désire faire baisser
la consommation en fermant le robinet d'arrivée de gaz ;
celui-ci s'enflamme alors à l'injecteur en donnant lieu à une
forte production d'acétylène. Cet inconvénient explique la
nécessité de munir les appareils de chauffage à flamme bleue
de plusieurs robinets ; il suffit d'éteindre un certain nombre
de brûleurs pour modérer la chaleur.

Dans les appareils à flamme blanche, la combustion est
complète et se fait avec formation d'eau et d'acide carbonique ;
il est donc possible, avec ces appareils, de faire évacuer les
produits de la combustion dans la pièce même à chauffer,
ce qu'il serait très imprudent de faire avec les appareils à
flamme bleue.

En règle générale, lorsqu'on doit chauffer des locaux occupés continuellement, il faut employer des appareils évacuant
les produits de la combustion au moyen de tuyaux, qui
servent à l'entraînement de la vapeur d'eau formée ; les appareils à gaz sans dégagement ne doivent pas être absolument
proscrits, mais il sera bon de ne les utiliser que pour les
chauffages momentanés, dans les vestibules, cabinets de toi-
lette, salles de bibliothèques publiques, églises, en général
tous locaux vastes et suffisamment ventilés. Dans ces conditions, on devra choisir des appareils à flamme blanche, à
combustion complète, le rendement calorifique des appareils
étant sensiblement le même que pour les brûleurs à flamme
bleue.

Pour les appartements il est indispensable, avant de choisir l'appareil de chauffage nécessaire, de considérer qu'il est
préférable d'employer un foyer de petites dimensions, évacuant ses produits gazeux le plus près possible du sol, d'où
ils tentent, grâce à leur faible densité, à monter rapidement
vers les parties supérieures du local. De plus, la chaleur
émise par rayonnement produit des effets qui se font sentir
à distance, à peu de hauteur au-dessus du sol, puisque les

réflecteurs paraboliques renvoient horizontalement les rayons
calorifiques qu'ils reçoivent, tandis que la chaleur, abandonnée à l'air ambiant par les parois chauffées de l'appareil,
a tendance à se confiner dans les couches d'air avoisinant le
foyer.

Le principal défaut des appareils de chauffage au gaz est
de n'être pas très économiques, en France du moins où le
gaz coûte cher ; de plus, ils donnent généralement peu de
ventilation ; ils sont donc peu hygiéniques.

§ 2. — Foyers ouverts

65. Cheminées à gaz. — Les foyers *à réflecteur* sont très
répandus ; il en existe un très grand nombre de modèles,
constitués généralement par un coffre en tôle, découvert à
l'avant (*fig.* 75). Derrière le manteau, se trouve une rampe de
gaz, par les trous de laquelle sortent des jets de flamme

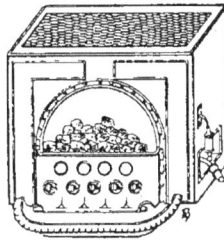

Fig. 75.   Fig. 76.

blanche. Le fond du coffre est constitué par une feuille de
cuivre poli, à ondulations, pour produire la dispersion de la
chaleur, et de forme parabolique. Si l'on considère une section
transversale de l'appareil, le brûleur se trouvant placé au
foyer d'une parabole, les rayons calorifiques projetés sont
réfléchis horizontalement à une petite distance du sol. Les
parois latérales sont également en cuivre poli, sans ondulations. Quelquefois la cheminée est surmontée d'un appareil

constituant un chauffe-assiettes, chauffe-fers, etc.; elle reçoit, parfois, à la partie postérieure, un appareil refroidisseur, constitué par une série de tubes en fonte destinés à chauffer de l'air provenant de l'extérieur; cet air est ensuite distribué dans la pièce au moyen de bouches.

Ces appareils, de dimensions forcément limitées, ne peuvent servir que dans de petites pièces, pour un chauffage intermittent; pour augmenter la surface du rayonnement, on construit des foyers *à boules* (*fig.* 76). Le brûleur est alors constitué par un certain nombre de rampes parallèles, disposées transversalement et commandées chacune par un robinet; on peut, à l'aide de ces rampes indépendantes, obtenir un réglage facile. Les rampes sont à flamme bleue; la flamme produite porte à l'incandescence des boules en terre réfractaire, mélangée d'amiante; ces boules augmentent la surface de rayonnement et donnent l'illusion d'un foyer alimenté par du coke; de plus, l'air froid circule le long d'une feuille de tôle placée à l'arrière du foyer, s'échauffe et ressort à la partie supérieure de l'appareil.

Il faut citer, comme dernier exemple de foyer rayonnant, l'appareil construit par la Société parisienne du Gaz, très bien étudié et donnant de bons résultats. Cet appareil est représenté en coupe et en élévation perspective sur les figures 77 et 78; il se compose essentiellement d'une rampe de gaz R portant à l'incandescence une plaque de terre réfractaire P, garnie, après fabrication, de fibres ou de tresses d'amiante. Les produits de la combustion descendent ensuite derrière la plaque P, à laquelle ils cèdent leur calorique, puis s'échappent par la conduite, placée latéralement. En outre, l'air de la pièce entre par la partie inférieure du foyer, circule entre les parois de la double enveloppe constituant le corps du foyer, et s'échappe enfin par les ouvertures ménagées à la partie supérieure de l'appareil. Une disposition spéciale permet de fractionner la rampe [1].

Une des applications les plus intéressantes de ces foyers

[1] Pour éviter le sifflement que produit le bec Bunsen dans sa marche, on munit l'appareil d'un injecteur percé de plusieurs orifices très rapprochés.

rayonnants consiste dans leur groupement en cheminées polygonales d'un nombre quelconque de faces, pour chauffer des pièces de grandes dimensions ; l'expérience faite à l'École de Médecine de Paris a parfaitement réussi.

Citons, parmi les appareils les plus estimés, les cheminées Wilson, dans lesquelles le gaz porte à l'incandescence des

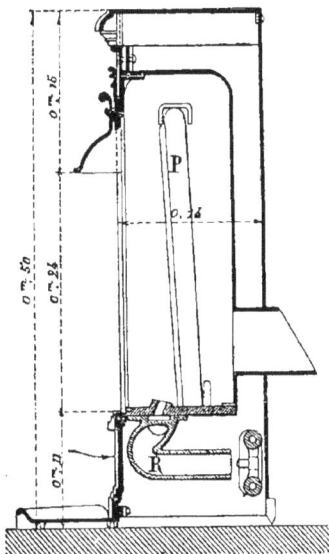

Fig. 77.

Fig. 78.

barreaux de fer et où la chaleur est renvoyée dans la pièce par une plaque de terre réfractaire, les foyers Vieillard, les foyers à récupération Foulis, etc. Tous ces appareils nécessitent un bon tirage pour faciliter l'évacuation rapide des produits de la combustion et empêcher le refoulement du gaz des brûleurs dans les locaux à chauffer.

§ 3. — Poêles a gaz

66. Dans ces appareils, le gaz, arrivant dans une couronne, brûle dans un tuyau vertical ; les produits gazeux s'échappent dans la capacité cylindrique entourant la

couronne ; une série de tuyaux verticaux est ménagée dans
la couronne circulaire, il y a circulation d'air dans ces
tuyaux ; celui-ci, pénétrant par la partie inférieure, s'échauffe
et se répand dans la pièce. Les produits gazeux s'échappent
également dans la pièce, ou sont évacués à l'extérieur par un
conduit spécial.

La figure 79 représente la coupe d'un poêle à gaz fort
usité en Angleterre : c'est
un appareil à condensa-
tion.

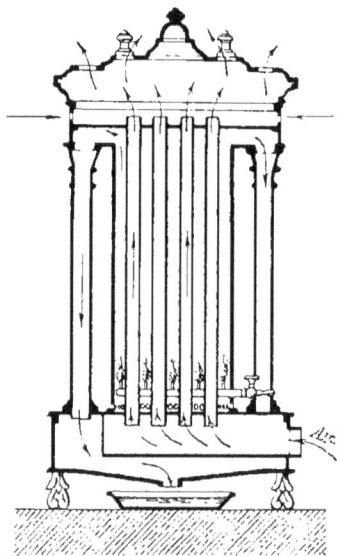

Fig. 79.

Le corps du poêle est
occupé par une série de
tuyaux verticaux entre lesquels se trouve le brûleur.
Les produits gazeux cir-
culent autour de ces tuyaux
qu'ils échauffent ; arrivés à
la partie supérieure de l'appareil, ils redescendent par
une série de colonnes
creuses, se réunissent finalement dans un collecteur inférieur, où l'eau de condensation s'écoule. On recueille
cette eau dans un récipient
spécial. L'air froid pénètre
à la partie inférieure de
l'appareil, s'introduit dans
les tuyaux qu'il traverse dans toute leur longueur et où il
s'échauffe, et sort enfin à la partie supérieure dans des
bouches ménagées sur toute la surface du couvercle. Cet
appareil fonctionne donc sans tuyau d'évacuation.

Les poêles à flamme blanche, formés de becs d'Argand à
cheminée en verre, sont généralement employés en France ;
mais, afin d'éviter les dépôts charbonneux à la production
d'acétylène, il est nécessaire, comme *d'ailleurs dans tous les
appareils à flamme blanche*, de disposer un *rhéomètre* [1],

---

[1] Voir le volume *Éclairage*, de MM. GALINE et SAINT-PAUL.

destiné à assurer un débit fixe et invariable, quelle que soit la pression du gaz qui les alimente.

Ces poêles sans tuyau d'évacuation ont l'inconvénient de ne produire aucune ventilation dans la pièce à chauffer; il ne faut donc les employer que pour des chauffages intermittents, dans des locaux spacieux et bien ventilés. Employés dans les églises, comme en Allemagne, ils occasionnent la détérioration des vases et des objets en métal; il faut donc avoir soin d'assurer une condensation complète des produits avant leur sortie de l'appareil.

§ 4. — CALORIFÈRES A GAZ

67. Ces appareils ne diffèrent des poêles que par l'addition d'une double enveloppe permettant le chauffage de l'air extérieur. Le calorifère *tambour* (*fig.* 80) est à flamme blanche, à débit fixe et invariable, proportionné à ses dimensions; cette fixité est obtenue à l'aide d'un rhéomètre. Les produits de la combustion, avant de s'échapper par la cheminée d'évacuation, traversent des plaques en terre réfractaire, perforées, et, ensuite, un tambour extérieur auquel est raccordé le tuyau d'échappement; ils abandonnent ainsi la majeure partie de leur calorique; l'enveloppe extérieure joue donc le rôle de surface rayonnante.

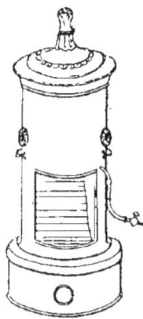

FIG. 80.

En outre, un courant d'air, prenant naissance à la base du calorifère, traverse une série de tubes en cuivre, chauffés extérieurement par les gaz de la combustion, et s'échappent à la partie supérieure de l'appareil, recouvert, à cet effet, d'un couvercle ajouré. Enfin une couche de sable, recouvrant l'extrémité supérieure des tuyaux, assure l'étanchéité des joints.

68. **Calorifère Adams.** — Parmi les types les plus usuels il faut citer : les calorifères à réflecteur Vieillard ; le calorifère Leeds, à rayonnement direct ; le calorifère Adams, qui

paraît présenter toutes les conditions d'un chauffage hygiénique (*fig.* 81).

Le brûleur est formé de cinq becs d'Argand, à verres ; il
y a deux entrées d'air froid,
comme l'indiquent les
flèches, une à la partie supérieure, l'autre latéralement ; une portion de l'air
de cette prise latérale alimente la combustion,
l'autre portion s'échauffant
au contact des parois de
l'enveloppe extérieure.

Il y a une buse d'échappement des produits en B.
Des chicanes horizontales
s'opposent au départ direct
des produits gazeux.

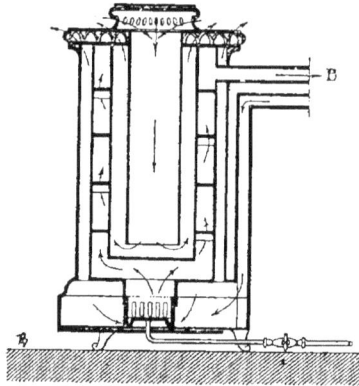

Fig. 81.

69. Calorifère Potain. — Dans le calorifère hygiénique
Potain, l'air nécessaire à la combustion est pris en dehors de

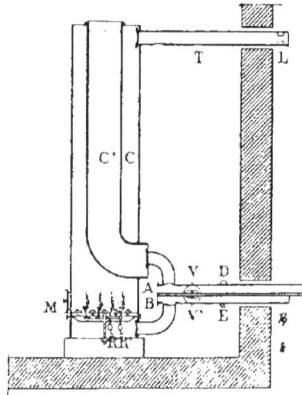

Fig. 82.

Fig. 83.

la pièce à chauffer. La figure 82 donne une coupe verticale de
l'appareil qui se compose de deux cylindres concentriques,

le cylindre extérieur C en tôle, et le cylindre intérieur C' en cuivre. L'air nécessaire à la combustion du gaz est amené par EV'B, tubulure faisant corps avec l'entrée d'air extérieur DVA, (*fig.* 82), amenant l'air dans le cylindre en cuivre C'. Le brûleur est à flamme blanche, alimenté en RR' par une conduite munie de rhéomètres Giroud. Les produits de la combustion circulent autour du cylindre C' et s'échappent dans le tuyau T, muni à son extrémité d'une lanterne L atténuant les coups de vent et prévenant les refoulements. L'air qui se répand dans la pièce n'a jamais été en contact avec les produits gazeux de la combustion. L'allumage se fait en ouvrant le regard de mica M ; de plus, deux diaphragmes VV' permettent de régler l'appel d'air. On peut donc faire servir ce poêle exclusivement pour la ventilation en ne donnant à la rampe que juste la flamme nécessaire pour déterminer un appel de l'air extérieur qui pénètre dans la pièce à une température très peu supérieure à celle du dehors.

Le poêle Potain est, en effet, hygiénique, mais ne chauffe pas beaucoup.

CHAPITRE V

CALORIFÈRES

§ 1. — Généralités

70. Définitions. — Classification. — Les calorifères sont des poêles à circulation d'air, de grandes dimensions, destinés au chauffage de locaux très vastes ; ils se placent toujours en dehors des pièces à chauffer et sont généralement entourés d'une enveloppe en maçonnerie qui les isole des bâtiments voisins. L'air destiné au chauffage est introduit dans la chambre du calorifère, il reste en contact avec les conduits de fumée, qui présentent un long développement, puis est déversé aux endroits convenables par l'intermédiaire de conduits spéciaux.

Un calorifère comprend donc : 1° un *foyer* ; 2° un *récepteur*, ou *surface de chauffe*, se divisant en *surface directe* et *indirecte* ; 3° une *cheminée*.

71. Foyer. — Le foyer est généralement formé par une cloche en fonte à surface extérieure nervée, pour éviter qu'elle ne rougisse. La cloche est droite : ses éléments sont constitués par des anneaux s'emboîtant les uns dans les autres à joint de sable et de terre à four. On garnit aussi les cloches, à l'intérieur, d'un mortier réfractaire, ou on les construit entièrement en maçonnerie ; ce dernier mode est préférable aux précédents lorsqu'on doit brûler des combustibles très pauvres ; le foyer Michel Perret est alors tout indiqué. Quant à la forme des cloches, elle est généralement cylindrique et porte deux tubulures latérales qui débouchent dans les embrasures de la maçonnerie ; ces tubulures sont

destinées au chargement de la grille et au nettoyage du cendrier. Les foyers à magasin de combustible sont très com-
modes et actuellement d'un emploi courant.

72. **Récepteur.** — L'étude du récepteur est le point le
plus délicat de la construction des calorifères. La surface de
chauffe doit en effet : 1° tenir le moins de place possible ;
2° être disposée pour réaliser le chauffage méthodique ;
3° permettre la dilatation des matériaux qui la constituent
sans donner naissance à des fuites ; 4° être d'un entretien et
d'un nettoyage facile ; 5° être proportionnée au foyer qui
l'alimente.

Les premières conditions sont nécessairement celles que
les constructeurs cherchent à remplir tout d'abord, pour
augmenter le rendement de leurs appareils ; mais il ne faut
pas exagérer cette tendance à l'économie d'emplacement,
qui conduit à un résultat inverse de celui qu'on se propose d'atteindre ; en rapprochant la surface de chauffe de la
cloche du foyer, on l'expose à la chaleur rayonnée par celle-
ci, et le calorique abandonné par conductibilité au courant
d'air froid, qui circule difficilement entre les éléments de
chauffe devient, pour ainsi dire, nul, sur une certaine partie
du récepteur.

Il est inutile d'exagérer l'étendue de la surface de transmission, car il faut toujours avoir une température de 150°
à la sortie des produits de la combustion ; au-dessous de
100°, la vapeur d'eau se condenserait le long des parois de
la surface de chauffe, et le tirage serait détruit. La transmission diminue d'ailleurs rapidement, comme il est indiqué au
n° 29.

D'après la nature des matériaux qui constituent les récepteurs, les calorifères se divisent en deux grandes classes :
1° Les calorifères *à parois céramiques*, très peu répandus ;
2° Les calorifères à *parois métalliques*.

Ces derniers comprennent eux-mêmes trois groupes, selon
la disposition des surfaces de chauffe : *a*) les calorifères
à circulation de fumée verticale ; *b*) les calorifères à circulation horizontale ; *c*) les calorifères mixtes, qui participent à
la fois de ces deux genres de circulation.

a) Les récepteurs constitués par des circulations de fumée horizontales ont l'inconvénient de contrarier le tirage, de ne pas se prêter au chauffage méthodique, de s'encrasser rapidement par suite des dépôts de suie qui se forment à la partie inférieure des tuyaux ; par contre, ils se prêtent facilement aux nettoyages et aux dilatations et sont de construction simple ;

b) Les récepteurs à tubes verticaux sont beaucoup plus avantageux que les premiers au point de vue du rendement et de l'entretien ; ils se prêtent parfaitement au développement en hauteur, mais ils exigent une construction particulièrement soignée.

Les éléments du récepteur se font en tôle ou en fonte ; la tôle est plus économique, plus légère, et se prête mieux à une mise en train rapide ; les assemblages s'obtiennent facilement par simple emmanchement ; mais la durée de ce métal est très limitée, surtout dans les locaux humides où les calorifères s'installent généralement ; l'oxydation est très rapide ; la tôle est également altérée par les produits sulfureux dégagés par les combustibles.

La fonte s'emploie sous des épaisseurs plus fortes, coûte par conséquent plus cher, exige aussi plus de soins dans les assemblages, que ceux-ci soient à joints de terre à four ou à brides et boulons ; mais elle dure beaucoup plus longtemps que la tôle, tout en se prêtant facilement au développement rationnel de la surface de chauffe, par l'addition de nervures venues de fonte avec le corps des tuyaux ou des coffres qui constituent les récepteurs.

73. Cheminées. — Les conduits de fumée qui partent de la chambre du calorifère pour se rendre à la cheminée, et qui sont souvent appelés *cheminées traînantes*, se construisent de deux façons différentes, selon le genre du calorifère employé et l'emplacement qu'il occupe.

Dans les constructions neuves, où tout est prévu pour l'installation des appareils de chauffage, on s'arrange de façon à ce que la cheminée traînante soit très courte ; on peut alors ménager dans le sol de la cave un conduit en maçonnerie de briques creuses venant aboutir au conduit vertical pratiqué dans le mur de refend le plus proche ; on établit un regard de visite et une chambre à poussière au raccordement.

Lorsque les derniers éléments de la surface de chauffe évacuent leurs produits à la partie supérieure des chambres (et c'est la meilleure disposition), on place simplement un conduit en tôle enveloppé de matières isolantes (liège, coton minéral) pour rejoindre la cheminée ; on lui donne une légère pente et on installe, tous les mètres environ, des supports en fer plat à brides, en deux pièces, qui permettent le démontage. A l'endroit où le tuyau rejoint le conduit de fumée vertical, on a soin de disposer un tampon de visite que l'on enlève de temps en temps pour retirer la suie qui se dépose rapidement à cet endroit. Lorsque ces tuyaux sont très courts et ne traversent pas les caves, ils sont préférables aux premiers, qui exigent l'établissement d'une *pompe d'appel ;* mais ils peuvent être une gêne pour les locataires dont ils chauffent les caves.

Dans certains cas, pour éviter l'installation d'un conduit dans le sol, on ramène la fumée à la partie supérieure de la chambre du calorifère, par un coude que l'on utilise comme surface de chauffe. Dans ces calorifères, au moment de l'allumage, tous les tuyaux de circulation de fumée étant remplis d'air froid, le tirage ne s'établit pas, en raison de la résistance que cet air oppose. Pour amorcer le siphon gazeux, il est nécessaire d'installer à la base de la partie verticale du conduit de fumée un petit foyer auxiliaire où l'on brûle du bois ; lorsque la combustion est commencée, on ferme hermétiquement la porte de ce foyer ; le tirage établi se continue par les conduits du récepteur, l'amorçage est fait. Cette disposition prend le nom de *pompe d'appel.*

Dans d'autres appareils (calorifère Réveillac), le premier élément de chauffe, sortant de la cloche, est relié directement au conduit vertical de fumée par une tubulure auxiliaire pouvant être ouverte ou fermée par un registre manœuvrable à la main ; pour la mise en train on ouvre le registre, les gaz se rendent directement à la cheminée, sans traverser le récepteur, puis le tirage s'établit ; on ferme alors la communication directe. Cette disposition évite la complication de la pompe d'appel; mais il faut être bien certain de la manœuvre du registre, afin de ne pas faire passer une grande partie des gaz chauds par la cheminée, sans les refroidir.

§ 2. — Calorifères métalliques

74. Calorifères à tubes verticaux (Grouvelle). — Un très bon calorifère à tubes verticaux est représenté par les figures 84

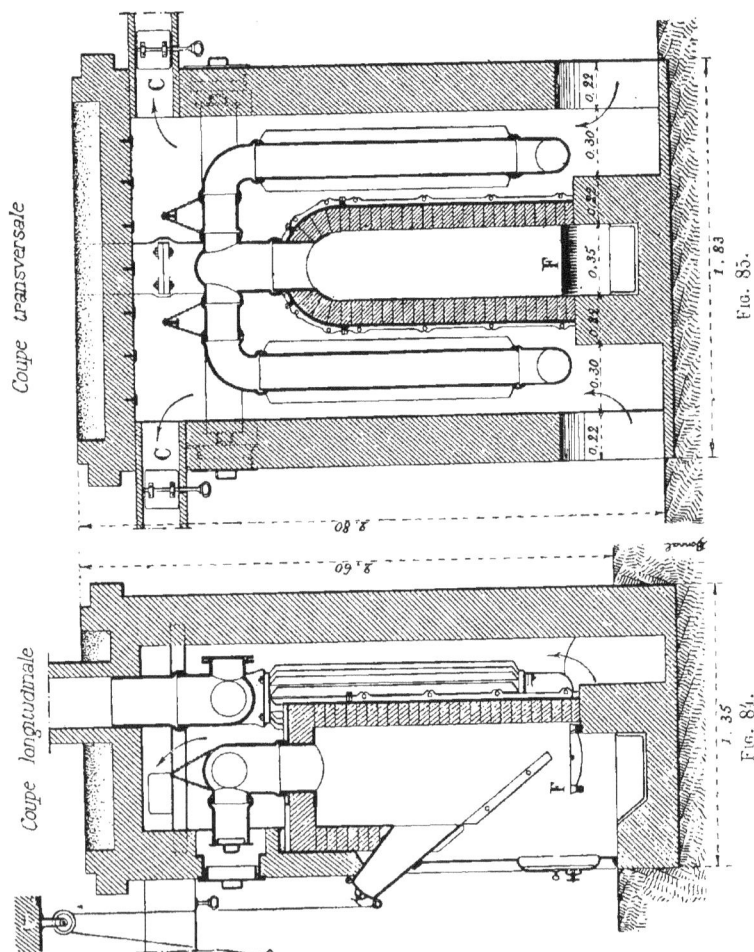

Coupe transversale

Fig. 85.

Coupe longitudinale

Fig. 84.

et 85. La cloche en fonte, de forme rectangulaire, est

fermée à sa partie supérieure par une voûte dans laquelle débouche la prise de fumée ; elle est garnie de briques réfractaires à l'intérieur. Le foyer F est à alimentation continue. Le départ des gaz se divise en deux parties horizontales où viennent se brancher les tubulures de raccordement avec des tubes lamés verticaux ; ces tubulures sont prolongées jusqu'à la façade, où elles sont fermées par des tampons mobiles permettant le ramonage. La tuyauterie horizontale est supportée par une série de chaînes passant sur des supports en fer à I ; de cette façon, les dilatations se produisent sans occasionner de fuites.

Deux collecteurs inférieurs réunissent de même chacun la moitié des tubulures de raccordement à leur extrémité inférieure, et conduisent la fumée dans deux carneaux latéraux C, C, convergeant à la cheminée du calorifère. Les joints des tubes verticaux sont à emboîtement, ceux des collecteurs horizontaux sont tous boulonnés.

L'air froid arrive à la partie inférieure de la chambre de chauffe, circule autour des tubes lamés et des collecteurs et passe dans les conduites d'air chaud par les prises réparties en nombre variable à la partie supérieure de la chambre de chauffe.

75. Calorifère Kœrting. — Le calorifère Kœrting (*fig.* 86 et 87) comprend des éléments à ailettes diagonales montés verticalement à joints de sable sur deux boîtes à fumée D et boulonnés sur le tuyau distributeur supérieur B.

Le foyer est à alimentation continue ; les gaz de la combustion passent du foyer A dans le tuyau distributeur, traversent toute la série des éléments placés latéralement et s'échappent dans les boîtes à fumée d'où ils se rendent à la cheminée.

L'air froid pénètre par les carneaux C entre les boîtes à fumée, s'élève entre les lames des éléments E qu'il traverse pour s'échapper dans la chambre de chaleur. Le chauffage est donc, ici encore, méthodique.

Le tuyau distributeur de forme pentagonale est garni à l'intérieur de terre réfractaire ; il est recouvert d'ailettes en tôle mince, destinées à produire une circulation d'air uni-

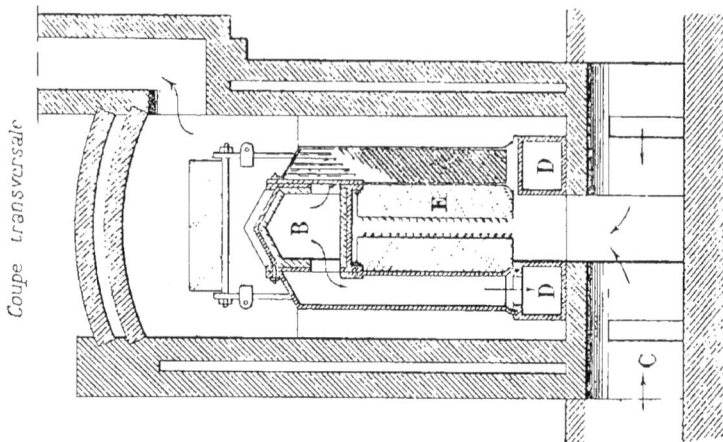

Coupe transversale

Fig. 87.

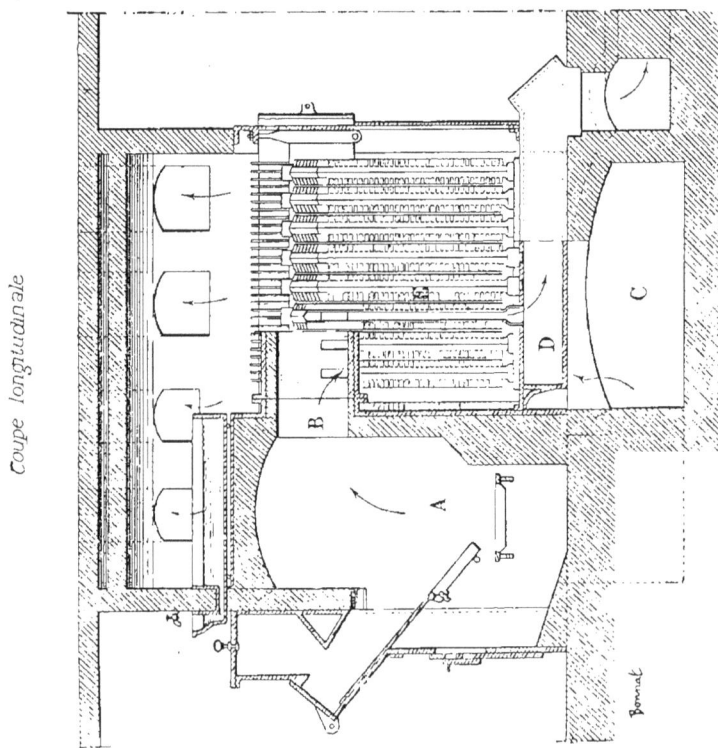

Coupe longitudinale

Fig. 86.

forme dans toute la longueur du tuyau. Les ailettes des éléments sont très rapprochées et disposées de telle sorte que l'air, dans son mouvement ascensionnel, n'ait pas à subir de changement brusque dans sa direction ; leur longueur est suffisante pour que l'air s'échauffe au degré voulu.

Le tuyau distributeur et les boîtes à fumée sont munis d'ouvertures permettant leur nettoyage.

Les éléments verticaux reposent, à leur partie inférieure, dans des bains de sable fin (*joint de sable*) ; ils sont assujettis au tuyau distributeur supérieur au moyen d'écrous.

76. Calorifère Bourdon. — Le calorifère Bourdon (*fig.* 88 et 89) est également muni d'un foyer en maçonnerie à alimentation continue, à grille inclinée, disposé pour brûler des combustibles maigres et à tirage réglable par la porte du cendrier P. Les gaz chauds, sortant du foyer, circulent dans le conduit horizontal C, traversent une chambre rectangulaire où sont disposés des tubes en fonte T dont ils échauffent les parois avant de s'échapper dans la cheminée H ; la circulation des gaz se fait, pour ainsi dire, à l'inverse des appareils précédemment décrits. L'air froid arrive à la partie inférieure par les ouvertures O, circule d'abord autour de la chambre en F, pénètre en partie dans une série de tubes en tôle U, remonte ensuite dans l'espace annulaire compris entre les tubes U et T, et se rend dans la chambre supérieure, où se fait le mélange des gaz qui sont passés directement par F. Les joints des tubes en tôle sont à bain de sable ; tout l'ensemble est parfaitement dilatable ; la construction de l'appareil est simple ; son nettoyage est facile ; il tient peu de place en hauteur et donne un fonctionnement régulier. Seulement une partie des tubes n'est pas utilisée comme surface de chauffe.

77. Calorifères Geneste-Herscher. — Le calorifère Geneste-Herscher (*fig.* 90 et 91) est aussi un bon appareil. Le foyer, en forme de cloche allongée, est constitué par une série de viroles cylindriques garnies d'ailettes verticales à la partie extérieure ; les joints des viroles sont à rainures profondes et à bain de sable. La partie exposée au coup de feu est garnie de briques réfractaires.

Coupe transversale

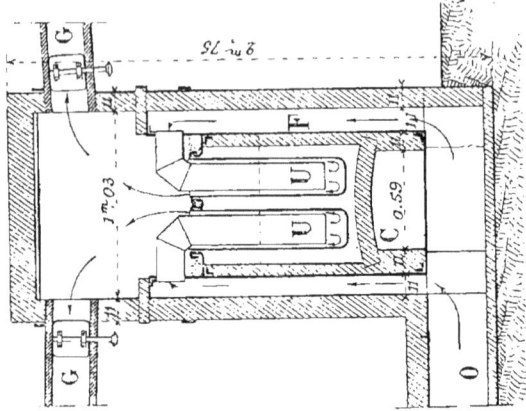

Fig. 89.

Coupe longitudinale

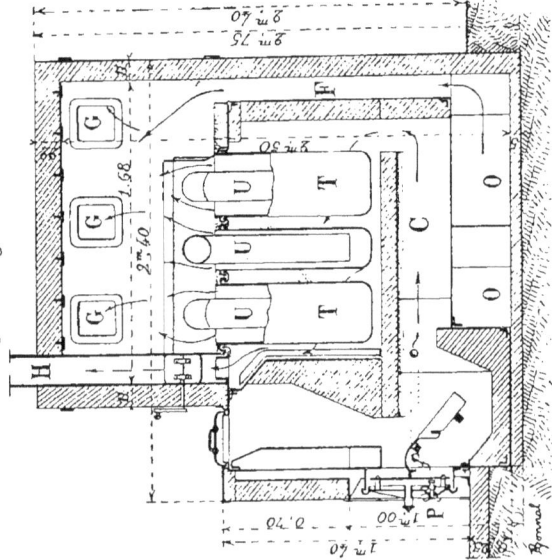

Fig. 88.

Coupe suivant AB

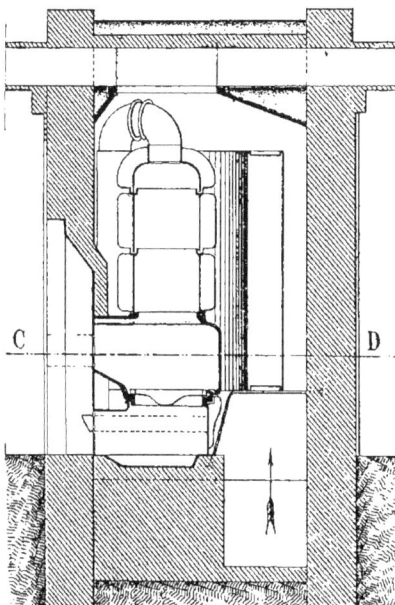

FIG. 90.

Coupe suivant CD

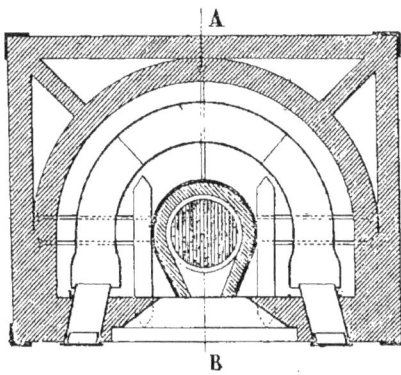

FIG 91

La cloche communique avec une capacité demi-cylindrique, en tôle, divisée par des cloisons destinées à assurer une bonne circulation des gaz. A la sortie de ce tambour (ou hémicycle), les gaz se rendent à la cheminée (qui peut être indifféremment placée à droite ou à gauche de l'appareil) par un conduit muni d'un tampon où l'on peut allumer un peu de feu, au moment de la mise en marche, qui se fait difficilement. Les joints du raccord entre la cloche et le tambour sont boulonnés, ainsi que ceux des éléments constituant le tambour lui-même. Des tampons répartis sur toute

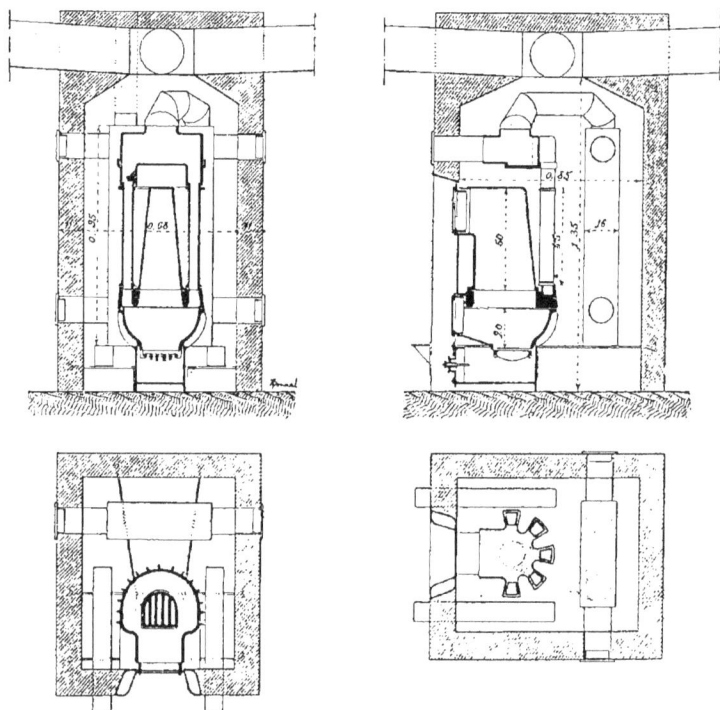

Fig. 92.

la hauteur du tambour permettent le nettoyage des surfaces de chauffe. L'air circule facilement : le chauffage est presque méthodique ; la construction de l'appareil est très simple.

La figure 92 représente un appareil des mêmes constructeurs, mais de plus petites dimensions, destiné plus spécialement au chauffage des salles
d'étude ; une trémie de grandes
dimensions permet d'espacer
les chargements.

78. Calorifère Staib. — Dans
ce calorifère, l'air circule simplement autour d'une caisse en
fonte, présentant des ondulations très développées ; l'air
à chauffer n'a donc aucun
contact avec le foyer, il n'y a
par conséquent pas de sur-
chauffage à craindre. Mais cet
appareil très bien compris et
hygiénique ne se prête pas à
un grand développement et
coûte cher d'installation. La
mise en train se fait à l'aide
d'un petit foyer auxiliaire disposé près de la façade de
l'enveloppe, et auquel un
tampon fermé en marche normale, donne accès (*fig.* 93
et 94).

79. Calorifères divers. —
Parmi les calorifères à circulation horizontale il faut citer,
parmi les meilleurs, celui de
MM. Grouvelle et Arquem-
bourg, à tubes nervés, disposés
pour réaliser le chauffage méthodique et l'entretien facile

Coupe verticale

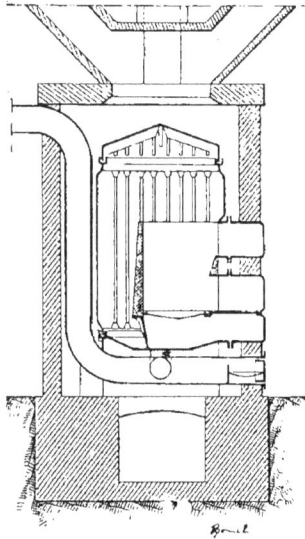

Fig. 93.

Coupe horizontale

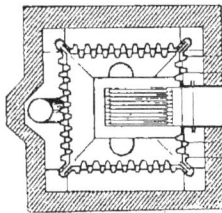

Fig. 94.

des surfaces de chauffe, mais conservant l'inconvénient de
la mauvaise utilisation des récepteurs (*fig.* 95 et 96).

Parmi les types de calorifères connus, citons ceux de Chaussenot (*fig.* 97 et 98) à tubes verticaux, d'une construction com-

pliquée; celui de Boyer, assez semblable au précédent, mais

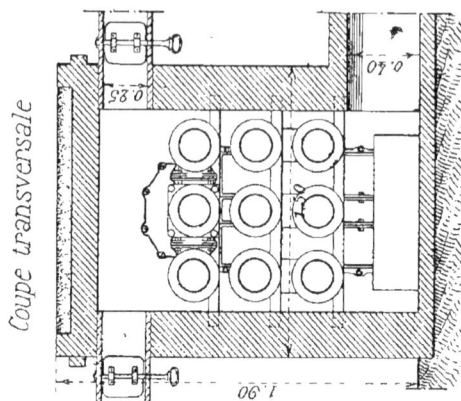

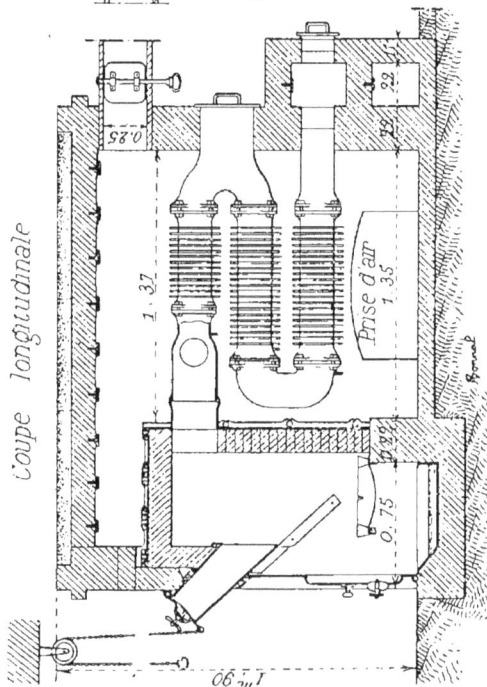

plus encombrant; toutefois il utilise mieux les surfaces de

chauffe et se prête bien au groupement de plusieurs appareils.

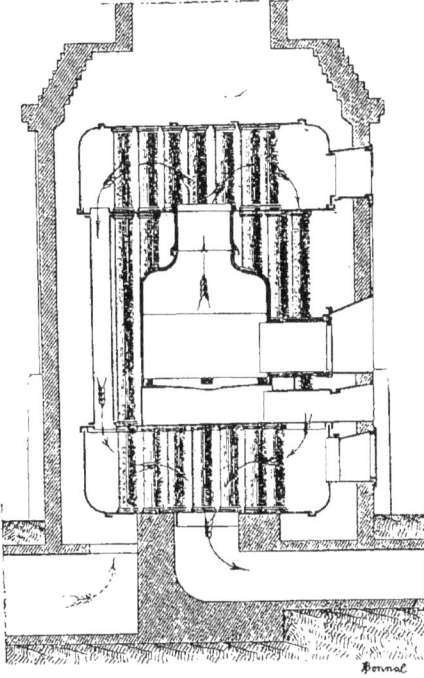

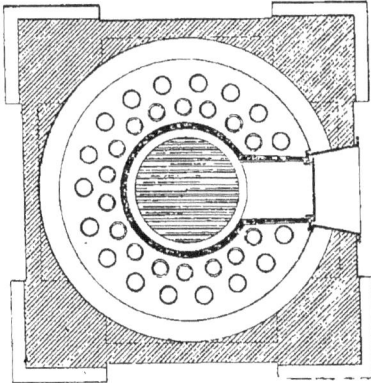

Fig. 97 et 98.

§ 3. — Calorifères céramiques

80. Généralités. — Les calorifères à parois céramiques ont été créés à une époque où l'on croyait que la fonte pouvait dégager de l'oxyde de carbone, formé par endosmose, à travers les parois rougies, ou provenant du carbone contenu dans la fonte elle-même. Ces faits ont été reconnus faux depuis longtemps.

Quoi qu'il en soit, les calorifères à parois céramiques ont pour principal avantage de fournir aux locaux une chaleur douce et régulière et d'emmagasiner dans leurs parois une grande quantité de calorique. Il en résulte que le récepteur fournit encore de la chaleur à l'air pendant deux ou trois heures après l'extinction du feu ; par contre, la mise en régime est très longue.

Ces calorifères sont de construction délicate ; ils coûtent cher et tiennent beaucoup de place. On les emploie avec avantage dans les établissements d'instruction, mais ils sont peu appréciés pour le chauffage des maisons d'habitation, à cause du peu d'élasticité de leur fonctionnement. Comme les calorifères métalliques, ils peuvent présenter des circulations de fumée verticales ou horizontales ; deux types seulement en seront décrits.

81. Calorifère Gaillard-Haillot. — C'est un des plus anciens ; il se construit sur six modèles pouvant chauffer des volumes d'air variant de 700 à 10.000 mètres cubes. Pour multiplier les surfaces en contact, ces constructeurs emploient des briques creuses. La fumée s'élève d'abord à la partie supérieure, puis redescend, après quatre retours sur elle-même, au conduit de cheminée. L'air circule verticalement dans les nombreux conduits élémentaires formés par les briques (*fig.* 99 et 100). En D sont les tampons de nettoyage.

Cet appareil exige un très bon tirage ; à la longue, en raison de la faible épaisseur des parois, il se produit des fissures et, par suite, des mélanges de fumée et d'air chaud ; les réparations sont extrêmement coûteuses.

Coupe longitudinale suivant **AB**

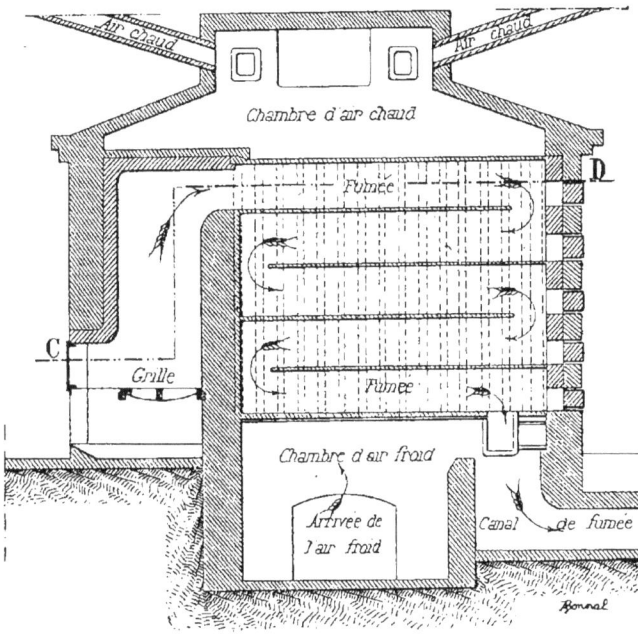

Fig. 99.

Coupe horizontale suivant **CD**

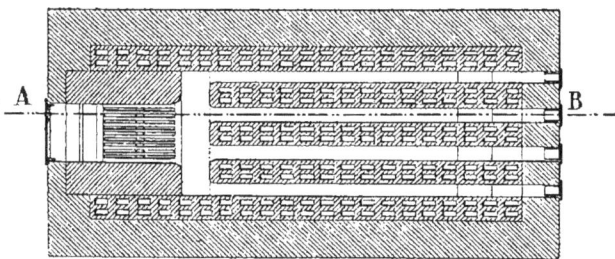

Fig. 100.

82. Calorifère Geneste-Herscher (*fig.* 101, 102 et 103). — Ces
constructeurs emploient, au lieu de poteries creuses, des tubes

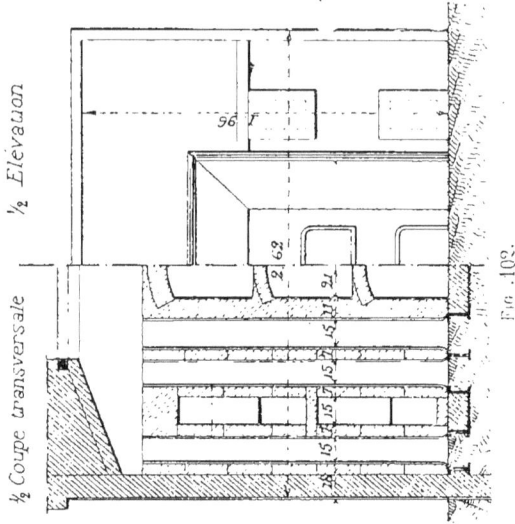

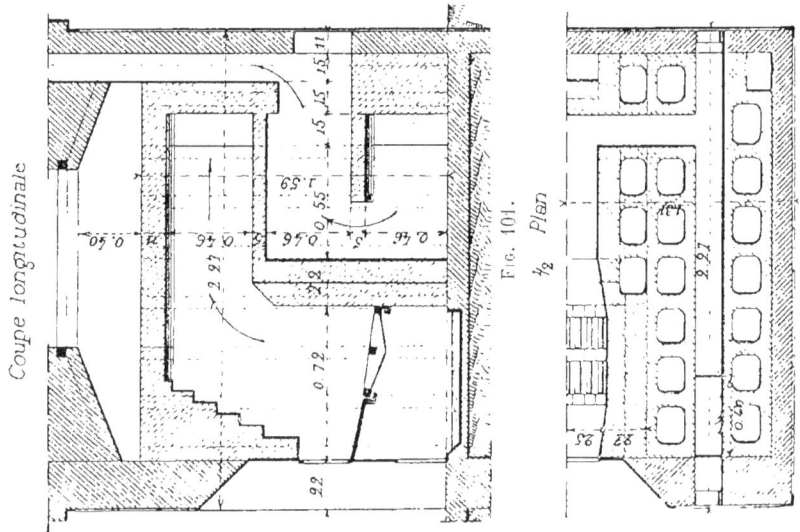

en tôle emboîtés exactement, sans isolement, dans des matériaux céramiques formés de poteries creuses superposées;

le joint entre la tôle et la poterie s'obtient à l'aide d'un coulis réfractaire ; la tôle repose à la partie inférieure, sur un plancher solide ; la dilatation se produit par le haut. Cette disposition, tout en donnant une plus grande section aux conduits d'air froid, évite tous effets d'endosmose et, par conséquent, toute mauvaise odeur. Reste la question de durée, la tôle étant exposée à se rouiller rapidement.

On peut obtenir de bons résultats à l'aide d'éléments à emboîtement (Du Roselle) et en croisant les joints, comme dans la construction des récupérateurs employés en métallurgie et en verrerie ; mais il faut toujours observer que, si l'on sectionne les conduits, on crée des résistances nécessitant un accroissement de tirage.

§ 4. — Calcul des calorifères

83. Généralités. — Pour calculer les dimensions d'un calorifère destiné au chauffage d'un local donné, il faut préalablement connaître l'emplacement qui lui est destiné et la durée du chauffage moyen. Ceci admis, on procède de la façon suivante ; on évalue :

1° Le *nombre des calories à produire sur la grille :* nombre obtenu en tenant compte des pertes dues au mauvais isolement des conduites, du rendement du calorifère, etc. (ce calcul détaillé est fait à la page 221) ;

2° La *surface de la grille*, étant donné le combustible à employer ;

3° La *surface de chauffe ;*

4° La *cheminée.*

84. Surface de la grille. — Connaissant le nombre C de calories à produire sur la grille, on applique la formule :

$$s = \frac{C}{pN},$$

dans laquelle p représente le poids du combustible brûlé par heure et par mètre carré de surface de grille ; on prend généralement $p = 40$ kilogrammes, chiffre peu élevé, souvent dépassé lorsqu'on pousse un peu le feu ; N, puissance calorifique du combustible employé ; pour la houille N = 8.000 est un maximum. Enfin S représente la surface de grille, exprimée en mètres carrés.

85. **Surface de chauffe**. — On sait que le *récepteur* se divise en *surface de chauffe directe* et *indirecte ;* les dimensions relatives de ces surfaces sont variables dans chaque appareil. Dans les calorifères à cloche, par exemple, la surface directe est approximativement égale à quatre fois la surface de la grille et peut dégager 10.000 calories par mètre carré et par heure ; dans les calorifères à grand foyer, cette surface peut atteindre huit à dix fois la valeur de S, mais la transmission par mètre carré diminue à 5.000 calories. A l'extrémité de la surface de chauffe indirecte, la transmission se réduit à 500 calories.

La surface de chauffe se détermine généralement ainsi : on admet que 1 mètre carré de surface de chauffe (tant directe qu'indirecte) peut fournir, dans les calorifères métalliques, 3.000 à 3.500 calories à l'heure. Étant donné le nombre de calories à fournir, le développement S à donner à la surface de chauffe s'obtient par la formule :

$$S = \frac{C}{3.000 \text{ ou } 3.500}.$$

On prend quelquefois encore les chiffres suivants : on admet qu'il faut 20 mètres carrés de surface de chauffe pour 100 mètres cubes d'air à chauffer pour les calorifères horizontaux, et 15 mètres carrés pour les calorifères verticaux.

Pour les calorifères à parois céramiques on prend la formule :

$$S = \frac{C}{700 \text{ à } 800}.$$

Pour les surfaces nervées, les ailettes, on applique la remarque faite au n° 98.

86. Cheminée. — La section de la cheminée, au sommet, s'obtient en appliquant la formule :

$$\Omega = \frac{ps}{350},$$

Ω, section de la cheminée exprimée en mètres carrés ;

p, poids du combustible brûlé par mètre carré et par heure ;

s, surface de la grille.

On détermine également la section des carneaux de fumée, lorsqu'on connaît Ω, en tenant compte des volumes différents occupés par les gaz à des températures différentes ; en un point quelconque du conduit de fumée, où les gaz sont à une température t_1, la section Ω_1 est donnée par la relation :

$$\Omega_1 = \Omega \sqrt{\frac{1 + \alpha t_1}{1 + \alpha t}}.$$

Ω et t étant la section et la température des gaz au sommet de la cheminée, et α le coefficient de dilatation de l'air. Le calcul des températures t et t_1 est très laborieux : aussi prend-on empiriquement, à l'origine du conduit de fumée, une section de carneau égale à une fois et demie celle du sommet de la cheminée.

La quantité ps de combustible brûlée par heure, à la surface de la grille, permet d'évaluer d'une façon assez rigoureuse la consommation journalière et annuelle.

L'utilisation du combustible, dans les meilleurs calorifères, dépasse rarement 60 0/0 ; elle est comprise entre 0,50 pour les appareils à circulation horizontale, et 0,65 pour les bons calorifères à chauffage méthodique.

CHAPITRE VI

CHAUFFAGE CONTINU PAR L'AIR CHAUD

§ 1. — Généralités

87. Généralités. — Les poêles et les cheminées sont des appareils destinés à réaliser un *chauffage intermittent ;* un *chauffage continu* exige que les appareils producteurs de chaleur fonctionnent nuit et jour sans interruption.

Chaque système de chauffage s'applique plus particulièrement à une catégorie d'édifices; pour un chauffage continu, comme dans certaines usines, dans les hôpitaux, il n'y a pas d'inconvénient à employer des appareils emmagasinant beaucoup de chaleur (circulation d'eau chaude, calorifères à parois céramiques) ; pour un chauffage intermittent, au contraire, on aura tout avantage à employer un chauffage par la vapeur ou par l'eau chaude à haute pression (chauffage Perkins). Il faut considérer en effet que, dans un chauffage intermittent, la quantité de chaleur nécessaire pour la période de mise en train est à peu près égale à la quantité de chaleur dépensée pendant deux ou trois heures de chauffage normal. Pendant la période d'arrêt, les conduites de chaleur et les appareils de chauffe se refroidissent ; il y a donc intérêt à diminuer la quantité de chaleur emmagasinée dans les conduites, c'est-à-dire à diminuer leur section ; il résulte également de ce fait que, si l'intermittence du chauffage ne dépasse pas sensiblement trois heures, il n'y a pas intérêt à suspendre le chauffage.

Considéré au point de vue de l'hygiène, le choix des appareils producteurs n'est pas indifférent. En particulier, le chauffage par l'air chaud a de nombreux inconvénients. Les calorifères en fonte, portés au rouge brûlent les poussières organiques de l'air et engendrent de mauvaises odeurs qui se trouvent distribuées dans les pièces à chauffer ; l'emploi des nervures, sur les cloches de ces calorifères, est un bon préservatif contre la possibilité des coups de feu qui engendrent ces inconvénients.

Les calorifères à parois céramiques donnent lieu, après un service plus ou moins long, à des infiltrations de fumée, par suite de la porosité de la terre ; les conduites d'air chaud, elles-mêmes construites en matériaux réfractaires peuvent occasionner de semblables mélanges de fumée et d'air chaud ; il suffit, en effet, que le tirage soit plus grand dans les conduits d'air chaud que dans ceux de fumée ; la pression étant moindre dans les premiers que dans les seconds, la fumée passe à travers les joints. Ce phénomène se produit sous l'action des vents plongeants.

Il faut prendre soin, dans l'installation des calorifères à parois céramiques, d'assurer un excellent tirage, car la fumée, très divisée dans les petits conduits, éprouve une très grande résistance, qu'il faut nécessairement vaincre pour éviter l'inconvénient précédent.

L'air chauffé par un calorifère n'est plus saturé de vapeur d'eau, aussi exerce-t-il une action desséchante sur la peau et sur les organes respiratoires, auxquels il emprunte de la vapeur d'eau. Il est donc nécessaire, dans les lieux habités, de faire traverser à l'air une *cuvette d'humidification*, qui lui fournit une certaine quantité de vapeur d'eau[1] ; dans les grands espaces on peut placer un *humidificateur d'air*, qui produit le même résultat.

Dans les maisons d'habitation, les différentes pièces sont

---

[1] Les *cuvettes* d'humidification fournissent souvent une trop grande quantité de vapeur d'eau ; elles ont, de plus, l'inconvénient de demander quelque soin pour le remplacement de l'eau ; cette dernière sujétion est souvent la cause de leur abandon au bout de quelque temps de service. La meilleure place à donner à ces cuvettes est à la partie supérieure de la chambre du calorifère, où elles sont en contact avec l'air chaud ; mais on ne peut y accéder facilement, et l'on préfère généralement les placer au-dessous du cendrier.

placées dans des conditions d'exposition très différentes ; pour chauffer convenablement à un moment donné, il faut augmenter le volume d'air chaud introduit, et par cela même augmenter à la fois sa vitesse d'entrée et sa température, ce qui constitue deux inconvénients graves, car la respiration de l'air à température élevée est nuisible, et la grande vitesse de l'air est une gêne perpétuelle.

Le réglage de la température s'obtenant en obturant plus ou moins les ouvertures qui distribuent l'air chaud, il peut arriver qu'un incendie se déclare par suite de l'élévation de la température de l'air injecté, qui, ne trouvant que des issues insuffisantes, s'échauffe à 400 et même à 500° et carbonise les boiseries avoisinant les conduits. Si l'établissement de ces conduites a été soigneusement étudié, le feu n'est pas à craindre ; mais il n'en est pas moins vrai que la petite quantité d'air qui passe dans les locaux par les bouches restées ouvertes est à une température insupportable et répand des odeurs désagréables.

Les calorifères à eau chaude ou à vapeur (voir aux chapitres VII et VIII) sont plus sains, mais aussi plus coûteux.

L'avantage d'un chauffage continu à l'air chaud, bien exécuté dans tous ses détails, réside dans les frais d'installation, d'entretien et de conduite, qui sont réduits au minimum ; à part quelques rares réparations, qui exigent la présence d'un fumiste, le nettoyage courant et la conduite du feu peuvent être confiés à un employé quelconque qui peut se borner à surveiller le feu et à régler les valves de distribution de l'air selon la température extérieure. Avec un employé soigneux, aucun accident n'est à craindre, et l'installation peut fonctionner longtemps dans des conditions économiques satisfaisantes.

§ 2. — DISPOSITIONS GÉNÉRALES

88. Prises d'air extérieur. — Les prises d'air froid doivent avoir une section au moins égale à la somme des sections des conduits d'air chaud partant du calorifère. On doit les placer de préférence dans un endroit peu fréquenté, à l'abri des courants d'air violents et les munir d'un grillage serré doublé d'une toile métallique amovible qui s'opposent au passage des débris organiques apportés par le vent; on procède de temps en temps au nettoyage de cette toile. On utilise souvent comme prise d'air un des soupiraux de cave ; il faut dans ce cas n'avoir aucune pièce à chauffer au niveau de la prise, car, si l'appel de l'air diminuait à un moment donné, il pourrait se produire un courant inverse envoyant l'air chaud à l'extérieur par la prise d'air.

L'appel d'air froid se faisant d'autant plus vigoureusement que la température est plus basse, il vaut mieux éviter d'exposer la prise d'air au soleil ; le nord et l'est semblent les orientations à choisir ; lorsque les circonstances le permettent, il est bon de disposer une prise d'air froid sur chacun des murs de façade, afin de pouvoir compter sur un bon fonctionnement des prises, quelle que soit la direction du vent.

Lorsque la cave où est installé le calorifère est assez vaste et bien aérée, on peut prendre l'air directement ; sinon il est nécessaire de construire un conduit de prise qui amène l'air à la partie inférieure du calorifère. Ce conduit se fait généralement en briques posées à plat ou de champ, avec enduit extérieur en plâtre ; on ménage à la partie basse une ouverture permettant le nettoyage, quelquefois on constitue une sorte de chambre où viennent se déposer les poussières[1]. Ce *carneau* de prise d'air doit toujours être muni d'un registre permettant de le fermer hermétiquement, en été, pour supprimer l'amenée d'air plus ou moins propre, dans les locaux habités.

89. Enveloppes des calorifères. — Quel que soit le système

[1] Certains constructeurs ont l'habitude, dans les grandes villes où l'air est constamment chargé de corpuscules noirâtres provenant des cheminées voisines, de procéder au *filtrage* de l'air. Cette opération se fait très simplement au moyen de châssis superposés et tendus de molleton de coton très pelucheux, à larges mailles ; ces châssis sont disposés dans un local fermé interposé entre la conduite d'arrivée d'air proprement dite et la chambre du calorifère.

de calorifère adopté, l'enveloppe est presque toujours constituée par un coffre en briques de 0^m,22 d'épaisseur, assez éloigné des surfaces de chauffe pour assurer le passage de l'air à une vitesse ne dépassant pas 1 mètre ; le plafond est soutenu par une ossature en fer à **T** avec remplissage en briques ; un calorifère bien étudié ne comporte d'ouvertures que sur deux faces opposées ; de cette façon, on peut loger l'appareil entre deux cloisons existantes dont l'épaisseur assure une faible déperdition ; les registres de manœuvre, les tirettes, les ouvertures nécessaires à l'entretien des cuvettes de saturation doivent être facilement accessibles.

90. Conduites d'air chaud. — Chambres de mélange. — Les conduites d'air chaud ont leur origine dans la chambre de chauffe et à la partie supérieure de celle-ci ; les prises faites

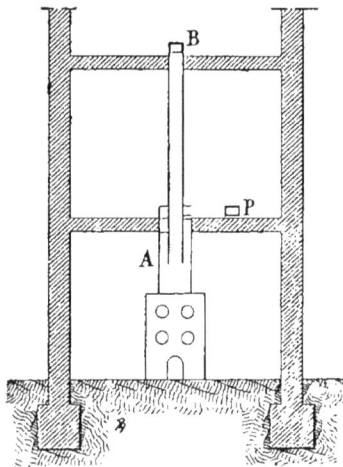

Fig. 104.

dans les parties les plus élevées, où l'air est le plus chaud, doivent être réservées pour chauffer les locaux les plus éloignés, en raison des pertes considérables subies pendant leur trajet. Il faut une prise d'air spéciale pour chaque pièce, ou tout au moins pour chaque étage ; si la nécessité s'imposait de poser un seul conduit pour desservir deux étages, il faudrait tout d'abord choisir les sections de ces conduites pour assurer le débit nécessaire, puis faire la prise de l'étage supérieur à une certaine distance du premier étage à desservir (*fig.* 104), de manière à éviter que la conduite montante ne fasse appel direct de l'air contenu dans la pièce P.

Chaque conduite principale possède un registre placé à l'origine et manœuvrable de la chambre du calorifère ; on peut de cette façon isoler complètement toute une partie inoccupée de l'édifice ; dans chaque pièce, les bouches de chaleur sont d'ailleurs disposées de telle sorte qu'on puisse également modérer ou augmenter le débit des conduites.

À la sortie du calorifère, toutes les conduites sont accolées et logées dans un même conduit (*fig.* 105) ; on dispose latéralement les conduites desservant les locaux les plus

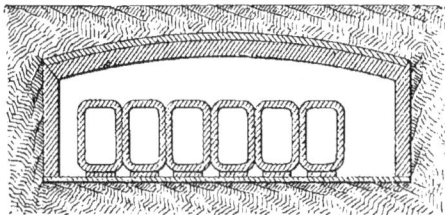

Fig. 105.

voisins du calorifère, et les conduites centrales, moins exposées au refroidissement, aboutissent aux locaux les plus éloignés ; on arrive, par cette disposition, à distribuer aux bouches de l'air à une température suffisamment élevée.

Parmi les échantillons de poteries employés couramment, on peut en citer deux :

1° Les boisseaux de $0^m,30 \times 0^m,40$ intérieur et $0^m,40 \times 0^m,50$ extérieur. Hauteur, $0^m,33$; ces boisseaux sont à feuillure ;

2° Les boisseaux de $0^m,22 \times 0^m,25$ intérieur et $0^m,28 \times 0^m,31$ extérieur. Hauteur, $0^m,50$.

Les pertes de chaleur dues au refroidissement sont considérables, de telle sorte qu'il est prudent, en pratique, de ne jamais dépasser 15 mètres de longueur pour les conduites les plus longues. Lorsqu'on dispose de moyens mécaniques pour assurer simultanément un chauffage et une ventilation par insufflation, on peut atteindre 50 et même 60 mètres de longueur; mais il faut avoir soin, dans ce cas, pour diminuer les déperditions, d'entourer les conduites de matières isolantes, ou de faire une conduite double avec matelas d'air isolant. Le calorifère doit être calculé pour fournir la chaleur nécessaire à la ventilation, et pour contrebalancer les pertes en route, ce qui conduit souvent à une surface de chauffe triple de celle qui serait nécessaire pour assurer le chauffage seul.

Outre que ce système est peu économique, il a l'inconvénient d'exiger une très grande vitesse de l'air dans les conduites, puisque la vitesse de l'air, à la sortie de la buse du ventilateur, peut atteindre 4 mètres ; l'air chaud sortant des bouches produit un courant d'air très gênant. On peut cependant l'adopter dans certains cas, par exemple, pour le chauffage des salles de réunions et d'amphithéâtre ; il faut alors créer des *chambres de mélange*.

Les *chambres de mélange* peuvent être disposées de deux façons : 1° le mélange de l'air chaud et de l'air froid peut se faire dans chaque conduit muni de bouches d'émission ; 2° le mélange a lieu une fois pour toutes à la sortie du calorifère. Le premier procédé, représenté sur la figure 106,

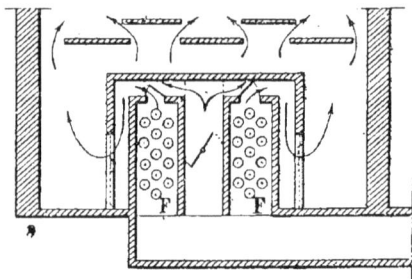

Fig. 106.

nécessite la création d'autant de chambres de mélange qu'il y a de conduites séparées, mais il permet de régler la température de l'air émis par chacune des bouches, chaque conduit d'air chaud et d'air froid possédant un registre de règlement ; de plus, les services du chauffage et de la ventilation se faisant par des conduites distinctes, on peut complètement les isoler. Les chambres de mélange peuvent être disposées de façons très diverses (*fig.* 107 et 108) ; mais, en principe, il est indispensable, pour assurer le mélange parfait des deux fluides, que l'air chaud soit amené à la partie inférieure de la chambre, et l'air froid au dessus.

Lorsqu'on n'emploie qu'une seule chambre de mélange placée à la sortie du calorifère, on peut prendre une des dispositions indiquées sur les figures 107 et 108 ; dans ce cas, le conduit de prise d'air doit être divisé en deux parties, l'une d'elles alimentant le calorifère, et l'autre venant se diriger en F, à la partie haute de la chambre ; la même division s'impose lorsqu'on dispose d'un ventilateur soufflant.

Les conduites de chaleur doivent avoir une pente ascendante continue, depuis le départ du calorifère jusqu'aux

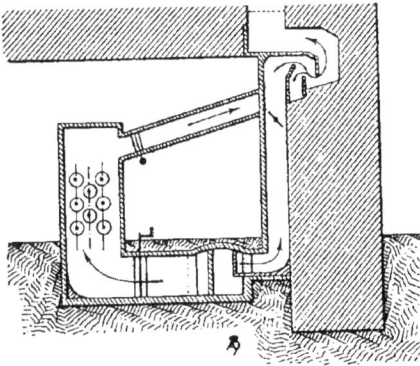

Fig. 107.

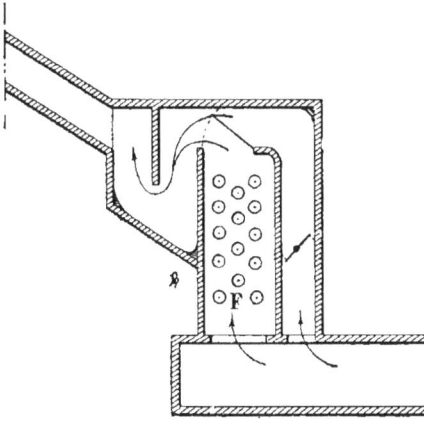

Fig. 108.

bouches; cette pente ne doit pas être moindre que $0^m,03$ par mètre ; il faut toujours leur faire suivre le chemin le plus direct (*fig.* 115 et 116) ; cette précaution, facile à prendre dans les caves, devient difficile à suivre dans le passage des planchers et des murs ; il faut, dans ce cas, éviter de traverser les murs de refend au droit des solives et des ouvertures ; s'il est nécessaire de traverser une voûte, on devra percer celle-ci aux reins et non à la clef.

Le tracé des conduites de chaleur doit se faire en partant des bouches ; le calorifère doit être placé au centre du réseau formé par les conduites, dont les plus longues ne doivent pas dépasser 16 mètres ; il est donc indispensable, pour pouvoir réaliser un chauffage économique de faire ce tracé avant l'exécution des bâtiments.

On ne dispose jamais de conduits d'air chaud dans les murs de face, à cause de la grande déperdition ; les parties verticales des conduites se placent dans l'épaisseur des murs de refend ou s'adossent à ces derniers ; la construction des conduites montantes se fait de la même manière que pour des conduits de fumée. Les poteries les plus employées présentent les sections suivantes :

$$
\begin{array}{llll}
0^m,30 \times 0^m,30 & \text{Section :} & 9^{dm2},00 \\
0\ ,25 \times 0\ ,30 & — & 7 & ,50 \\
0\ ,22 \times 0\ ,25 & — & 5 & ,50 \\
0\ ,16 \times 0\ ,25 & — & 4 & ,00 \\
0\ ,19 \times 0\ ,22 & — & 4 & ,18 \\
0\ ,17 \times 0\ ,19 & — & 3 & ,23 \\
0\ ,13 \times 0\ ,16 & — & 2 & ,08 \\
\end{array}
$$

Elles se trouvent dans le commerce en bouts mâle et femelle, de $0^m,33$ de longueur, et s'emboîtent les unes dans les autres, comme les boisseaux ordinaires ; elles se vendent au mètre courant. Elles ont au minimum $0^m,03$ d'épaisseur, et leur coefficient de transmission est d'environ 3. Les joints se font au plâtre, les extrémités mâles étant disposées dans le sens du mouvement de l'air chaud. Ces dispositions vont bien pour la pratique courante, mais il se présente un grand nombre de cas particuliers qu'il faut s'ingénier à résoudre.

Il faut souvent fixer les premières parties des conduites en terre plein dans le sol ; on peut se servir de simples poteries lorsque le terrain est suffisamment sec, ou de briques pleines lorsque les conduits ont une certaine importance (*fig.* 109), ou enfin, dans des cas spéciaux, de briques creuses constituant une sorte d'aqueduc voûté, isolé à la partie inférieure du sol par de petits murs de briques, et latéra-

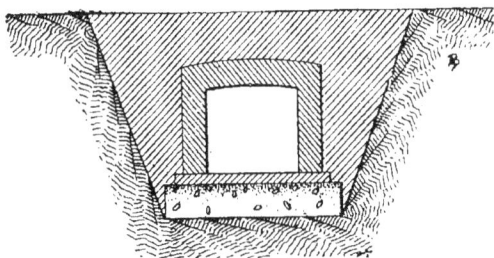

Fig. 109.

lement par un remblai en matériaux mauvais conducteurs, soigneusement pilonnés (*fig.* 110).

Les conduites d'air chaud sous voûtes de cave sont consti-

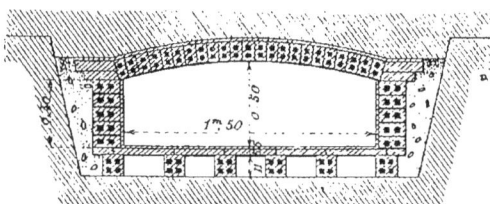

Fig. 110.

tuées par des poteries scellées au plâtre, soutenues aux angles par des cornières, au milieu par des platesbandes en fer reposant elles-mêmes, tous les mètres environ, sur des brides à scellement en fer carré ou plat ; on enduit ensuite les poteries dont les faces extérieures sont striées (*fig.* 111). Il est bon de laisser un matelas d'air entre la partie supérieure du conduit et la voûte, pour former isolant.

Pour les conduites de grande section, comme par exemple celles qui amènent l'air chaud dans les salles de pas perdus,

dans les édifices publics, on peut disposer l'ensemble
comme suit (*fig*. 112):

On suspend de forts étriers aux solives du plancher, puis
on établit sur ces supports une paillasse formée de fers de

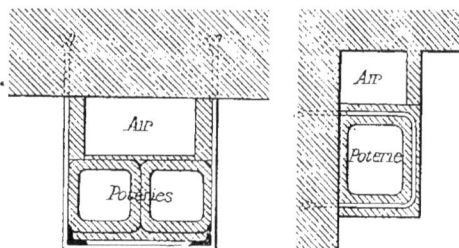

Fig. 111.

petite section. Sur cette carcasse on construit un plancher
très léger constitué par deux épaisseurs de tuiles entre
lesquelles on interpose des murettes en briques creuses ; les

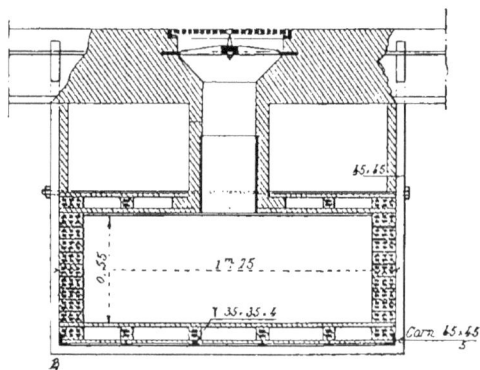

Fig. 112.

deux murettes latérales sont constituées par des briques
posées à plat ; la face supérieure du conduit est constituée
comme le plancher ; un enduit de plâtre bien lisse est fait à
l'intérieur ; des carreaux de plâtre de champ remplissent les
intervalles laissés libres par les étriers, entre le conduit et

le plafond. On forme ainsi un matelas d'air stagnant qui s'oppose aux déperditions.

Dans l'épaisseur des planchers, les conduites sont faites en poterie ou, lorsque leurs dimensions augmentent, en briques reposant sur une assise de béton recouvert d'un carrelage. Lorsque le plancher présente une faible épaisseur, on isole le conduit du parquet au moyen de plaques en tôle.

Les isolants les plus employés sont la laine de scories, les briques en liège aggloméré, le coton minéral, etc.

91. Calcul des conduites. — Le problème du calcul des conduites se présente dans des conditions différentes selon les données et le programme imposé.

Les inconnues peuvent être soit la vitesse de l'air dans les conduites, soit la température d'émission ; parfois le cube d'air à introduire dans les locaux est fixé d'avance par les exigences de l'hygiène ; de même pour les limites extrêmes de température, qui sont tout à fait différentes ; par exemple, pour un chauffage industriel ou pour une maison d'habitation, il peut exister des conditions imposées.

Quoi qu'il en soit, voici d'une façon générale comment on pourra déterminer les éléments nécessaires au calcul.

La vitesse v de l'écoulement de l'air dans les conduites, vitesse résultant de la différence de poids entre la colonne d'air extérieur et celle de même hauteur d'air chaud, est donné théoriquement par la formule

$$v = \frac{2g\mathrm{H}\alpha\,(t - \theta)}{(1 + \alpha\theta)(1 + \mathrm{R})},$$

dans laquelle g représente l'accélération due à la pesanteur, en mètres ;

H, la hauteur de la colonne d'air, en mètres ;

θ, la température extérieure ;

t, la température de l'air chaud ;

α, le coefficient de dilatation de l'air ;

R, somme des résistances dues aux frottements, aux changements de section et de direction de la conduite : R varie entre 3 et 15.

On ne doit pas dépasser pour t, température d'émission de l'air chaud, 80°, mais on peut descendre jusqu'à 50°, et, d'autre part, 0 peut varier, dans nos climats, de — 10 à + 8°, dans une même journée d'hiver ; il en résulte que la vitesse v est variable ; cette formule, dans laquelle la somme des résistances R est inconnue et varie d'une conduite à l'autre, donne, pour chaque étage, des valeurs allant du simple au double. On peut adopter, dans les maisons d'habitation, les vitesses suivantes, dans les conduites :

Rez-de-chaussée.........	0ᵐ,75 à 1ᵐ,50	Moyenne 1ᵐ,00
Premier étage...........	1ᵐ,00 à 2ᵐ,00	— 1ᵐ,50
Deuxième étage.........	1ᵐ,25 à 2ᵐ,50	— 1ᵐ,75
Troisième étage........	1ᵐ,25 à 2ᵐ,75	— 2ᵐ,00
Quatrième étage........	1ᵐ,50 à 3ᵐ,00	— 2ᵐ,25

Lorsque le chauffage et la ventilation sont indépendants, on admet comme section des conduits d'air chaud : pour le rez-de-chaussée, 0ᵐ²,03 à 0ᵐ²,04 ; pour le premier étage, 0ᵐ²,025 à 0ᵐ²,035 ; pour le deuxième étage, 0ᵐ²,020 à 0ᵐ²,030 ; enfin, pour le quatrième et le cinquième étages, 0ᵐ²,020 à 0ᵐ²,025. On se rapprochera toujours des dimensions courantes des poteries, en forçant un peu. Pour les conduites qui présentent un très grand développement, des coudes, on augmentera la section pour tenir compte de la diminution de vitesse.

Lorsque le chauffage est combiné avec la ventilation, on sait approximativement quelle est la vitesse de l'air, v, dans les conduites, étant donnée la vitesse à la sortie de la buse du ventilateur ; on connaît, d'autre part, le nombre de calories à fournir, C, pour le chauffage, d'une part, et pour la ventilation d'autre part, par heure ; on détermine facilement la température de l'air chaud injecté, t, de telle sorte que la section de la conduite est la seule inconnue, ω : on l'obtient par la formule

$$\omega = \frac{C}{v \times 3.600}.$$

Pour fixer les idées, il est bon d'indiquer les résultats

suivants. Pour un écart entre la température de l'air extérieur et de l'air injecté dans un local, de 20 50, et 100°, il faut un poids d'air chaud égal à 208 kilogrammes, 83 kilogrammes et 42 kilogrammes, pour transporter 1.000 calories.

Si l'on tient compte que, par suite des pertes subies en route, pertes dont l'importance relative croît rapidement avec la longueur des conduites et leur faible section, le rendement diminue progressivement, on voit que le périmètre sur lequel on peut compter chauffer avec un calorifère est forcément très limité ; on ne dépasse jamais 16 mètres de rayon.

92. Des bouches de chaleur. — Les bouches de chaleur se font en fonte ou en cuivre ; elles présentent des dessins et des formes variés, et on les choisit selon l'ornementation de la pièce qu'elles doivent desservir.

Elles sont disposées pour permettre un réglage facile de la section de passage. Elles sont constituées par des grillages assez fins ou des créneaux assez espacés pour diviser le courant d'air et arrêter les ordures. La figure 113 représente les formes les plus employées.

Le croquis I est une bouche à *créneaux pour parquet*, se manœuvrant à l'aide d'un bouton qui fait coulisser une tôle présentant des créneaux semblables à ceux de la bouche. Ce modèle se fait en fonte ou en cuivre depuis 0^m,15 sur 0^m,20 jusqu'à 0^m,50 $\times$ 0^m,50, comme dimensions extérieures ; pour *plinthe*, de 0^m,07 $\times$ 0^m,20 jusqu'à 0^m,20 $\times$ 0^m,30.

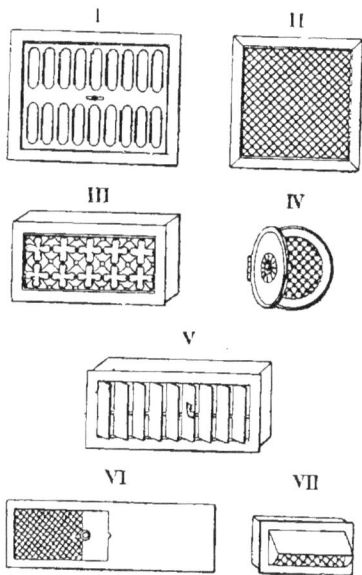

Fig. 113.

Le croquis II est une *bouche à persienne pour parquet*, en

fonte ou en cuivre, de dimensions extérieures commerciales variant depuis $0^m,20 \times 0^m,20$ jusqu'à $0^m,50 \times 0^m,50$.

Le même modèle pour *plinthe* est représenté en III; dimensions extérieures de $0^m,11$ sur $0^m,25$ jusqu'à $0^m,28 \times 0^m,44$; fonte ou cuivre.

En IV est figurée une *bouche ronde à charnière*, en cuivre; diamètre variant de $0^m,055$ à $0^m,190$.

La figure V est un exemple de *bouche à lames saillantes*, en cuivre de $0^m,11 \times 0^m,25$ jusqu'à $0^m,25 \times 0^m,30$.

La figure VI est une *bouche à coulisse pour plinthe*, exécutée tout en cuivre ou en tôle avec lame cuivrée. Dimensions extérieures de $0^m,09 \times 0^m,30$ jusqu'à $0^m,16 \times 0^m,35$.

En VII est représentée une *bouche à soufflet*, en tôle ou en cuivre de dimensions variant entre $0^m,07 \times 0^m,16$ et $0^m,25 \times 0^m,30$.

Tous ces modèles présentent, à l'arrière, un cadre métallique que l'on fixe dans les murs avec du plâtre; il faut compter, comme section utile au passage de l'air, au maximum, la moitié de la surface de la grille, de sorte qu'il est nécessaire de raccorder le conduit d'air chaud proprement dit à la bouche par des murettes inclinées aboutissant au cadre. Il est bon de peindre en noir ces murettes, pour ne pas tirer l'œil; d'ailleurs les poussières accumulées, au bout de quelque temps de service, produiraient le même effet.

Dans les chambres constamment occupées, on doit calculer les sections des bouches, pour que la vitesse de l'air émis ne dépasse pas $0^m,25$ par seconde; il faut choisir leur emplacement de manière à ne pas gêner les occupants. Dans les appartements il faut éloigner les bouches des boiseries ou les isoler soigneusement.

On plaçait autrefois les bouches de chaleur horizontalement, dans les planchers; cette disposition, obligatoire dans les grandes salles (*fig.* 112), dans les églises, présente l'inconvénient que les poussières et les résidus de balayage remplissent rapidement les conduits d'air chaud. Il faut alors, autant que possible, placer un récipient en tôle, mobile, au fond de la bouche. Un inconvénient plus grave est que l'air émis monte directement au plafond. Aujourd'hui on préfère employer des *repos* de chaleur, cylindres en tôle ou en fonte (*fig.* 114) qui évitent les inconvénients énoncés plus haut.

Lorsque les bouches de chaleur sont placées verticalement au pied des murs, dans les plinthes, l'air chaud lancé hori-

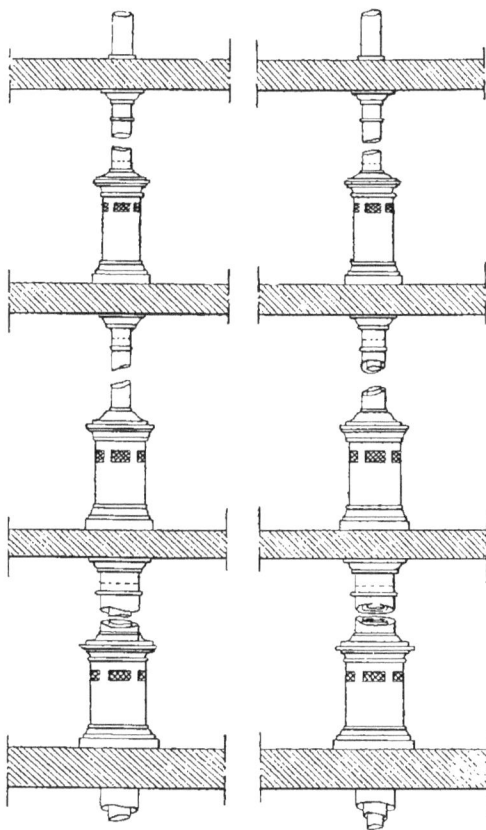

Fig. 114.

zontalement se mélange mieux avec celui de la pièce; il faut cependant avoir soin d'éloigner les bouches à une certaine distance du plancher; sans cette précaution, le courant d'air chaud soulèverait les poussières répandues sur le sol.

§ 3. — Exemples

93. Chauffage industriel. — Les figures 115, 116 et 117 représentent l'ensemble et les détails d'installation du chauffage à l'air chaud dans un atelier de peinture de voitures de chemins de fer[1]. Cet atelier est chauffé au moyen de deux calorifères à circulation d'air chaud, dont la surface de chauffe est constituée par un corps cylindrique à ailettes, en trois parties, entretoisées par quatre boulons. Ces calorifères sont placés dans le sous-sol; ils sont continuellement tenus en activité. Il y a dix bouches de chaleur b, de $0^m,75 \times 0^m,55$, et huit bouches d'appel d'air froid a, de mêmes dimensions. On accède aux calorifères par un escalier E placé à l'extérieur du bâtiment, contre le pignon ouest; le combustible est déchargé par deux trémies T, T', placées sur deux faces opposées du bâtiment. Les conduites d'air chaud (*fig.* 117) ont une section de $0^m,50 \times 0^m,40$; elles sont en briques et présentent une longueur maxima de 15 mètres environ, sauf celle qui reçoit le tuyau de fumée dont la longueur atteint 30 mètres. Le conduit de fumée est constitué par des bouts de tôle de $0^m,25$ de diamètre et de 6 mètres de longueur environ; les gaz chauds qu'il reçoit abandonnent une grande partie de leur calorique pendant la traversée de l'atelier; ils s'échappent par une cheminée, après avoir circulé dans une conduite verticale formée de boisseaux Gourlier de $0^m,25 \times 0^m.32$.

Les flèches représentent, dans les différentes coupes, la marche suivie par l'air froid, par les produits de la combustion et par l'air chaud.

94. Chauffage d'un édifice public. — Les frais de premier établissement et d'entretien d'un chauffage par l'air chaud étant moindres que dans tout autre système de chauffage continu, l'installation de calorifères est tout indiquée dans

---

[1] *Les nouveaux Ateliers d'Hellemmes*, par M. Ch. Bricogne (Vve Ch. Dunod, éditeur.)

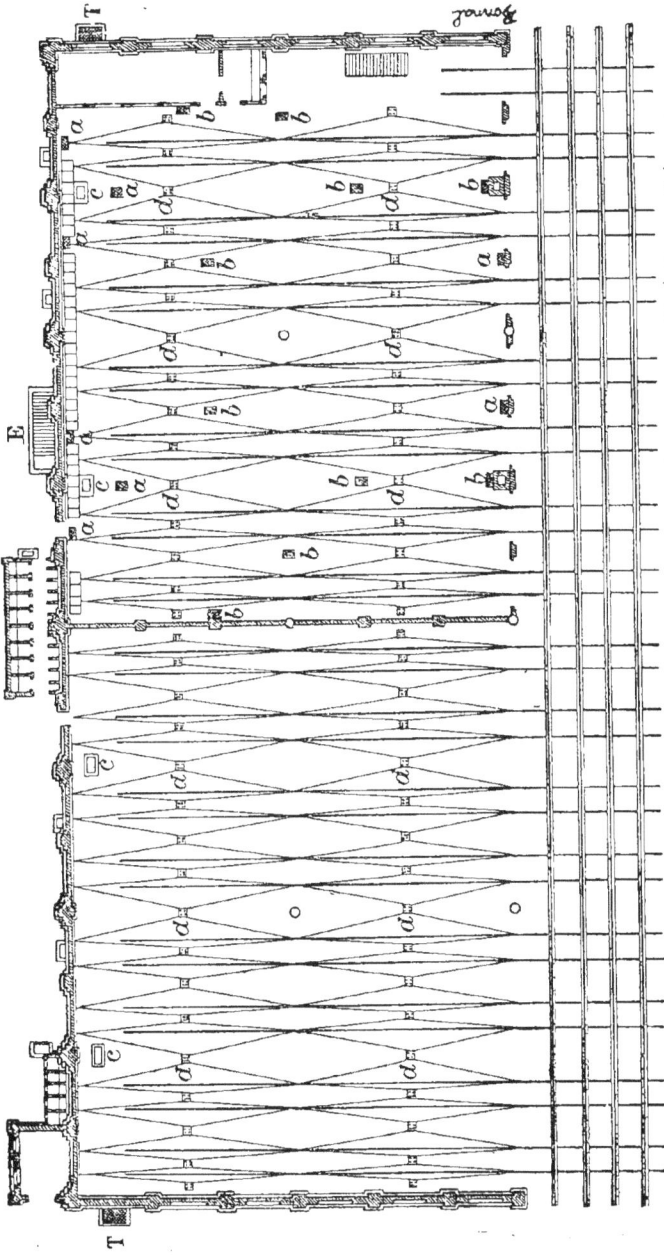

Plan d'ensemble.

a. Prises d'air froid . b. Bouches de chaleur . c. Verres dalles . d. Bouches d'égout

Fig. 115.

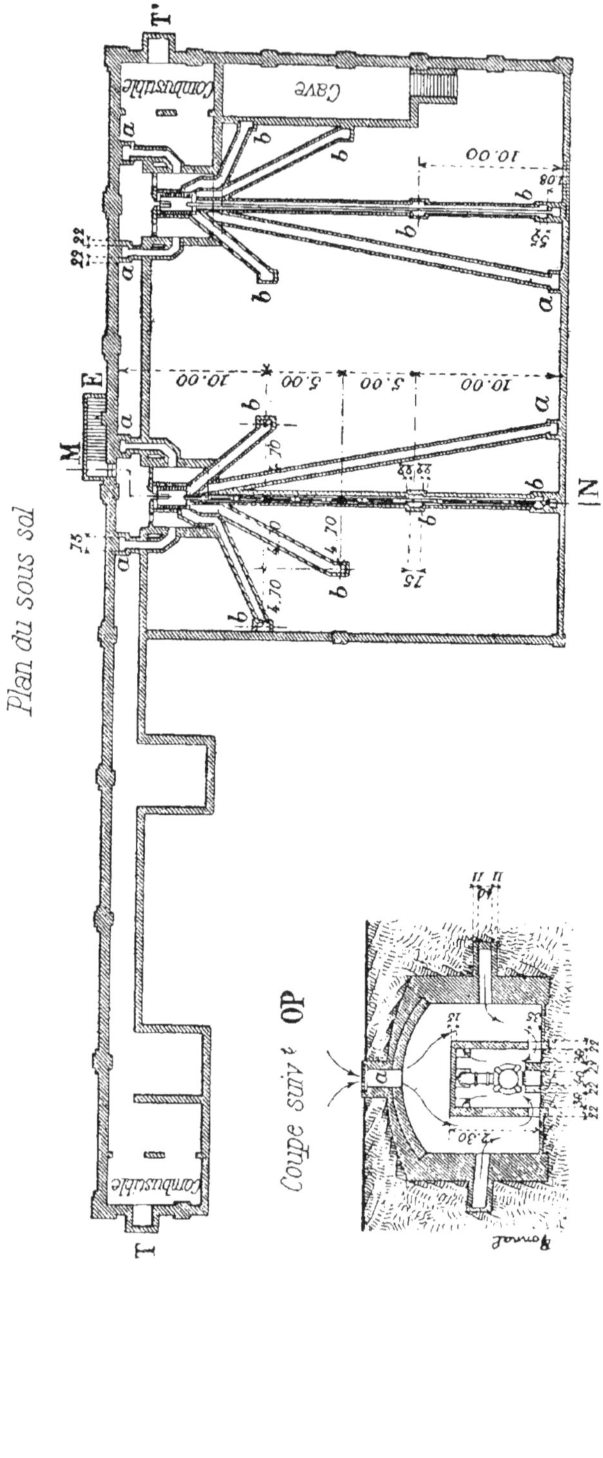

Plan du sous sol

Coupe suiv.ᵗ OP

Fig. 116.

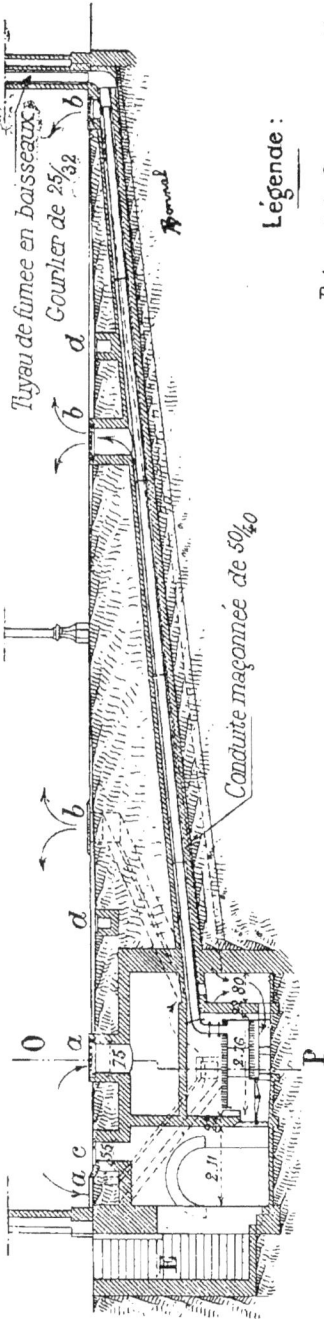

Coupe suivant MN

Tuyau de fumée en baisseaux*
Gouplier de 25/32

Bonnal

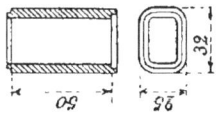

Détails du
tuyau de fumée

Coupe d'une
conduite
en maçonnerie

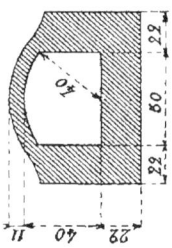

Conduite maçonnée de 50/40

Plan

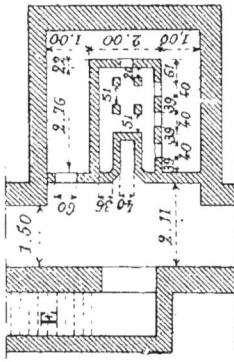

Légende :

a. Prises d'air froid de 75×55
b. Bouches de chaleur 75×55
c. Verres dalles de 15×55
d. Bouches d'égout

Nota : Le calorifère est composé de
3 parties entretoisés par 4 boulons

Fig. 117.

les établissements publics disposant d'un budget restreint. MM. Geneste et Herscher ont établi, au musée d'Amsterdam,

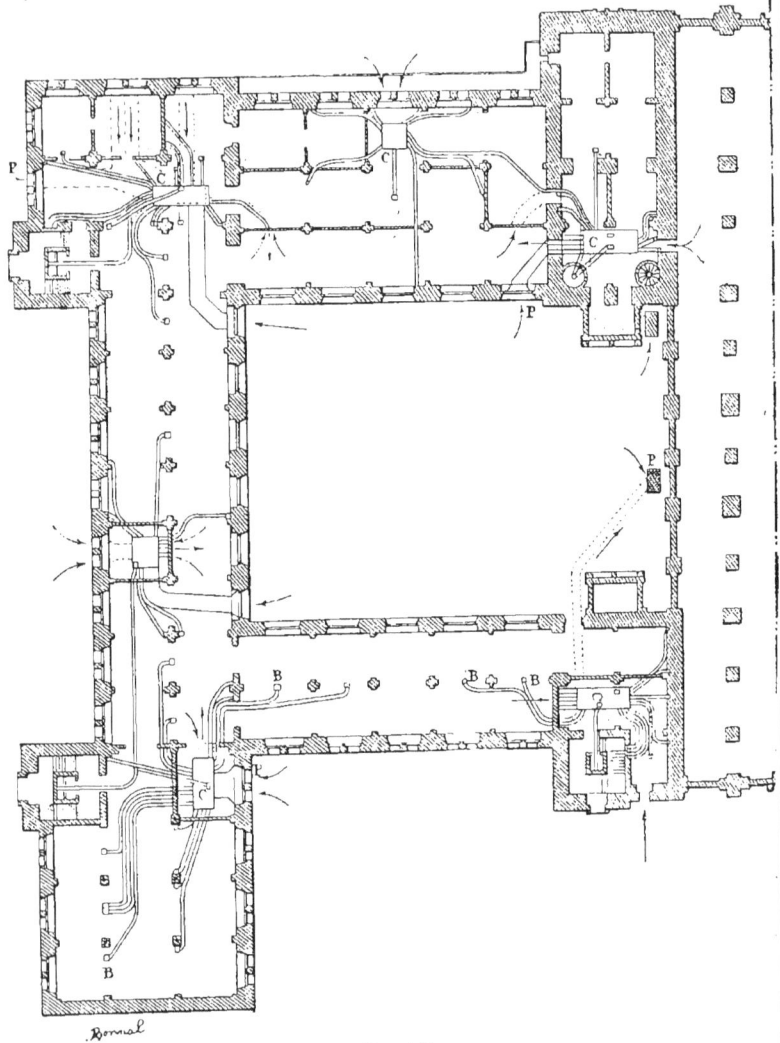

FIG. 118.

un chauffage à air chaud, très bien compris (*fig.* 118). Les appareils, au nombre de 12 (la figure ne représentant que la moitié de l'édifice), sont répartis sur toute la surface du bâtiment, afin de limiter le chemin parcouru par les conduites les plus longues. Les prises d'air P sont disposées de manière à contrebalancer les effets des vents contraires. Les conduits de chaleur C sont accolés dans la majeure partie de leur parcours, pour diminuer les déperditions ; chaque bouche B, autant que possible, aboutit à un conduit spécial.

CHAPITRE VII

CHAUFFAGE PAR L'EAU CHAUDE

§ 1. — Généralités

95. Principe du chauffage par l'eau. — On vient de voir, dans le précédent chapitre, qu'il ne fallait pas dépasser 15 mètres pour le transport de l'air chaud ; cette limite est souvent un obstacle ; on a donc été conduit à chercher un agent qui permettrait de transporter la chaleur à une grande distance, tout en conservant à l'air ses principes hygiéniques. L'eau remplit ces conditions ; l'installation d'un tel chauffage est économique, et le maniement des appareils facile.

Le principe du chauffage par l'eau chaude est le suivant : Si l'on chauffe, dans un vase de forme quelconque, un liquide, il s'établit une circulation continue, allant des parties les plus basses, très chaudes, aux parties élevées de l'appareil, et un *retour* du fluide refroidi au contact de l'air et des parois du récipient, vers la partie basse du vase. Ceci résulte des différences de densités que présente l'eau à des températures diverses.

Pratiquement il est facile de réaliser une véritable circulation d'eau pour l'utiliser au chauffage : il suffit de disposer une chaudière avec un tube de départ d'eau chaude terminé par un récipient (*vase d'expansion*) destiné à parer aux différences de volume que présente l'eau portée à diverses températures ; de ce vase part une conduite de retour aboutissant à la partie inférieure de la chaudière ; cette conduite peut présenter telle forme que l'on voudra selon la disposition des locaux qu'elle traverse.

Un chauffage continu par l'eau chaude se compose donc essentiellement :

1° D'une *chaudière* à eau chaude, avec foyer approprié ;

2° D'une *colonne montante*, allant directement à la partie supérieure du local à chauffer et terminée par un *vase d'expansion ;*

3° D'une *colonne descendante*, ou conduite de retour à la chaudière ;

4° Des *surfaces de chauffe, tubes à ailettes*, ou *poêles* de diverses formes, branchés sur la conduite de retour.

Les divers modes de chauffage par l'eau chaude se différencient soit par la répartition des surfaces de chauffe, soit par la température de l'eau qui circule dans les conduites. Lorsque le vase d'expansion communique directement avec l'atmosphère, le chauffage est dit *sans pression ;* lorsque le vase d'expansion est fermé par une soupape permettant d'atteindre une pression de 1 à 2 kilogrammes, ou de 15 à 25 kilogrammes, on dit que le chauffage est à *moyenne pression* ou à *haute pression*. On dit encore que le chauffage est à *grand volume*, à *moyen volume* ou à *petit volume* d'eau, car pour un même nombre de calories à fournir la quantité d'eau employée dans la circulation est en raison inverse de l'accroissement de pression ou, ce qui revient au même, de l'augmentation de température de l'eau employée.

96. Des chaudières à eau chaude. — La construction des chaudières à eau chaude est identique à celle des chaudières à vapeur décrites d'autre part[1] ; toutefois on n'a plus à craindre les coups de feu, puisque toutes les parois sont en contact avec le liquide ; il en résulte une simplification du foyer. Quelquefois il peut être avantageux d'employer des chaudières à eau, chauffées non plus par un foyer à combustible quelconque, mais par une circulation de vapeur empruntée à une canalisation générale unique ; tel est le cas qui se présente dans le chauffage mixte.

On distingue donc deux catégories de chaudières :

[1] Voir l'ouvrage *Chaudières à vapeur* de M. DEJUST.

1° Les chaudières à feu direct ; 2° les chaudières à circulation de vapeur.

Parmi les chaudières de la première catégorie, une des plus anciennes et des plus simples est représentée figure 119 :

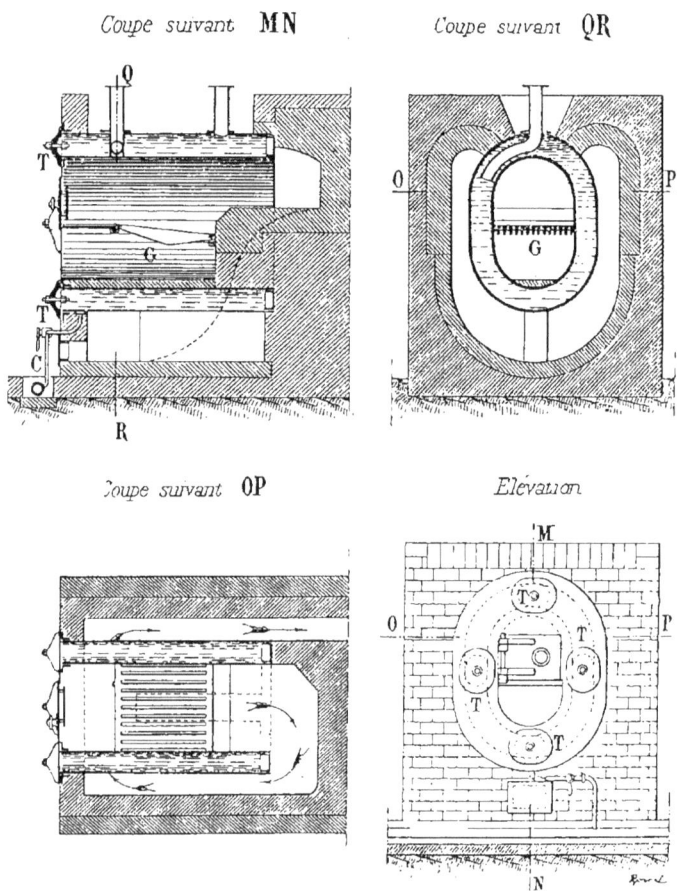

Fig. 119.

le foyer est elliptique, ce qui permet d'avoir une grande hauteur au-dessus de la grille, et par conséquent d'obtenir une combustion complète ; en T sont représentés les tampons qui servent au nettoyage. La disposition indiquée figure 120 est préférable au point de vue de l'utilisation du combustible, la circulation du gaz s'opérant sur toutes les parois de la

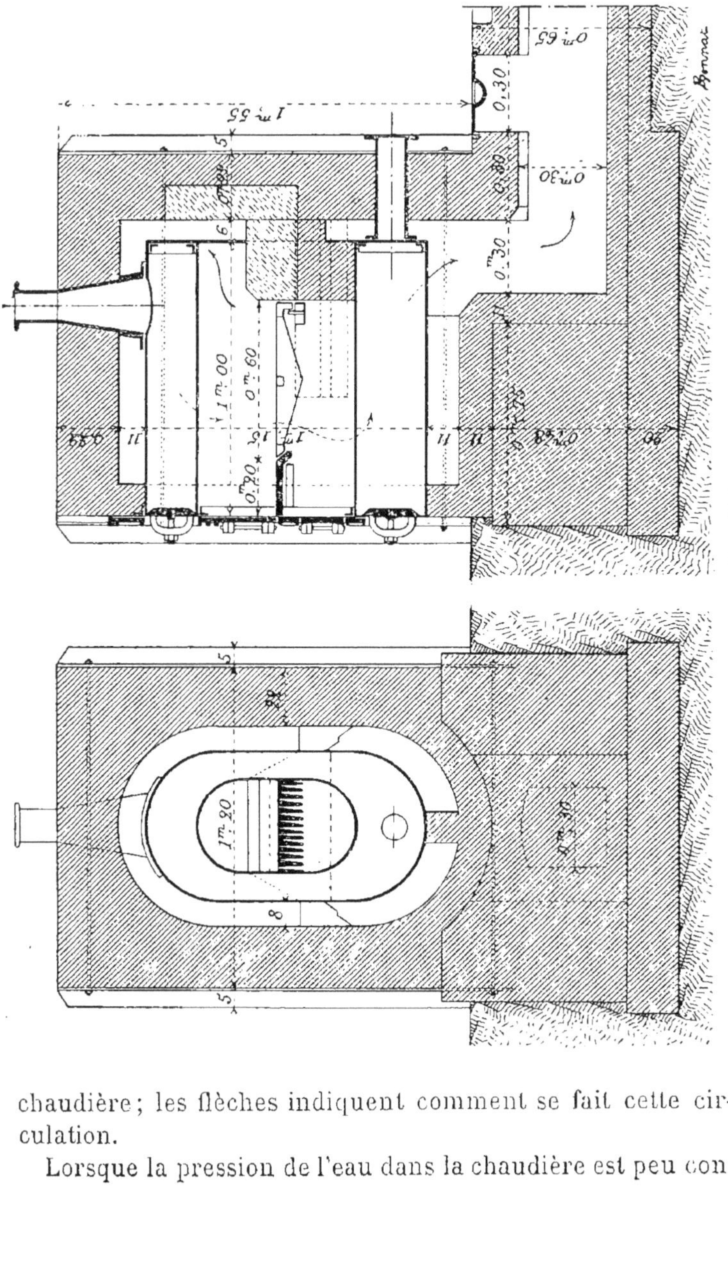

Fig. 120.

chaudière ; les flèches indiquent comment se fait cette circulation.

Lorsque la pression de l'eau dans la chaudière est peu considérable, on a souvent avantage à employer la tôle de cuivre pour sa construction ; la grande malléabilité de ce métal permet de lui donner des formes appropriées au développement de la surface de chauffe. Dans ce cas on utilise de la tôle de cuivre de 2 millimètres d'épaisseur pour la partie de la chaudière directement en contact avec le foyer, et on construit le reste de l'enveloppe en tôle de 1 millimètre.

Les chaudières verticales à foyer intérieur sont très appréciées dans les installations particulières, à cause de leurs dimensions réduites en plan. Pour bien utiliser la surface de chauffe directe, il est bon, soit de suspendre au-dessus de la grille un bouilleur supplémentaire, autour duquel se fait la combustion, soit, pour éviter les fréquents nettoyages qui sont nécessaires à l'enlèvement des dépôts dans ce bouilleur (dépôts qui diminuent rapidement la transmission), de constituer un faisceau tubulaire très développé.

On peut indiquer, dans le genre, les chaudières Durenne (*fig.* 121), Chibout, Hamelle, etc.

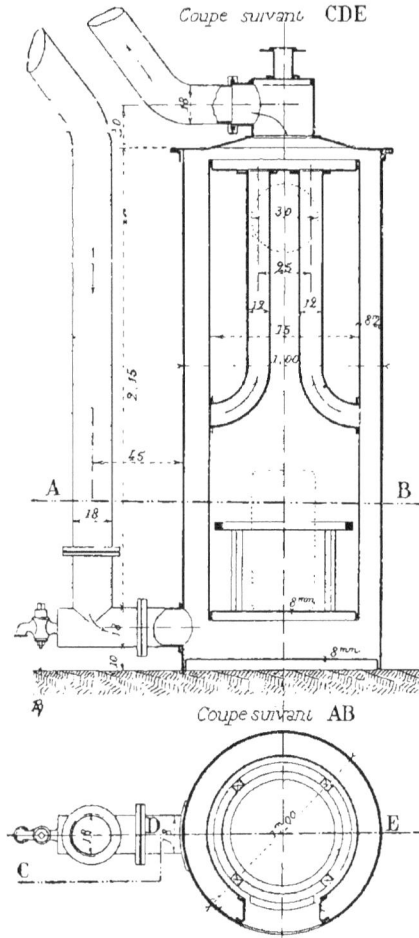

Fig. 121.

Enfin les vases à circulation de vapeur peuvent présenter les formes les plus diverses, suivant l'emplacement qu'ils doivent occuper; il en est de même pour l'étendue et le développement des serpentins.

On n'a pas avantage à prendre une grande hauteur de chaudière pour un développement déterminé de la surface de chauffe; quant au serpentin, il doit être disposé de telle façon que l'eau de condensation produite circule dans la conduite de retour et non pas en sens inverse de la vapeur; l'arrivée de vapeur doit donc se faire à la partie supérieure des serpentins, et la sortie, en bas.

Quelquefois on utilise pour le chauffage un tuyau unique de vapeur, de grande section, qui traverse horizontalement la chaudière, ou bien même on munit celle-ci d'un double fond; mais, dans ce dernier cas, on diminue la surface de chauffe et l'on augmente les déperditions dans de notables proportions.

97. Modes de distribution. — Il existe deux modes principaux de distribution :

1° Les surfaces de chauffe sont placées en dehors des locaux à chauffer, le plus généralement en cave, et l'air se rend ensuite par des conduits appropriés aux différents locaux (A);

2° Les surfaces de chauffe sont placées dans les locaux et agissent par rayonnement direct (B).

Le premier mode se rapproche du chauffage continu par l'air chaud; le calorifère ordinaire est simplement remplacé par un calorifère à eau chaude; mais on a l'avantage de pouvoir éloigner, selon les besoins, les différentes surfaces de chauffe du foyer proprement dit, et de leur donner une importance proportionnée à leur service. Ce procédé n'est pas applicable dans les maisons de rapport où il immobilise un certain nombre de caves et élève la température du sous-sol; il a l'inconvénient d'exiger des sections énormes de conduites pour parer aux déperditions, car l'air chaud est à une température relativement peu élevée; il en résulte une mauvaise utilisation du combustible. Par contre, il sera avantageux d'employer ce système de chauffage dans les églises, où les surfaces de chauffe directes pourraient gêner, dans les locaux peu élevés, comme certains hôpitaux et asiles, où le réglage peut se faire en bloc.

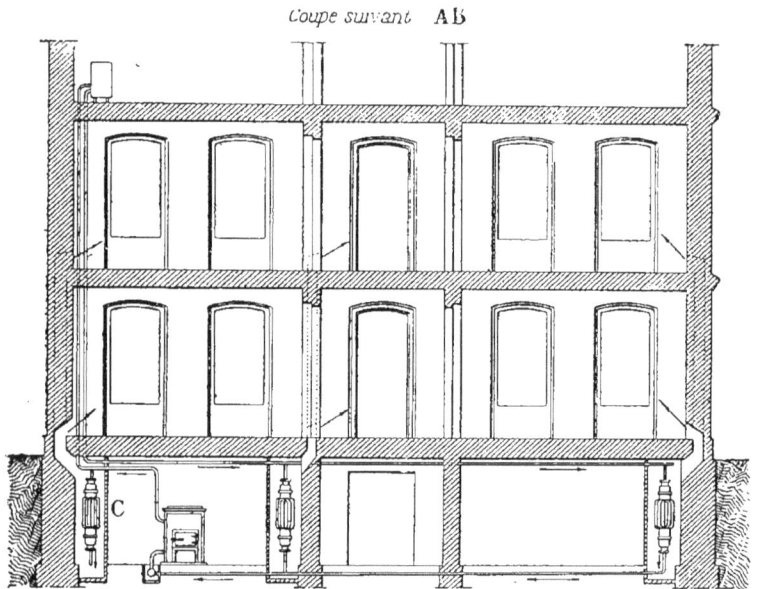

Coupe suivant **AB**

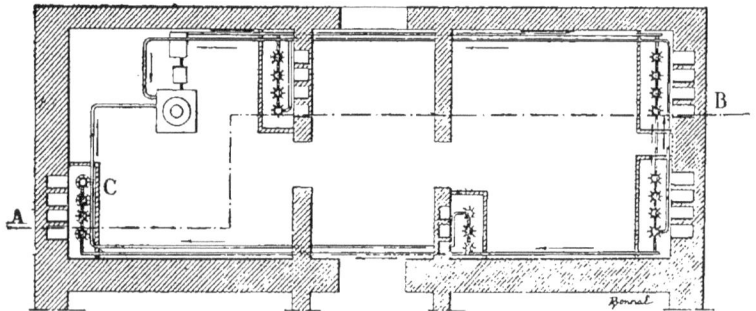

Plan

Fig. 123.

Avec les surfaces de chauffe placées directement dans les locaux, on peut combattre plus logiquement les pertes de chaleur, le chauffage devient plus économique et l'installation

très facile; mais il reste à craindre les fuites et les réparations qui en résultent; au point de vue décoratif, les conduites,
robinets et poêles sont souvent une gêne, et il faut s'ingénier
à les dérober à la vue par des enveloppes métalliques qui
rendent possibles les réparations.

A) On construit de véritables calorifères à eau chaude,
à chambre de chaleur unique, constitués par un grand
nombre de circulations élémentaires réunies par des collecteurs ; ces calorifères ont l'inconvénient de chauffer l'air à
basse température et de donner lieu, pendant le transport de
l'air, à une déperdition considérable de calorique.

La disposition indiquée figure 122, à rayonnement indirect,
consiste à placer les repos de chaleur C dans les caves et à
établir les conduites de
distribution d'air à l'épaisseur des murs ou en
saillie ; il n'y a plus, ici,
chambre de chaleur
unique.

Dans certains édifices,
où l'on peut disposer un
caniveau dans l'épaisseur

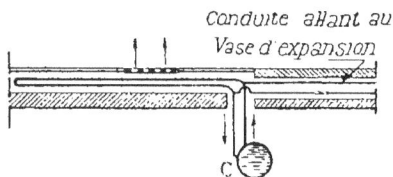

Fig. 123.

du plancher, on établit la circulation complète dans ce caniveau (*fig*. 123), recouvert de tôle ; des plaques perforées servent
de bouches d'émission d'air chaud. Lorsque l'épaisseur du
plancher est trop faible pour permettre d'employer cette disposition, qui donne lieu à des pertes minimes, on établit
la canalisation dans des gaines suspendues au plafond du
sous-sol.

B) La figure 124 donne différentes dispositions du chauffage par rayonnement direct. Le croquis I représente une
conduite de départ allant directement au vase d'expansion et
des conduites distinctes avec retour direct à la chaudière,
pour chaque étage. Cette disposition permet d'obtenir un
certain réglage ; cependant les appareils les plus éloignés
du vase d'expansion sont alimentés par de l'eau déjà refroidie
dans les surfaces de chauffe. Le retour séparé est avantageux
en ce qu'il supprime l'irrégularité du courant pouvant résulter
des différences de température de l'eau à chaque étage.

La disposition II montre une conduite unique de retour desservant tous les étages ; l'eau qui dessert les étages infé-

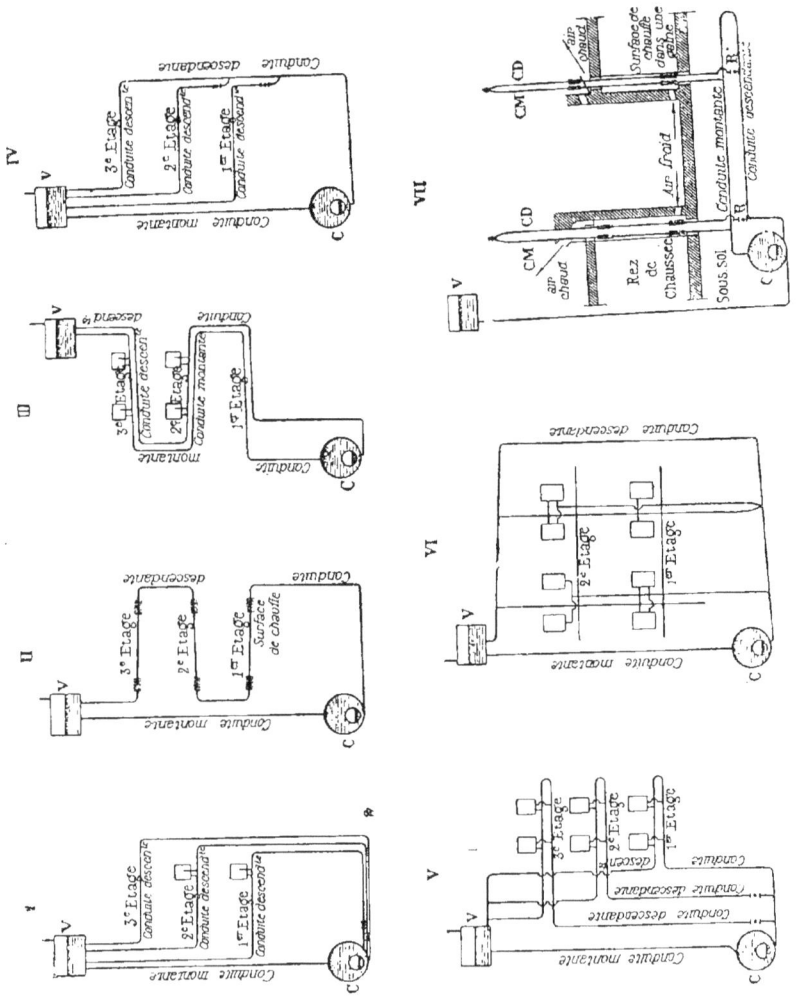

Fig. 124.

rieurs est considérablement refroidie, de sorte qu'il faut, pour obtenir une température uniforme, augmenter progressivement l'étendue des surfaces de chauffe, à mesure que l'on s'éloigne du vase d'expansion.

On obtient une température plus régulière en faisant circuler côte à côte les conduites de départ et de retour, comme il est indiqué en III.

La disposition IV, analogue à I, mais avec raccord à la conduite de retour par une chute partielle, a l'inconvénient déjà signalé ; toutefois elle simplifie la canalisation.

Deux des meilleurs modes de répartition sont représentés en V et VI, par boucles horizontales ou par lignes verticales. La première disposition est presque toujours praticable ; mais elle complique la tuyauterie ; la seconde n'est possible que lorsqu'on peut grouper sur une même verticale les appareils de chauffe placés aux différents étages.

On peut également employer une circulation par branchements avec conduites d'aller et de retour placées en sous-sol ; sur celles-ci sont branchées les circulations verticales alimentant les poêles. A la partie supérieure de chaque boucle est un robinet d'air ; en un point quelconque, le vase d'expansion. On peut ainsi chauffer l'air des gaines montantes dans lesquelles passe chaque boucle ; l'air chaud arrêté par un diaphragme s'échappe soit au plafond, soit près du plancher à l'étage supérieur (VII).

Toutes les conduites de distribution doivent avoir une pente descendante de 5 à 10 millimètres par mètre, dans le sens du mouvement de l'eau chaude ; au point le plus élevé des conduits, lorsqu'on est obligé de faire un coude, il faut disposer un robinet d'air, car, s'il y avait de l'air accumulé, la circulation ne se ferait plus. Il faut procéder de la même façon, dans les circulations par lignes horizontales, sur chaque poêle ou surface de chauffe.

Lorsque le retour est constitué par plusieurs circulations, on peut régler chacune d'elles, sauf une, à l'aide d'un robinet R ; la conduite restée libre assure un retour partiel à la chaudière au cas où l'on aurait fermé tous les robinets de réglage.

Le vase d'expansion, logé généralement dans une partie du grenier facilement accessible, est constitué par un cylindre en tôle à fond embouti, portant à la partie supérieure une tubulure pour l'échappement à l'air libre ou par soupape équilibrée, et une tubulure de trop-plein pouvant se raccor-

der avec le robinet de vidange (*fig*. 125). A la partie inférieure, il reçoit le tuyau d'amenée d'eau (colonne montante)
et les tubulures des colonnes descendantes. S'il y a lieu, une
conduite aboutit à un hydromètre placé dans la salle de
chauffe et donne le niveau de l'eau dans le réservoir d'expansion ; celui-ci porte également un tube indicateur de niveau,
et une tubulure pour l'alimentation, s'il est nécessaire.

La bâche d'alimentation, placée sur le même plan que le

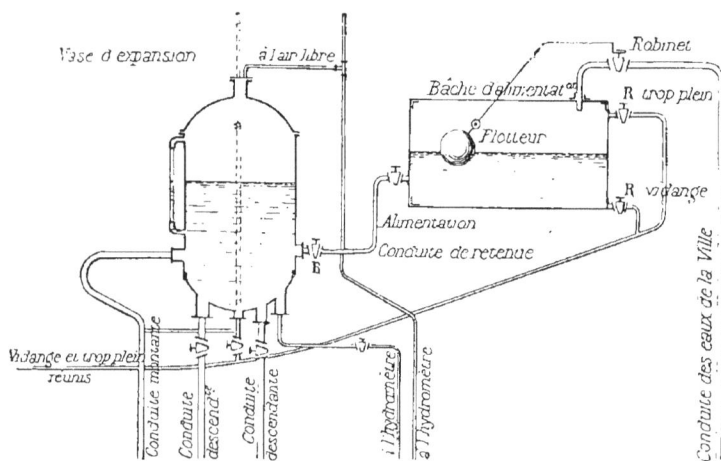

Fig. 125.

vase, et à proximité, communique par l'intermédiaire d'un
robinet à flotteur avec une conduite d'eau sous pression qui
fournit l'eau nécessaire. De la partie inférieure de la bâche
part une conduite aboutissant soit au vase d'expansion, soit
à la chaudière avec interposition d'un clapet de retenue automatique. Un robinet de trop-plein à la partie supérieure
assure l'écoulement de l'eau de la bâche, si le robinet d'alimentation ne fonctionne pas.

On dispose également un terrasson en plomb sous le vase
d'expansion pour recevoir les suintements et les débords.

Comme le vase d'expansion présente une certaine surface
exposée au refroidissement, on l'entoure généralement d'un
isolant. Parfois, lorsque les colonnes descendantes sont en
grand nombre, afin de ne pas affaiblir le fond outre mesure,

on les réunit toutes dans une culotte. La conduite de trop-plein du vase d'expansion peut être disposée pour agir sur l'arrivée d'air du conduit et modifier le tirage ; cette disposi-tion est appliquée dans le chauffage Bourdon (126).

Les calorifères à eau chaude se réglant en faisant varier la température de l'eau, il est possible que, par un temps très froid, la température de l'eau dans la chaudière dépasse 100° ; une ébullition violente se produit alors accompagnée d'un bruit intense très désagréable ; pour y remédier, il faut dis-poser à la partie inférieure de la circulation un robinet de vidange ; on fait couler un peu d'eau chaude qui est immé-diatement remplacée par la même quantité d'eau froide ; on modifie ainsi le mouvement de la circulation. Comme il y a perte d'eau par évaporation, on remplace chaque matin l'eau manquante en ouvrant le robinet qui suit le clapet de rete-nue. L'indication du niveau de l'eau dans le vase d'expansion est fournie par l'hydromètre, lorsque l'alimentation se fait par la chaudière, ou bien par le niveau d'eau, lorsqu'on alimente par le vase d'expansion. Dans les deux cas, la quan-tité d'eau introduite est réglée par le flotteur, si celui-ci fonc-tionne bien, ce qui n'arrive pas toujours, par suite des varia-tions de la pression dans la colonne d'amenée.

Au lieu de faire arriver directement la colonne montante au vase d'expansion, on peut, pour augmenter la tempéra-ture de l'eau dans la chaudière, lui faire suivre un parcours plus ou moins sinueux ; l'eau abandonne pendant le trajet une certaine quantité de chaleur dans les locaux qu'elle traverse et arrive au vase d'expansion à 95° environ, tempé-rature qu'il ne faut pas dépasser dans un chauffage sans pression.

98. **Des surfaces de chauffe ; tuyaux et poêles.** — Les surfaces de chauffe les plus simples sont constituées par des tubes à ailettes, en fonte ou en fer, qu'on interpose sur la circulation aux endroits convenables. Ces éléments tiennent peu de place ; mais le développement qu'ils présentent est nécessairement limité ; aussi est-on souvent obligé de les réunir par *batteries*, qui constituent de véritables *poêles*.

Il ne sera décrit ici que les principaux types de tuyaux

employés, ainsi que les assemblages les plus usités, chaque constructeur ayant ses modèles propres, qui ne diffèrent de ceux indiqués ici que par quelques dispositions de détail.

Les tuyaux *lamés horizontaux* les plus avantageux sont ceux construits entièrement en fonte (*fig.* 126), généralement essayés à une pression de 12 kilogrammes avant le montage. Ces tuyaux se font à *ailettes centrées* ou *excentrées*, *normales*

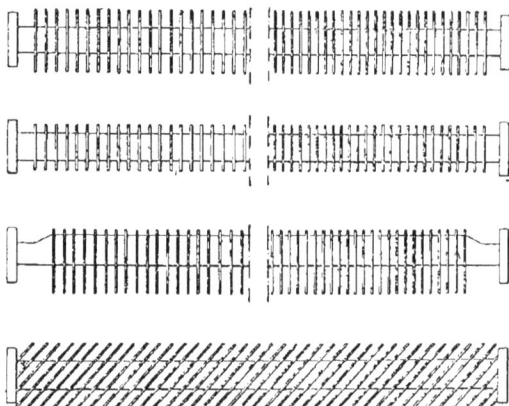

Fig. 126.

à l'axe ou *inclinées* sur l'axe. Les ailettes sont *courtes et rapprochées* (filatures, tissages), *longues et rapprochées*, pour obtenir une grande surface de chauffe dans un petit espace (séchoirs, établissements de bains), ou *longues et écartées*, pour obtenir une surface de chauffe moyenne avec des tuyaux d'un gros diamètre (ateliers chauffés par la vapeur d'échappement).

Le diamètre intérieur de ces tuyaux varie de 0^m,06 à 0^m,20 ; les types les plus employés ont 0^m,07 et 0^m,10 de diamètre intérieur, et les ailettes 0^m,140, 0^m,175 et 0^m,200 ; les longueurs courantes sont 1 mètre, 1^m,50 et 2 mètres.

Lorsqu'on a besoin d'une certaine étendue de surface de chauffe, il faut raccorder ces éléments par des pièces façonnées spécialement (*raccords, fig.* 127 à 132), qui entraînent des

pertes de charge et des fuites. Pour dissimuler l'aspect un
peu disgracieux de ces surfaces à ailettes, on peut les cacher

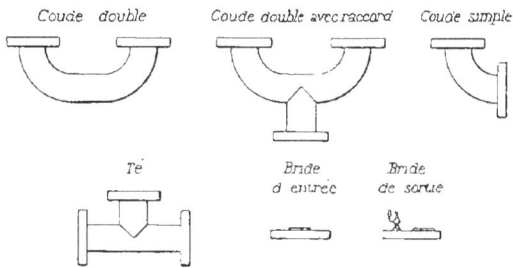

Coude double   Coude double avec raccord   Coude simple

Té   Bride   Bride
         d'entrée   de sortie

Fig. 127 à 132.

par des enveloppes en tôle ajourée ou en laiton, pour les-

Coupe suivant AB   Élévation

A

B

Fig. 133.

quelles on peut imaginer les formes et dessins les plus variés
(*fig.* 133).

Pour éviter les raccords, on construit des éléments plats

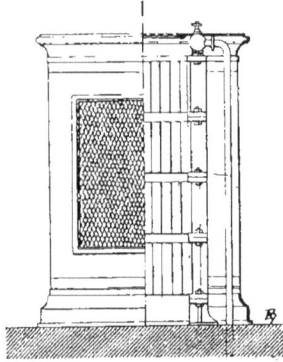 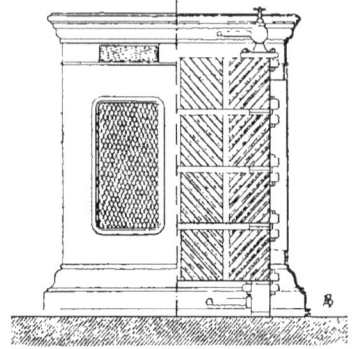

Fig. 134.   Fig. 135.

pouvant se superposer les uns sur les autres, et dont les joints sont simplement boulonnés (*fig.* 134 et 135) ; les ailettes

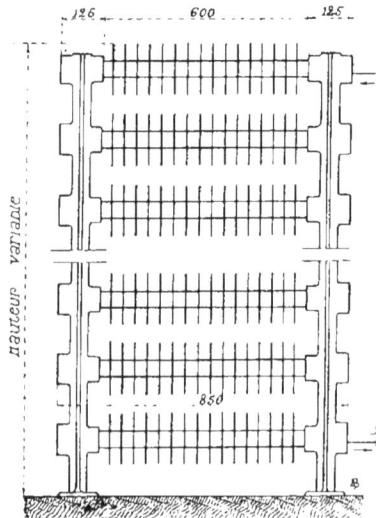 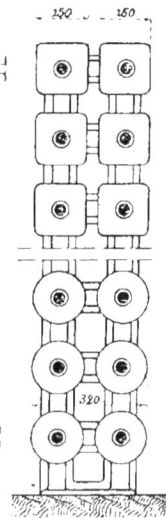

Fig. 136.   Fig. 137.

sont *verticales* ou *obliques* (Kœrting) ; les ailettes *diagonales* sont

avantageuses pour la bonne circulation de l'air et sa répartition égale sur toute la hauteur de la surface de chauffe. On
constitue également des poêles avec des éléments en fer à
ailettes en fonte rondes ou carrées (*fig.* 136 et 137).

Les poêles composés d'éléments à ailettes, ayant généralement peu d'épaisseur, sont très employés. On peut presque
toujours, dans les appartements, profiter des coins inoccupés,
des ébrasements de fenêtres, coins de placards, pour y placer ces surfaces chauffantes avec leurs enveloppes. Cependant ces dernières ont l'inconvénient de coûter un peu cher;
c'est pourquoi on tend à donner maintenant la préférence à
des surfaces chauffantes assez décoratives par elles-mêmes

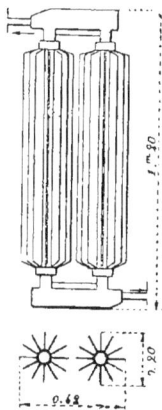

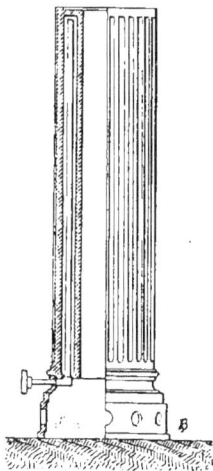

FIG. 138.   FIG. 139.

pour pouvoir rester visibles dans la plupart des cas, et que
l'on appelle des *radiateurs*.

Les radiateurs cylindriques à ailettes ou sans ailettes (*fig.* 138
et 139) sont formés soit de simples tuyaux verticaux lamés
ou de colonnes cannelées, où le fluide s'écoule dans la partie
annulaire comprise entre la surface de chauffe intérieure,
lisse, et celle extérieure, nervée.

Lorsque les surfaces chauffantes sont placées dans des
gaines verticales isolées (Anceau) ou dans les caves, on leur

donne la forme indiquée sur les figures 140 et 141 ; l'air
frais, pris à l'extérieur, est
amené par un conduit sur
les poêles et distribué ensuite
directement ou par l'intermédiaire de conduites placées
dans l'épaisseur des murs.

La disposition horizontale
des tuyaux donne une moins
bonne utilisation de la surface de chauffe ; il ne faut
pas compter, dans le pre-
mier cas, plus de 250 à 300 calories dégagées par mètre
carré et par heure, pour un
chauffage à eau à basse pression ; pour les poêles à ailettes verticales, on peut
admettre un rendement de

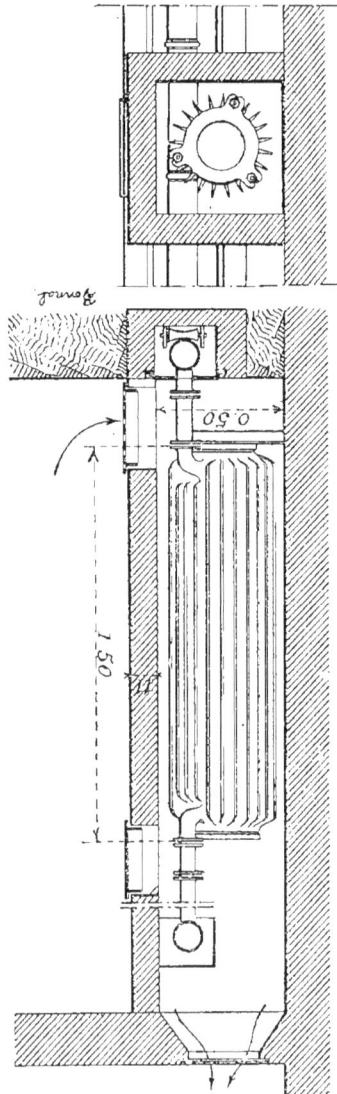

Fig. 140.

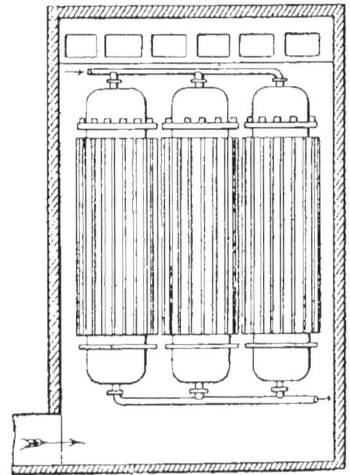

Fig. 141.

300 à 350 calories, dans les mêmes conditions. Dans les

poêles annulaires on estime que 1 mètre carré de surface *lisse* émet 500 calories par heure, et les tuyaux nervés moitié moins, dans les mêmes conditions.

Réglage. — Chaque poêle est muni d'un robinet de réglage placé sur la conduite d'arrivée d'eau, qui débouche à un niveau assez élevé; le tuyau de départ se place toujours à la partie basse. Lorsqu'il n'y a qu'une conduite unique, on assure le réglage au moyen d'un robinet spécial à quatre eaux (Geneste-Herscher) ou à l'aide d'un rac-

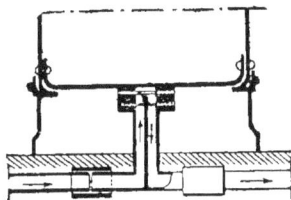

Fig. 142.

cord spécial commandé par une valve manœuvrée à la main. Ce dernier système, dû à M. Chibout, n'interrompt jamais la circulation de l'eau, quelle que soit la position de la valve (*fig.* 142).

99. Canalisation de l'eau chaude ou de la vapeur. — Les tuyaux servant au transport de l'eau à distance pouvant également servir pour le transport de la vapeur, sauf dans quelques cas particuliers, on indiquera ici indistinctement les procédés employés pour obtenir une canalisation étanche, flexible et économique.

Les conduites se font en fonte, en fer ou en cuivre, quelquefois en tôle rivée ; le fer et le cuivre sont réservés pour le chauffage sous pression. Les conduites en fonte sont les plus économiques ; on les emploie jusqu'à 25 et 30 centimètres de diamètre ; leur épaisseur varie de 8 à 15 millimètres (*fig.* 143).

	DIAMÈTRES DES TUYAUX EN FER EMPLOYÉS POUR LES CHAUFFAGES A EAU CHAUDE												
	mm	mm	mm	mm	mm	mm	mm	mm	mm	mm	mm	mm	mm
Intérieur	12	15	20	26	33	40	50	57	60	66	72	80	90	106
Extérieur	17	21	27	34	42	49	60	67	70	76	82	90	100	110

Tuyaux en fonte pour chauffage à eau chaude (*fig.* 143)

Diamètre intérieur des tuyaux : 0^m,08. 0^m,09 et 0^m,10 ; pour des diamètres de 0^m,20 et 0^m,25 ; les longueurs atteignent 3 mètres.

Longueur des tuyaux K ; 0^m,10 ; 0^m,15 ; 0^m,25 ; 0^m,40 ; 0^m,50 ; 0^m,75 ; 1^m,00 ; 1^m,25 ; 1^m,50.

Raccords divers : demi-coude ou coude au 1/8 (A) ; coude d'équerre ou coude au 1/4 (B) ; coude double ou demi-cercle C ; culotte D ; croix E ; té F ; raccords G, H, I et J.

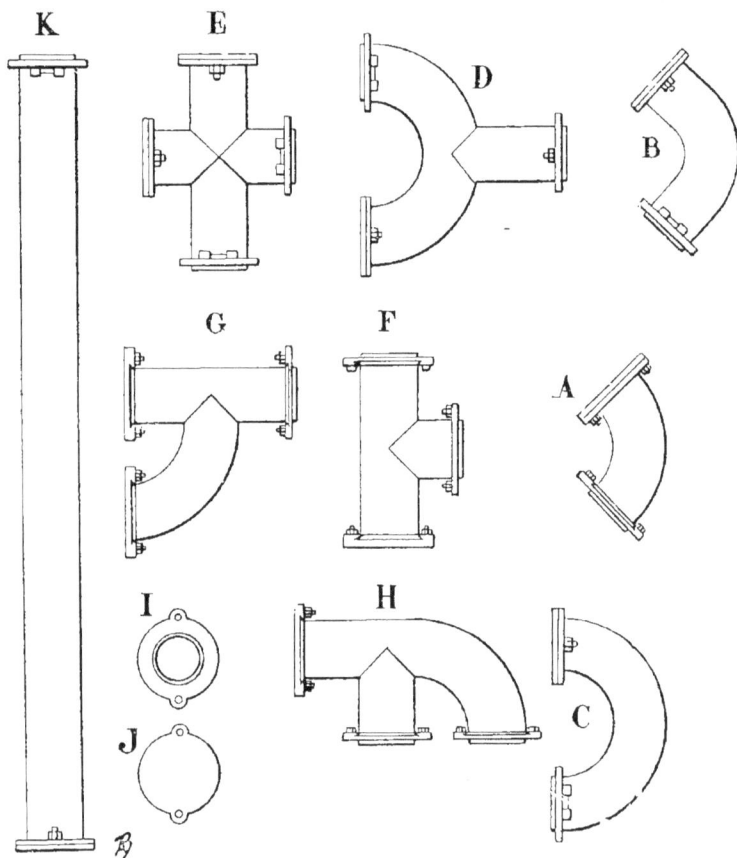

Fig. 143.

Ces tubes peuvent se réunir soit par emboîtement et

cordon, ce qui permet une certaine élasticité à la conduite,
mais donne une étanchéité médiocre, ou par brides, ce qui
est le cas le plus général. Les brides, venues de fonte avec
les tuyaux, sont préalablement dressées ; on les réunit par
boulons, avec interposition d'une feuille de papier trempée
dans l'huile, ou d'une rondelle de carton d'amiante. Quand il
y a du gauche, on interpose des tresses de chanvre enduites
de mastic de minium ; il faut avoir soin d'opérer le serrage
des boulons progressivement pour ne pas casser les brides.

Dans certains cas on emploie des rondelles en cuivre
rouge recuit (Farcot), que l'on écrase entre les brides ;
lorsqu'on doit faire un joint large ou légèrement conique,
on découpe une rondelle de plomb que l'on perce à demande,
et l'on garnit les deux faces de filasse enduite de mastic ;
on fait le serrage modérément. Ce procédé a l'avantage de
permettre de parer aux fuites au moyen d'un simple
matage. L'emploi, dans les joints de tuyaux en fonte ordinaire, de rondelles de caoutchouc durci de 1 à 2 millimètres
d'épaisseur présente un inconvénient ; sous l'influence de la
chaleur, le soufre du caoutchouc se combine au fer ou à la
fonte ; le caoutchouc durcit et fait corps avec le métal ; il
peut se produire des ruptures de joint.

Par contre, le caoutchouc donne de bons résultats quand
il est protégé, comme dans les tuyaux du système Petit[1],
très employés pour les canalisations rectilignes d'eau chaude.

Le principal inconvénient des tuyaux en fonte est la
rigidité ; les joints Petit jouissent cependant d'une élasticité
suffisante que n'ont pas les conduites à brides.

Pour des canalisations de moindre importance, on se sert
de tuyaux en fer. On peut choisir entre deux qualités de
matériaux, car on trouve des tubes soudés par simple rap-
prochement ou par recouvrement, ou des tuyaux en fer
étiré de qualité supérieure. Les dimensions de ces tubes
varient entre 4 et 6 mètres ; les tubes Simon, très employés,
atteignent jusqu'à 8 mètres de longueur, ce qui a l'avantage d'économiser les joints.

On rappellera simplement quels procédés on emploie

[1] Voir *Bois et Métaux*.

pour faire les raccords, cette question étant traitée en détail dans l'ouvrage *Bois et Métaux*.

On réunit les tuyaux par *brides boulonnées*, ces brides étant vissées ou brasées aux extrémités des tubes ; ou par *manchons taraudés d'un seul côté* ou *droite et gauche ;* les extrémités des tubes étant également filetées (110).

On emploie également des joints à *raccords*, pour les tuyaux en fer, et spécialement pour les canalisations à haute pression ; la figure 144 représente le joint Simon ; on rapporte, aux extrémités taraudées des deux tuyaux, deux pièces A et B de forme appropriée ; un écrou C est

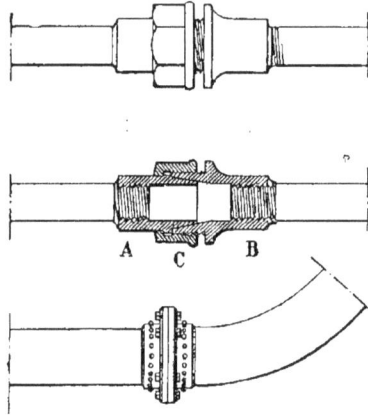

Fig. 144.

ensuite vissé sur le bout fileté A.

Habituellement on enduit le filetage de mastic de céruse et de filasse.

Les tuyaux en cuivre rouge se font avec ou sans soudure ; leur épaisseur varie de 1 millimètre et demi à 3 millimètres, et leur diamètre de $0^m,015$ à $0^m,230$. On les réunit par joints à brides ou à raccords. Les brides employées sont en fer, tournées ; on les applique sur un collet battu à l'extrémité du tube de cuivre ; on peut aussi les braser. Le joint entre les deux brides se fait soit avec du mastic de minium ou de céruse, soit au moyen d'une rondelle d'amiante ou de caoutchouc durci, soit enfin à l'aide de rondelles Farcot, lorsque les brides sont tournées à cet effet.

On emploie également des joints à raccords en bronze, soudés (joints Legat). La figure 145 représente l'assemblage « Velox » à brides et à raccords pour tuyaux de cuivre sans soudure.

REMARQUE. — La disposition qui consiste à placer la

tuyauterie dans des caniveaux où les fuites ne se voient pas et où les joints sont difficiles à refaire, n'est admissible que lorsque le caniveau est de dimensions assez grandes pour permettre les réparations.

Toute conduite qui réunit deux pièces fixes doit être coudée pour se prêter au serrage des joints ; lorsque plu-

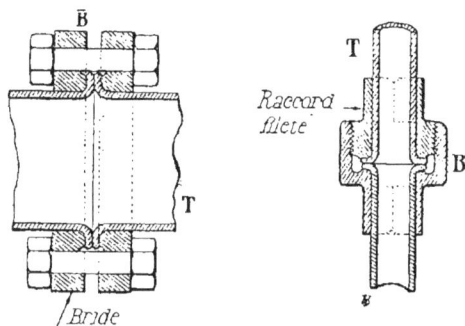

Fig. 145.

sieurs conduites règnent ensemble, il faut éviter de les croiser, et les robinets qui les commandent doivent être solidement soutenus et assujettis pour qu'on ne fatigue pas les joints par les manœuvres réitérées. Il faut toujours éviter les contre-pentes qui occasionnent des coups de bélier.

Lorsqu'on emploie des tuyaux brasés, il faut faire attention à la position de la ligne de brasure dans les parties cintrées, afin qu'elle ne puisse s'ouvrir par les effets de dilatation.

Les coudes doivent être distribués pour permettre la libre dilatation de tout le tuyautage.

100. **Dilatation des conduites.** — Indépendamment de la pente nécessaire à l'écoulement de l'eau dans les conduites d'eau et de vapeur, il faut assurer une certaine élasticité aux canalisations, afin qu'elles réalisent les conditions d'étanchéité et de durée qu'on est en droit d'attendre de toute installation coûteuse.

La fonte se dilate de $1^{mm},23$ par mètre, le fer de $1^{mm},33$, et le cuivre de $1^{mm},72$, pour une élévation de température

de 100°; ces dilatations, qui se produisent à chaque mise en
marche du chauffage, tendent à déformer les conduites et à
amener des ruptures de joints. Pour remédier à ces inconvénients, il faut prendre diverses précautions.

1° On établit des *pinces de dilatation* (*fig.* 146), formées par
un double coude dont les rayons sont limités par la qualité
du métal constituant les
conduites et par la section
des tuyaux. Ces pinces
doivent être placées au minimum tous les 25 à 30
mètres; les colliers qui les
maintiennent ne permettent
le jeu que dans un seul plan
et s'opposent aux gauchisse-
ments. Elles sont difficiles
à employer pour les tuyaux
en fer atteignant 8 à 10 centimètres de diamètre. On
dispose alors, pour les remplacer, des *boîtes de compensation* (*fig.* 147); à chaque
extrémité des tuyaux on
fixe deux plaques en tôle de cuivre ou d'acier embouties

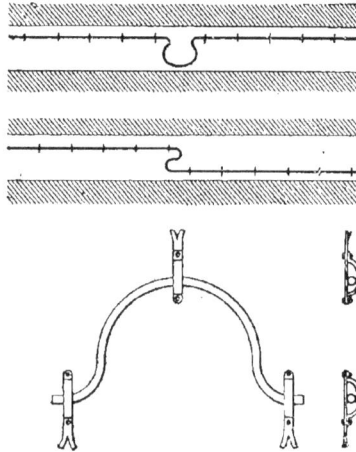

Fig. 146.

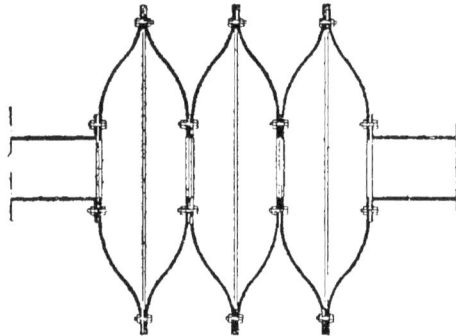

Fig. 147.

qu'on réunit ensemble par leur plus grand diamètre ; ces

plaques sont flexibles. On conçoit que, lorsque les tuyaux se dilatent ou se contractent, ces deux pièces forment soufflet. On peut avoir à en disposer plusieurs ensemble. Il faut toujours éviter que le vide se produise dans les conduites, pour que la pression extérieure ne puisse pas aplatir les disques.

2° On peut également disposer des *joints compensateurs* (*fig.* 148), sortes de presse-étoupes, dans lesquels les tuyaux assemblés peuvent glisser sans fuites.

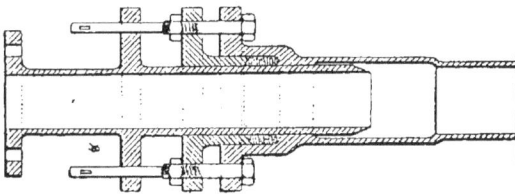

FIG. 148.

Enfin, pour les conduites ordinaires de grandes dimensions, on peut interposer un *tuyau de compensation* (*fig.* 149); mais ce procédé a l'inconvénient de créer des pertes de

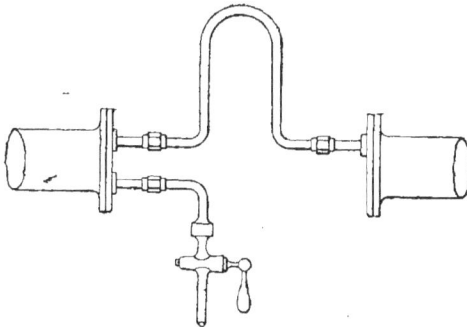

FIG. 149.

charge considérables, en modifiant la section de passage du fluide.

Les *supports* doivent être également disposés pour permettre la libre dilatation des tuyauteries; selon que les circulations sont fixées dans les murs, planchers, ou suspendues au plafond, les supports affectent les formes représentées sur la figure 150.

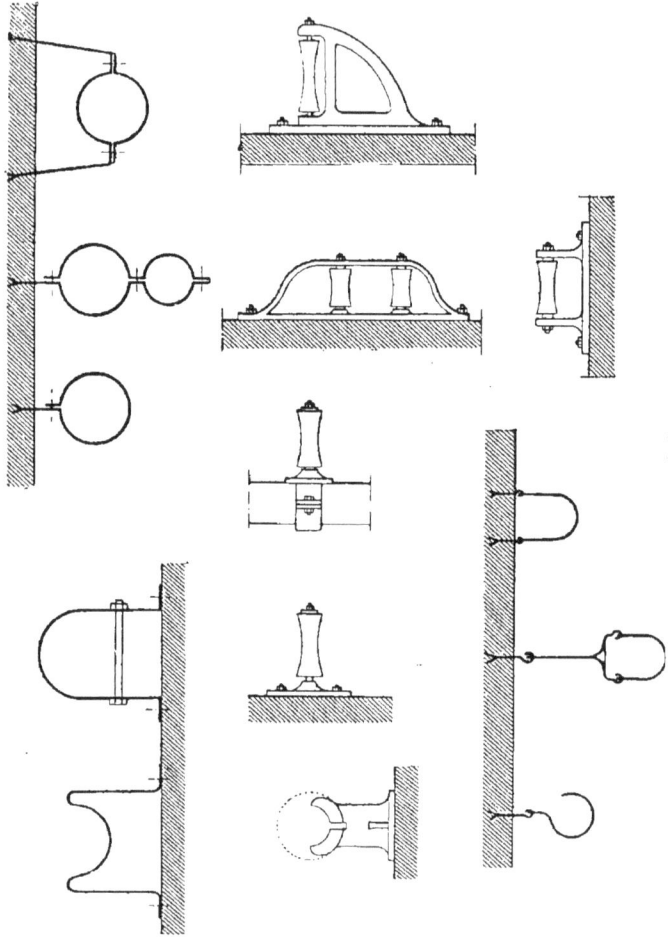

Fig. 150.

Autant que possible, les tuyaux sont suspendus à l'extrémité de tringles libres; il faut les placer à une distance suffisante des murs pour permettre les dilatations. Lorsque les conduites sont sur le sol, on les fait rouler sur des galets en fonte enfilés sur des tiges de fer (*fig. 151*).

Pour garantir les conduites de vapeur contre les pertes de chaleur, on les entoure de tresses de paille, maintenues à une certaine distance de la paroi par des lattes qui les isolent; la paille dure ainsi très long-temps. Dans les parcours rectilignes, on place les tuyaux dans des caisses remplies de copeaux, de mâchefer ou de liège en poudre; on peut les enduire de terre mélangée de boue; mais toutes ces substances, peu conductrices, ont l'inconvénient ou de brûler ou de pourrir rapidement. Un bon isolant, malheureusement assez cher, est le coton minéral, en couche mince, entouré de bandes de toile ou de tôle mince.

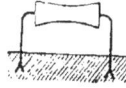

Fig. 151.

§ 2. — CALCULS RELATIFS AU CHAUFFAGE PAR L'EAU CHAUDE. EXEMPLE D'INSTALLATION

101. Généralités. — On supposera, comme précédemment, que le nombre de calories C à produire sur la grille est calculé; il sera donc facile de déterminer la surface s de la grille au moyen de la relation connue (84) :

$$s = \frac{C}{pN}.$$

La surface de chauffe S de la chaudière à eau s'obtiendra de la même manière, en supposant que 1 mètre carré de surface, tant directe qu'indirecte, puisse transmettre 8.000 à 10.000 calories à l'heure :

$$S = \frac{C}{8.000 \text{ à } 10.000}.$$

Le calcul des conduites est très laborieux, voici comment on peut procéder :

La circulation de l'eau (*fig.* 152) est due à la différence de poids existant entre la colonne d'eau refroidie par le chauffage et la colonne montante; la circulation se fait dans le sens indiqué par les flèches.

La vitesse théorique v de l'eau est donnée par la formule

$$(1) \qquad v = \sqrt{2g\mathrm{E}},$$

E étant la hauteur d'une colonne d'eau de densité d faisant équilibre à la différence de pression $(\mathrm{F} - f)$:

$$\mathrm{F} - f = \Omega \mathrm{H}(d - d_1),$$

on peut donc écrire :

$$\Omega \mathrm{E} d = \mathrm{F} - f = \Omega \mathrm{H}(d - d_1),$$

d'où :

$$\mathrm{E} = \mathrm{H}\,\frac{d - d_1}{d}.$$

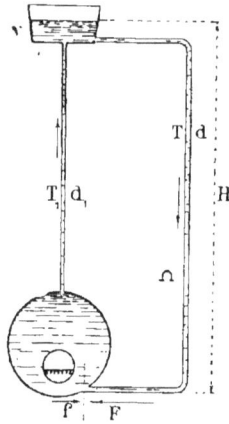

Fig. 152.

La vitesse v, donnée par la formule (1), ne tient pas compte des frottements et des pertes de charge dues aux changements de section ; en réalité, il faut prendre :

$$(2) \qquad v = \sqrt{2g\,\frac{\mathrm{E}}{1 + \mathrm{R}}} = \sqrt{2g\mathrm{H}\,\frac{d - d_1}{d(1 + \mathrm{R})}}.$$

R étant la somme des résistances opposées au mouvement de l'eau dans le parcours de la conduite ; on prend habituellement :

$\mathrm{R} = 1,00$ pour un coude rectangulaire ;
$0,3$ à $0,5$ pour un coude circulaire ;
$0,5$ à $0,8$ pour un arc en retour ;
$0,5$ à $1,0$ pour une soupape ouverte ;
$0,1$ à $0,3$ pour un robinet ;
$1,0$ »   pour un élargissement brusque.

La perte de charge due aux frottements est variable selon le diamètre du tuyau choisi.

En réalité, le chauffage comprend un nombre considérable de circulations, chacune d'elles alimentant un nombre déterminé de surfaces de chauffe et offrant des résistances parfaitement déterminées (sauf celles, dues au frottement, qui sont fonction du diamètre inconnu), puisque le tracé est fait d'avance. On peut prendre approximativement, comme diamètre de conduite alimentant un local où il abandonne C calories par heure :

$$(3) \qquad D = 0^m,00052 \sqrt{C}.$$

D'autre part, la formule de Philipps permet de trouver D en fonction des quantités connues :

$$(4) \qquad D = \frac{1}{3} \sqrt[5]{\frac{Q^2 L}{E}},$$

L étant la longueur développée de la circulation, et Q le volume d'eau qui doit fournir la quantité de chaleur $\frac{C}{3.600}$; cette formule s'applique pour des diamètres plus petits que $0^m,07$.

On obtient Q facilement lorsqu'on se donne la température T_1 de sortie de l'eau, et la température T de retour :

$$Q = \frac{C}{3.600 \, (T_1 - T)}.$$

Généralement T_1 varie de 95° à 85°; on prend $T_1 = 90$ et T varie entre 40° et 70°; on prend :

$$T = 60.$$

En résumé, le calcul se fera en choisissant pour chaque circulation un diamètre D, obtenu par comparaison avec des conduites existantes, ou à l'aide de formules (3) et (4); on déterminera, à l'aide de tables, la valeur du frottement[1]; on calculera les résistances dont la somme est égale à R ; connaissant les densités d et d' de l'eau aux extrémités de la conduite, on obtiendra la valeur de v, par la formule (2). Connaissant D et v, on vérifiera si le débit de la conduite est suffisant pour produire le chauffage ; on a en effet :

$$Q = \frac{\pi D^2}{4} v.$$

Selon les cas, il faudra augmenter ou diminuer D ; on procèdera par approximations successives. On fera de même pour chaque circulation, en se rapprochant de la chaudière, et en ayant soin de conserver la même vitesse v pour tous les embranchements. Au point de raccordement de deux conduites, il faut exprimer l'égalité des charges effectives en ce point ; avec cette condition, l'un des tuyaux étant connu, on déterminera facilement le diamètre de l'autre.

Dans les calculs on admet comme température moyenne de la colonne descendante $\frac{T + T_t}{2}$.

Les densités de l'eau à des températures différentes s'obtiennent par la formule :

$$d = 1.0086 - 0.0003t.$$

102. REMARQUES. — Le calcul est différent pour le chauffage à petit volume où le diamètre de la circulation est constant. Pour le chauffage à moyenne pression, on prend comme température de départ $T_t = 150°$ et $T = 90°$. La charge varie avec chaque installation. On aura avantage, pour augmenter la vitesse de circulation, à disposer la chaudière au point le plus bas des locaux à chauffer ; dans une maison d'habitation on la placera généralement en sous-sol.

Dans un avant-projet on peut admettre qu'il faut 1 mètre

---

[1] Il existe des tables dues à Weissbach, Darcy et M. Maurice Lévy, déterminant la valeur du frottement, qui est fonction du diamètre de la conduite.

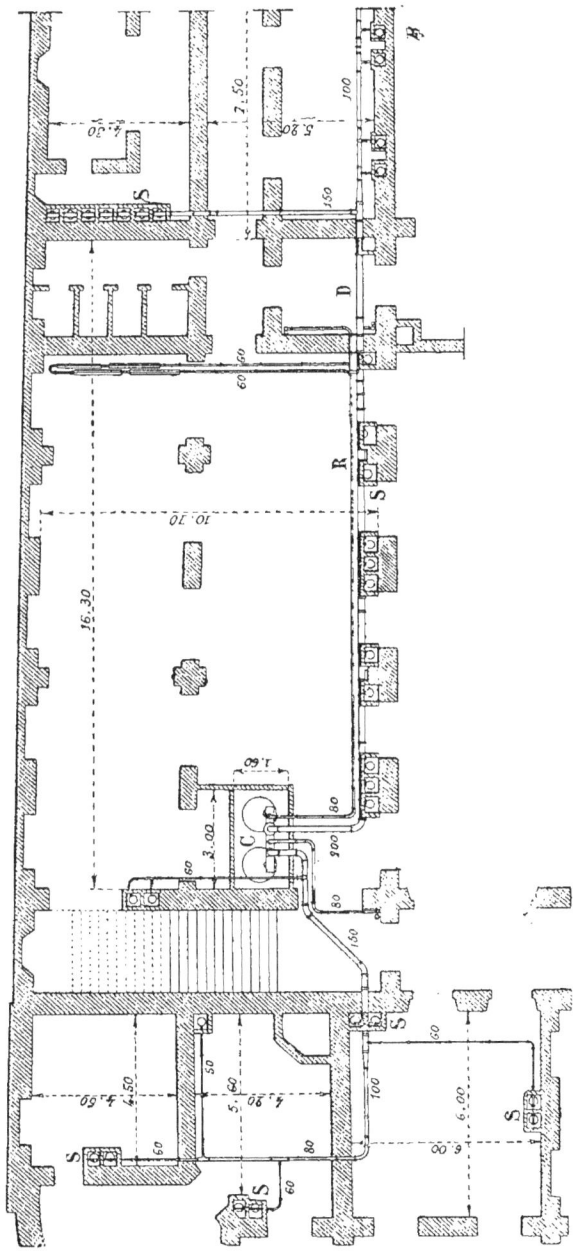

Fig. 153.

carré de surface de chauffe pour un cube d'air de 25 à 30 mètres à chauffer, et de 8 à 11 centimètres carrés de section de tuyau pour 10 mètres carrés de surface de chauffe ; on peut également compter que 1 mètre carré de surface de chauffe fournit par heure de 300 à 350 calories.

Comme capacité de chaudière, on peut prendre 35 litres par mètre carré de surface de chauffe.

103. Exemple de chauffage par l'eau chaude. — La figure 153 représente le plan d'une installation faite par la maison Anceau à Paris [1]. Les surfaces de chauffe S sont placées en sous-sol, au droit des locaux qu'ils sont destinés à desservir. Ces surfaces, dont le détail a été donné (*fig.* 141), sont placées dans des chambres en maçonnerie munies de regards pour l'entrée et la sortie de l'air et pour la visite des appareils. La conduite d'eau chaude D, suspendue au plafond du sous-sol, est raccordée avec la tubulure d'entrée percée à la partie supérieure de chaque poêle ; la sortie de l'eau se fait à la partie basse, et la conduite générale de retour R, placée parallèlement à celle de départ, revient à la chaudière dans un caniveau maçonné de petite section. Les chaudières, au nombre de deux, sont placées en C ; elles alimentent plusieurs circulations d'importance différente. Les conduits de départ et de retour aboutissent à deux collecteurs qui font communiquer les deux chaudières. Deux vases d'expansion, complètement isolés, sont disposés au sommet de deux colonnes montantes alimentant différents locaux d'importance secondaire.

Le service se complique d'une distribution d'eau chaude alimentant les appartements ; la tuyauterie représentée sur la figure 123 ne se rapporte exclusivement qu'au chauffage ; le diamètre des conduites, variable selon la quantité d'eau chaude qui doit circuler dans chaque tronçon, est indiqué, en millimètres, sur le plan.

[1] Hôtel Terminus.

§ 3. — CHAUFFAGE PAR L'EAU A HAUTE PRESSION

104. Généralités. — Le chauffage par l'eau chaude à basse pression manque de souplesse ; la mise en train est lente, et il est difficile de parer aux changements brusques de température ; ce genre de chauffage convient donc surtout aux locaux chauffés d'une façon intermittente. On conçoit qu'il est possible, en supprimant la communication directe du vase d'expansion avec l'atmosphère, et en installant à sa place une soupape de sûreté timbrée à une pression élevée, de chauffer l'eau de la canalisation à une pression pouvant atteindre, par exemple, 15 atmosphères, correspondant à une température de 200°. On dispose ainsi d'un abaissement de température plus considérable qu'avec l'eau chaude ; en supposant des conditions d'établissement identiques, on pourra utiliser une canalisation de plus petit diamètre qu'avec l'eau chaude sans pression et un plus faible volume d'eau. En employant une chaudière spéciale présentant une surface de chauffe très développée, on pourra obtenir une mise en régime très rapide. C'est sur ce principe qu'ont été conçus les nombreux systèmes de chauffage par l'eau à petit volume.

105. Système Perkins. — C'est le premier système employé ; il est très facile à installer et tient peu de place. Ce chauffage est formé par une seule circulation d'eau constituée par un tuyau en fer étiré de 0^m,027 ou 0^m,034 de diamètre extérieur.

Une partie du tuyau, enroulée en serpentin, constitue la chaudière ; la conduite montante aboutit à un vase d'expansion de petites dimensions, puis circule en descendant, dans des surfaces de chauffe constituées de la même façon que la chaudière, où elle vient se brancher (*fig.* 154). L'ensemble de l'installation est très économique.

Avec ce système il est impossible d'isoler le chauffage dans une salle quelconque, puisqu'on ne dispose que d'un circuit unique et continu, de longueur limitée. Certains constructeurs ont modifié heureusement ce procédé de chauffage, soit en constituant plusieurs circulations élémentaires de longueurs sensiblement égales et disposées pour distribuer la

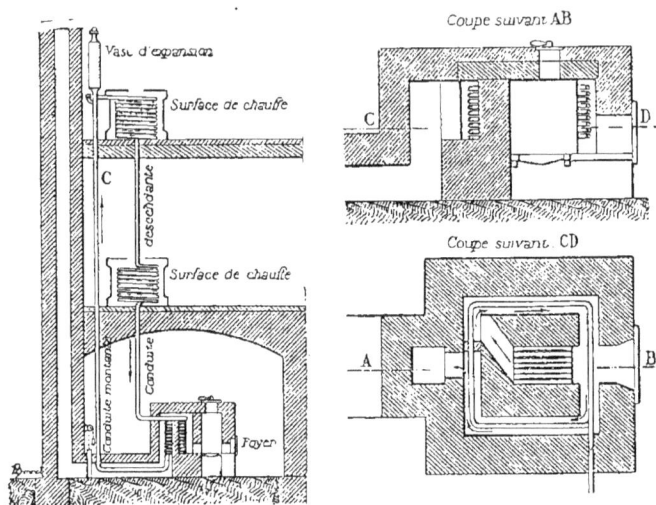

Coupe suivant AB

Coupe suivant CD

Fig. 154.

même quantité de calorique, soit en ajoutant des surfaces de chauffe auxiliaires, branchées sur la canalisation principale et commandées par des robinets spéciaux ; cette dernière disposition est absolument semblable à celles employées pour l'eau chaude à faible pression ou sans pression.

106. Chauffage Geneste (Microsiphon). — L'installation est divisée en plusieurs circulations de 100 mètres de longueur environ, dont une seule passe par le vase d'expansion. Les chaudières sont disposées de manière à recevoir jusqu'à huit serpentins S, de sorte que toutes les circulations se trouvent chauffées par un foyer unique. Le réglage de la température dans un local donné peut se faire d'une façon satisfaisante, puisqu'on ne modifie le chauffage que pour les pièces traversées par une même circulation.

La figure 155 donne une disposition schématique de chauffage microsiphon comprenant deux circulations ; les surfaces de chauffe, formées par des tubes à ailettes, sont raccordées à la colonne descendante par l'intermédiaire de boucles qui permettent la dilatation. Pour opposer, dans chaque bran-chement élémentaire formé par les surfaces de chauffe, des résistances sensible-ment égales, il faut disposer, sur la portion de la conduite qui offre la circulation la plus directe, un robinet régulateur R, que l'on règle une fois pour toutes au moment de la mise en marche, et qui a pour but de créer une perte de charge suffisante pour que la circulation se fasse égale-ment dans toutes les sur-faces de chauffe. Les ro-binets de commande R′, permettant d'isoler les poêles, sont manœuvrables à la main ; mais les régu-lateurs R doivent être dis-posés pour éviter toute ten-tative de réglage de la part des occupants.

Le vase d'expansion, de construction spéciale, est formé d'une série de tubes en fer se raccordant aux conduites montantes et descendantes ; la tubulure extrême T sert pour le remplissage et l'indication du niveau de l'eau.

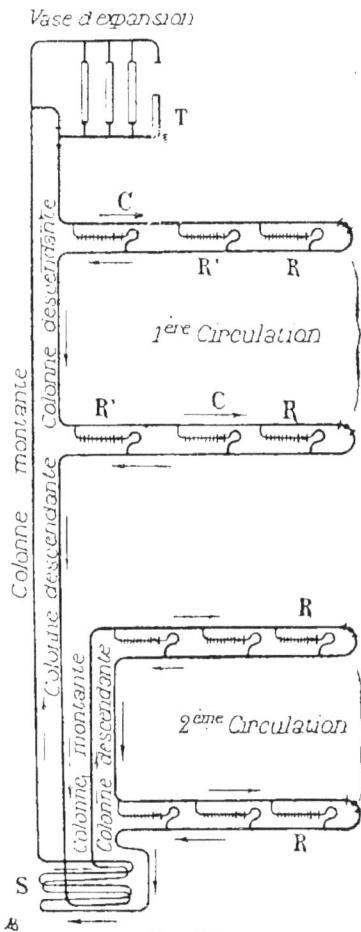

Fig. 155.

La portion du tube formant surface de chauffe, dans chaque élément, est d'environ le 1/6 du chemin total parcouru par la conduite.

Ce genre de chauffage présente une tuyauterie compliquée ; il est avantageux pour les édifices groupés méthodiquement autour d'un bâtiment central, comme les prisons, maisons de santé, pour les théâtres même; mais, dans ce dernier cas, on ne profite pas de la possibilité du réglage, puisque le chauffage se fait en bloc.

107. Autres dispositions. — Voici (*fig.* 156) deux autres

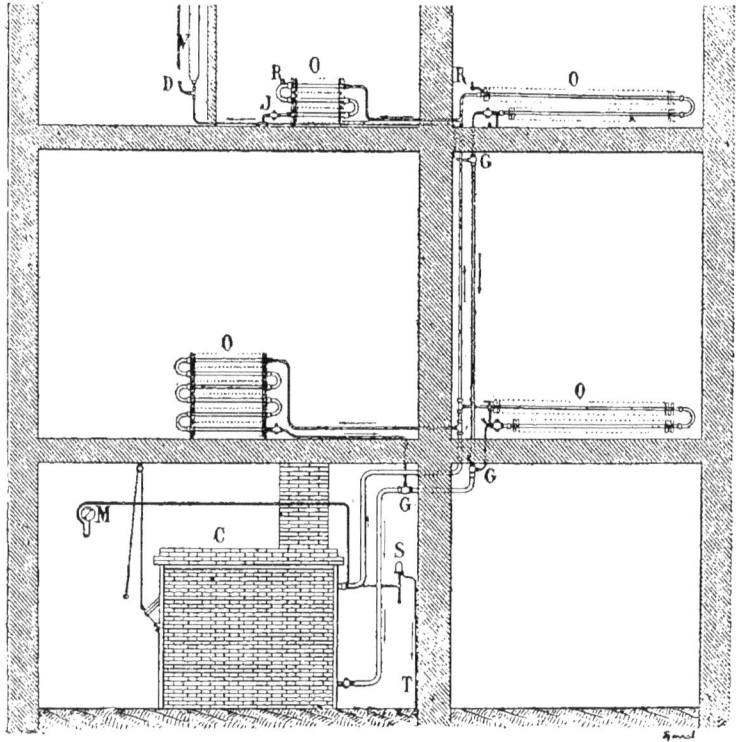

Fig. 156.

dispositions de chauffage par l'eau à petit volume, conçues dans un esprit un peu différent. MM. Grouvelle et Arquembourg emploient une chaudière à eau chaude, C, multitubulaire; la pression est limitée par une soupape S, timbrée à 20 kilogrammes; un manomètre à contacts électriques M, placé près de la chaudière, agit d'ailleurs sur une sonnerie dès que la pression atteint 15 kilogrammes. L'eau évacuée par la soupape S s'échappe par un tuyau T débouchant à l'extérieur.

La colonne montante est branchée sur le collecteur supérieur de la chaudière ; les surfaces de chauffe, représentées en O, sont constituées par des serpentins ou des tubes à ailettes de développement variable ; elles se raccordent aux colonnes montante et descendante par l'intermédiaire de *culottes d'embranchement* G, dont le détail est représenté à part (*fig.* 157); ces culottes sont disposées pour que le mouvement de l'eau chaude dans la conduite principale entraîne celui du branchement qui y aboutit ; un petit orifice o sert à l'évacuation de l'air qui se cantonne à la partie supérieure de la couronne.

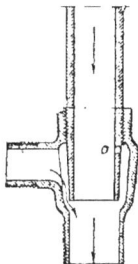

Le vase d'expansion V, constitué par des tubes de diamètre supérieur à celui de la canalisation (principale ($0^m,08$ environ) est fermé par une soupape chargée d'un poids suffisant pour qu'elle ne puisse se lever que

FIG. 157.

lorsque la pression pourrait devenir dangereuse ; il est vide à froid ; deux ou trois fois par semaine on remplace l'eau perdue pendant la marche à l'aide du té de remplissage D. Des robinets purgeurs sont placés au point le plus élevé de chaque circulation élémentaire et permettent d'évacuer l'air accumulé.

La commande de réglage se fait, pour chaque appareil de chauffe, au moyen d'un robinet dit *de jauge*, J, placé à la sortie des poêles (comme les robinets R' de l'exemple précédent).

L'inconvénient de ce système provient de ce qu'il n'est pas possible de régler convenablement le chauffage de chaque pièce ; lorsqu'on supprime la circulation dans un appareil, immédiatement la température de tous les autres se trouve augmentée.

La figure 158 représente l'ensemble d'un chauffage établi par la maison Sée ; on voit qu'il se rapproche tout à fait des installations réalisées avec l'eau à grand volume.

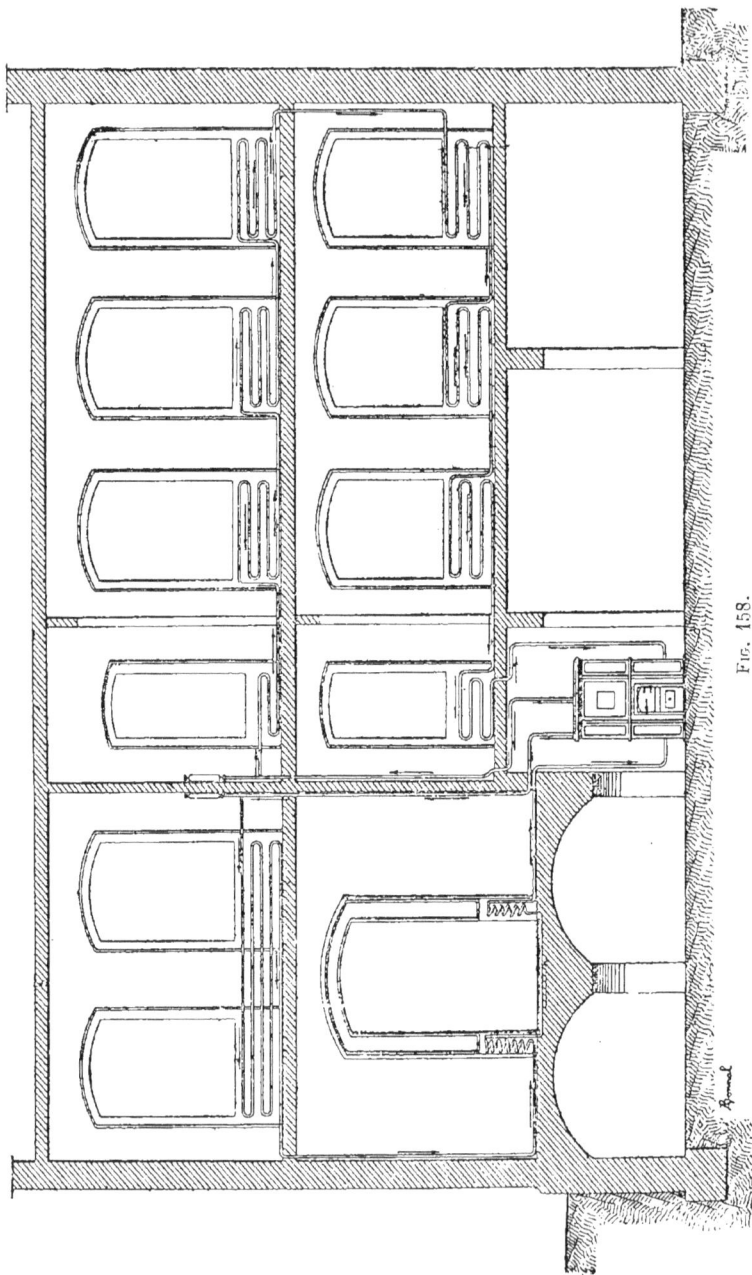

Fig. 158.

§ 4. — Détails d'installation

108. Chaudière Grouvelle, etc. — Plusieurs constructeurs et notamment MM. Gandillot, Sée, etc., ont modifié le foyer primitif Perkins, représenté par la figure 154, pour augmenter le développement de la surface de chauffe et appliquer le principe de l'alimentation continue qui a fait le succès de tant d'appareils.

La chaudière Geneste, appliquée au chauffage microsiphon, est plus spéciale ; elle a été étudiée pour recevoir, dans un espace restreint, un certain nombre de circulations élémentaires et pour assurer leur chauffage uniforme.

La chaudière Grouvelle (*fig.* 159) est du genre multitubulaire : elle est construite pour pouvoir résister à une pression de 200 kilogrammes par centimètre carré. La surface de chauffe est constituée par une série de serpentins en fer, formés chacun par un tube plusieurs fois recourbé à 180° sur lui-même ; ces serpentins réunissent deux collecteurs, haut et bas, où viennent se brancher les conduites de départ et de retour. Une cloison en fonte, C, que traversent les coudes antérieurs des serpentins intermédiaires, forme chicane et oblige les gaz du foyer à se rabattre pour atteindre le conduit de fumée. Le combustible est introduit dans une trémie inclinée assurant la marche continue du foyer ; la grille est en deux parties, une inclinée à 45°, l'autre horizontale. Le réglage du feu se fait par un clapet à vis placé dans la porte du cendrier.

L'ensemble de la chaudière est entouré d'une enveloppe en maçonnerie, solidement armée pour résister aux effets de la dilatation.

109. Appareil Chibout. — Le mouvement de l'eau dans les conduites étant déterminé par la différence de poids de deux colonnes d'eau chaude de densités presque égales, est naturellement assez lent. M. Chibout applique, dans ses installations de chauffage par l'eau chaude à grand ou à petit volume, une disposition qui permet l'accélération du mouvement de l'eau dans les conduites, ainsi que le développement de

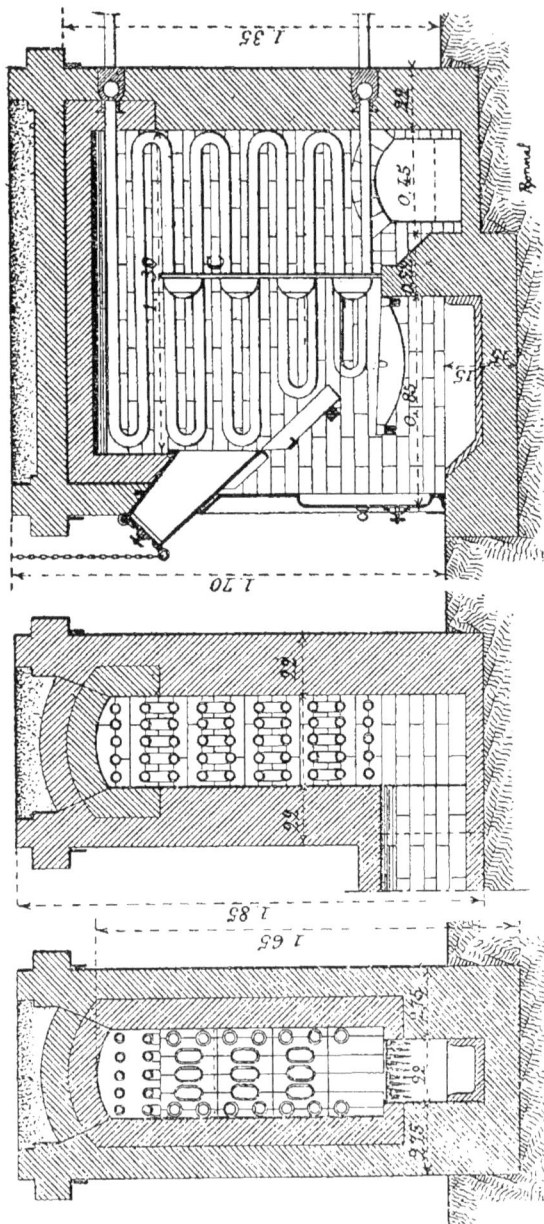

Fig. 150.

l'étendue des surfaces de chauffe alimentées par une même circulation.

Le principe de cette disposition est représenté par la figure 160. La chaudière C est surmontée d'un réservoir auxiliaire B, communiquant lui-même par l'intermédiaire d'un clapet de retenue A, avec la colonne montante. En D est un clapet de retenue, qui n'interrompt pas, lorsqu'il est fermé,

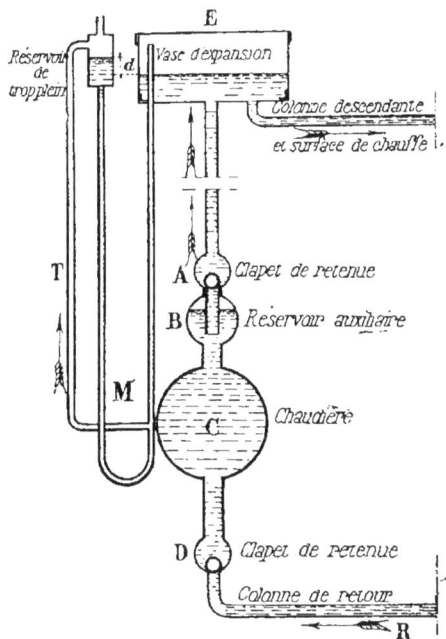

Fig. 160.

toute communication entre la chaudière et le retour d'eau.

En M est un manomètre à eau, avec tubulure d'échappement de la vapeur d'eau à l'air libre, T. Le vase d'expansion E est fermé. En chauffant l'eau de C, une certaine quantité de vapeur se cantonne en B jusqu'à ce que sa pression soit supérieure à la colonne d'eau placée au-dessus d'elle. A un moment donné, l'eau soulève le clapet A, et passe dans le vase d'expansion E, jusqu'au moment où la pression de la vapeur qui s'échappe de B soit devenue la même qu'en E. En même temps, l'eau de retour, par suite de l'appel produit en E, s'introduit par le clapet de retenue D ; l'appel produit dans la chaudière, agissant simultanément avec l'augmentation de la charge en E, détermine une circulation active dans la colonne descendante et dans les appareils de chauffe ; et ainsi à chaque pulsion produite.

Les chocs qui pourraient résulter de l'introduction brusque dans la chaudière, d'une certaine quantité d'eau relativement froide, sont évités par le fait de la communication constante entre la chaudière et le retour par le siège du clapet, communication produisant une sorte d'abaissement progressif de la température de l'eau mise en mouvement à chaque pulsion.

110. Canalisation. — Les bouts de tubes qui constituent la canalisation ont de 2 à 5 mètres. Dans le chauffage Perkins ils sont terminés par deux taraudages de sens inverse (*fig.* 161); l'une des deux extrémités du tube est dressée d'équerre sur l'axe, l'autre est taillée en biseau assez aigu ; un manchon taraudé droite et gauche produit le serrage des deux bouts de tubes en présence, jusqu'à ce que le biseau pénètre d'une

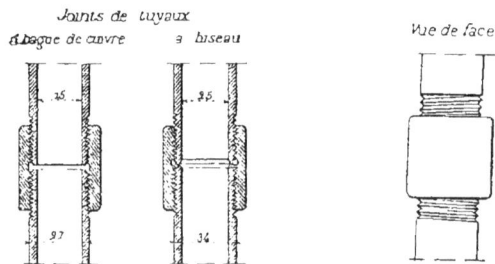

Fig. 161.

certaine quantité dans la partie dressée. Les bouchons qui terminent la canalisation sont serrés de la même façon. Dans d'autres cas, le joint est fait par une bague de cuivre qui s'écrase entre la partie extérieure des tubes et le manchon, par suite du serrage produit.

Ces tuyaux se placent généralement au pied des plinthes, soit découverts, soit masqués par un léger grillage.

Le robinet de jauge Grouvelle, permettant de régler le chauffage dans chaque appareil, est représenté figure 162; il se compose d'un boisseau taraudé dans lequel tourne une clef C pressée par un ressort inférieur R.

Pour manœuvrer la clef, il faut d'abord enlever le chapeau pour découvrir le carré, puis tourner à l'aide d'une poignée mobile; le réglage fait, on remet le chapeau pour être à l'abri de toute manœuvre intempestive des occupants.

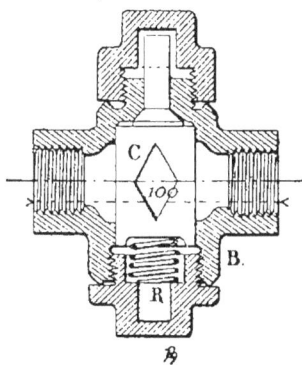

Fig. 162.

111. Surfaces de chauffe et enveloppes.

— Les surfaces de chauffe sont souvent constituées par des circulations partielles, enroulées en forme de serpentin (*fig.* 154) et enfermées dans des enveloppes en tôle ou en fonte ajourée de formes appropriées.

On emploie également des tuyaux à ailettes en fer de $0^m,25$ de diamètre; les ailettes en fer, excentrées, sont rapportées et solidement frettées. On les dispose généralement dans les allèges des fenêtres (*fig.* 158) sans trop les rapprocher, pour permettre la circulation de l'air et le nettoyage. Les enveloppes en tôle ajourée forment des panneaux dont les montants sont constitués par des fers plats vissés sur tasseaux. On peut également ajouter une plinthe et une corniche pour donner du raide à l'ensemble. Une ouverture permet d'accéder au robinet de réglage.

Ces dispositions peuvent d'ailleurs varier à l'infini, selon la place et le luxe des appartements à chauffer.

112. De quelques éléments de calcul.

— Dans ce système de chauffage on compte de 10 à 17 mètres carrés de surface de tuyaux (Perkins) pour 1.000 mètres cubes à chauffer; le diamètre extérieur des conduites ne dépasse pas $0^m,07$. La capacité du vase d'expansion varie entre le 1/15 et le 1/20 de l'eau circulant dans les conduites. Pour le foyer on estime que la surface du serpentin en contact avec le feu est le 1/10 de la surface totale, et qu'il faut 30 centimètres carrés de surface de grille pour 1 mètre de serpentin. Lorsque la surface de chauffe est constituée par des tuyaux à ailettes, on peut compter sur un rendement de 500 calories par mètre carré.

Le développement total d'une circulation n'excède jamais 200 mètres.

L'inconvénient de ce genre de chauffage provient des soins qu'exige l'installation, du choix judicieux des tuyaux, de l'exécution des joints. Il est nécessaire que la canalisation et le vase d'expansion soient essayés à une pression de 200 atmosphères, sans donner lieu à aucune fuite. L'essai se fait au moment du remplissage ; dans ce but, on se sert d'une pompe foulante permettant d'obtenir la pression d'épreuve.

CHAPITRE VIII

CHAUFFAGE PAR LA VAPEUR

---

§ 1. — Généralités
CHAUFFAGE PAR LA VAPEUR A HAUTE PRESSION

113. Chauffage d'un atelier par la vapeur d'échappement.
— La première réalisation pratique d'un chauffage par la
vapeur s'est faite dans les ateliers où l'on pouvait sans inconvénient utiliser la vapeur d'échappement du moteur. Toutefois on s'est trouvé arrêté au début par certaines difficultés,
vaincues facilement, grâce à certaines précautions qu'il est
nécessaire de prendre, pour se trouver dans de bonnes conditions de fonctionnement. Ce sont les suivantes :

1° Au départ du moteur, la vapeur d'échappement doit,
autant que possible, passer dans un réservoir où elle se
débarrasse de l'eau qu'elle contient ; de la partie supérieure
du réservoir partent les prises de vapeur distinctes destinées
à alimenter telle ou telle partie de l'atelier ; chaque conduite
porte un robinet permettant de l'isoler complètement du
chauffage ; une conduite spéciale sert d'échappement à l'air
libre, lorsque tous les services sont arrêtés, en été, par
exemple ;

2° Les moteurs ordinairement employés étant à graissage,
a vapeur d'échappement est toujours chargée de matières
grasses qui encrassent les conduites et les poêles et diminuent
la transmission ; il ne faut donc songer à l'utiliser que dans
les tuyaux d'un certain diamètre, qui diminuent ces inconvénients ;

3° Les conduites employées pour le chauffage pourront
être à parois lisses ou à nervures, mais elles devront communiquer directement avec l'atmosphère, à leurs extrémités,

ou porter une soupape équilibrée à $0^{kg}.1$, pression minima de la vapeur d'échappement. Ces conduites doivent avoir une section au moins égale à celle du tuyau d'échappement de la machine et présenter dans leur parcours le moins de coudes et de changements de direction possible, pour ne pas produire de contre-pression nuisible au fonctionnement du moteur ;

4º Lorsque la machine est à condensation, on peut utiliser, sans nuire au vide, une partie de la vapeur d'échappement. A cet effet, on place à la sortie du cylindre un robinet distributeur (Chaize), qui permet de faire varier dans toutes proportions la quantité de vapeur introduite, soit dans le condenseur, soit dans la conduite de chauffage. Cette dernière porte un clapet qui ferme la communication avec le cylindre après chaque introduction ; la vapeur et l'eau condensées dans le parcours reviennent par un tuyau purgeur au condenseur ;

5º Il est toujours possible d'utiliser la vapeur d'échappement d'un moteur, soit qu'on consomme cette vapeur avec la pression de sortie du cylindre, ce qui permet d'établir une installation économique, à la condition qu'elle soit sans réglage, soit qu'on la fasse détendre, ce qui oblige à augmenter l'étendue des surfaces de chauffe, mais permet la marche à condensation. Quoi qu'il en soit, cette utilisation n'est jamais parfaite ; il est clair que la quantité de chaleur nécessaire, variable avec la température extérieure, exige un volume de vapeur que le générateur serait parfois dans l'impossibilité de fournir ; dans d'autre cas, la marche du moteur doit être d'une régularité telle qu'on ne peut songer à modifier si peu que ce soit l'échappement. S'il faut recourir à la vapeur d'admission pour accélérer le chauffage, il y a avantage à séparer complètement ce service et à faire l'alimentation par un générateur spécial auquel on donnera des dimensions suffisantes pour assurer un réglage parfait. On ne devra donc établir ce genre de chauffage que lorsque le bénéfice de l'installation, grâce à sa simplicité, sera bien réel, et il faudra toujours prévoir un certain nombre d'appareils pour obvier à l'insuffisance de chauffage à certaines époques.

114. Des divers modes de chauffage par la vapeur. — Du fait que l'on peut faire varier dans de grandes proportions la pression de la vapeur, on distingue trois modes de chauffage :

1° Le chauffage à vapeur à haute pression ;

2° Le chauffage à vapeur à moyenne pression ;

3° Le chauffage à vapeur à basse pression ou sans pression.

Dans le premier système, la pression de la vapeur varie entre 4 et 9 kilogrammes : un générateur spécial alimente les appareils de chauffage, ou bien on emploie la vapeur d'échappement et celle formée par une prise directe au générateur ; dans ce cas, un régulateur de pression est nécessaire. En utilisant la vapeur à une pression élevée, on a l'avantage de réduire au minimum les frais de premier établissement, les dimensions de la canalisation étant très petites : on peut atteindre, en outre, un développement de conduites dépassant 1 kilomètre, avec la certitude d'avoir une circulation de vapeur satisfaisante aux points les plus éloignés du générateur. On applique ce mode de chauffage dans les ateliers et dans les grands établissements industriels, où les fuites, les bruits et les claquements n'ont pas d'importance. Toutefois il est indispensable d'avoir une canalisation très solide, des appareils de chauffe robustes et des joints soigneusement exécutés.

Le chauffage à moyenne pression utilise de la vapeur entre 1 et 4 kilogrammes ; celle-ci est produite par un générateur timbré à 5 kilogrammes, par exemple, ou à 10 et même 15 kilogrammes ; dans cette dernière hypothèse, la vapeur devra se détendre à la pression maxima admise pour le chauffage, à travers des appareils spéciaux nommés *détendeurs* ou *régulateurs de pression* ; ces appareils seront placés le plus loin possible de la chaudière, afin d'utiliser la grande vitesse d'écoulement de la vapeur ; on les disposera, en général, à l'entrée des divers corps de bâtiments à desservir et on les fera suivre immédiatement d'une soupape de sûreté timbrée à la pression admise et qui fonctionnera en cas de dérangement du détendeur.

Ce genre de chauffage est applicable aux édifices publics, aux prisons, écoles, hôpitaux, etc. ; lorsque l'installation est bien faite, qu'il n'existe pas de contre-pentes dans la canalisation, on n'a pas à craindre de bruits ; les fuites sont rares et moins dangereuses que dans le premier mode, et les appareils de chauffage moins lourds, puisqu'ils n'ont à résister qu'à une faible pression. Le développement de la canalisation peut atteindre 800 mètres.

Le chauffage à basse pression ou sans pression s'est très répandu dans ces dernières années, à cause de la facilité de conduite des appareils générateurs, qui n'exigent pas d'employés spéciaux et fonctionnent très régulièrement; ces divers modes seront étudiés spécialement aux paragraphes suivants.

115. REMARQUE. — Les générateurs employés pour la production de la vapeur n'appartiennent pas exclusivement à une catégorie déterminée d'appareils ; dans un chauffage, les chaudières les plus avantageuses sont celles qui se mettent le plus rapidement en pression. L'alimentation se fait exclusivement avec l'eau de condensation; il n'y a donc pas à craindre d'incrustations, et l'on peut employer les différents systèmes de chaudières multitubulaires de types connus : Belleville, De Naeyer, Dulac, etc. Pour le chauffage à basse pression, les constructeurs ont créé des générateurs appropriés qui seront décrits ultérieurement (125).

Les canalisations de vapeur s'établissent de la même façon que pour l'eau chaude, sauf dans quelques cas particuliers qui seront signalés au cours de ce chapitre ; voir, à ce sujet, l'étude qui a été faite au n° 99.

Quant aux appareils de chauffage, ils seront décrits rapidement avec les installations où ils trouvent leur emploi.

116. **Chauffage des ateliers par la vapeur à haute pression.** — On distingue deux modes principaux de circulation :

1° La vapeur chemine dans des conduites suspendues dans les locaux à chauffer, à une hauteur au-dessus du sol, variant de 2m,50 à 3 mètres (filatures, tissages). Les tuyaux peuvent être supportés par des supports à rouleaux disposés sur les colonnes de l'atelier, ou suspendus à l'extrémité de tiges librement accrochées sous les entraits des fermes.

Lorsque la condensation de l'eau produite le long des vitrages du comble est un inconvénient sérieux pour le travail, on est obligé de développer considérablement la surface

ouvriers, ou dans des caniveaux placés dans le sol de l'atelier; de chauffe; on établit alors une double canalisation (papeteries).

2° La vapeur circule à la partie basse, sous les établis des

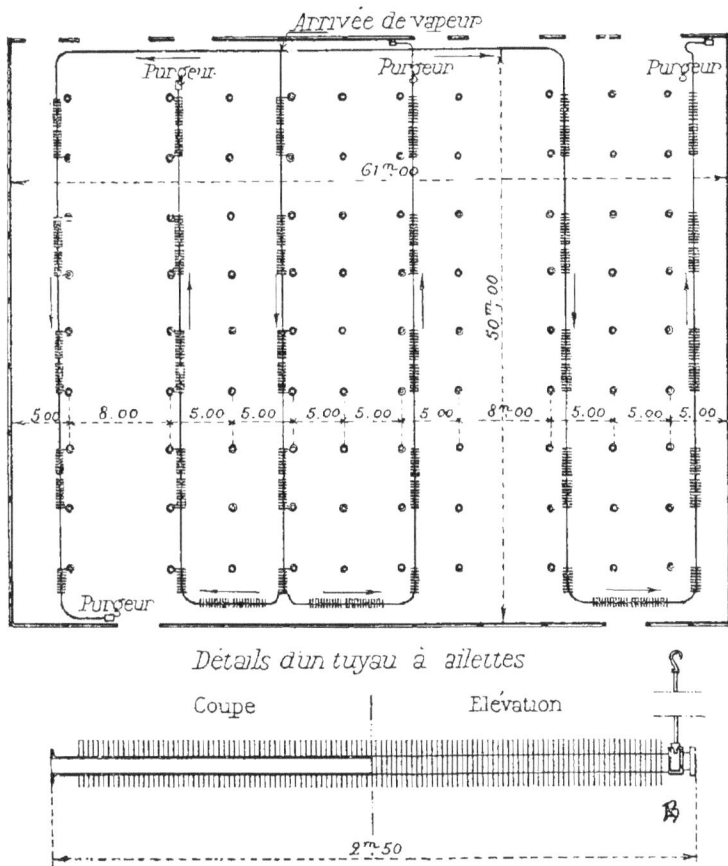

Arrivée de vapeur

Purgeur   *Purgeur*   *Purgeur*

61^m.00

50^m.00

5.00   8.00   5.00   5.00   5.00   5.00   5.00   8^m.00   5.00   5.00   5.00

Purgeur

Détails d'un tuyau à ailettes

Coupe | Elévation

B

2^m.50

Fig. 103.

ce dernier mode est peu économique, puisqu'il n'utilise qu'une partie de la chaleur rayonnante.

Dans presque tous les cas il est nécessaire d'avoir une pompe spéciale pour l'alimentation du générateur; rarement, en effet, la conduite est assez haute pour produire une pression d'eau suffisante dans le tuyau de retour de l'eau condensée pour alimenter directement la chaudière.

Les conduites de grand diamètre (0^m,200 et au dessus) se font en tôle soudée, avec joints à brides et bagues en cuivre. Pour les tuyaux courants on emploie les modèles commerciaux en fonte. Tous les joints et raccords sont parfaitement exécutés.

La majorité des surfaces de chauffe suspendues sont constituées par des tuyaux en fer à ailettes excentrées (*fig.* 169); en Angleterre, on emploie des disques carrés en laiton ou en cuivre de 0^m,25 de côté environ, entrés à force sur des tuyaux en fer étiré. Lorsqu'on dispose un chauffage par poêles à vapeur, on choisit ceux-ci parmi les plus simples et les plus robustes.

La figure 163 représente l'ensemble d'un chauffage industriel avec surface de chauffe à ailettes et conduites suspendues, établi par la maison Sée.

§ 2. — Chauffage par la vapeur a moyenne pression

117. Généralités. — Réglage. — Lorsqu'on a un édifice à chauffer avec de la vapeur à pression moyenne, il est nécessaire d'amener la vapeur à la partie supérieure du bâtiment, car il faut, autant que possible, que l'eau de condensation et la vapeur circulent toujours dans le même sens.

Toutefois, lorsque la circulation se fait dans des tuyaux de petit diamètre et que la vapeur circule avec une grande vitesse, cette vitesse suffit à entraîner l'eau de condensation, quel que soit le sens de la circulation; lorsque les conduites sont de grand diamètre et que la vitesse de la vapeur est faible, il faut leur ménager une légère pente descendante; en outre, dans les grandes canalisations, il est nécessaire d'installer, tous les 25 à 30 mètres, un *purgeur automatique*, pour entraîner les eaux de condensation qui se produisent; les *pinces* et les coudes doivent être prévus, comme dans les circulations d'eau chaude.

La circulation la plus simple est constituée par un aménagement des surfaces de chauffe en sous-sol; ces surfaces
prennent la forme de véritables calorifères à vapeur, composés d'éléments groupés de manière à tenir le moins de
place possible.

Dans les maisons de rapport, dans les magasins, où cette
disposition ne pourrait pas s'appliquer, on disposera les surfaces de chauffe dans des gaines verticales, analogues à celles
indiquées sur la figure 140; de cette façon, on évitera de placer
les poêles dans les appartements.

La disposition la plus généralement adoptée est représentée
figure 164. La conduite de départ, en sortant de la chau-

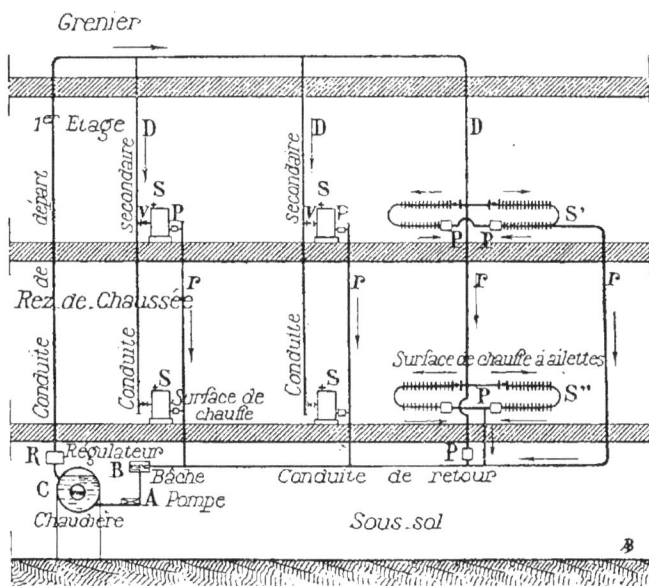

Fig. 164.

dière C, traverse un régulateur de pression R, puis monte
directement dans les combles; de là elle suit une pente
régulière sur toute la longueur du bâtiment et alimente plusieurs distributions secondaires D. Les surfaces de chauffe S,
placées sur une même verticale, partent des branchements

aboutissant aux branchements de retour r; en S' et S″ sont figurées des surfaces de chauffe constituées par des tuyaux à ailettes ; à la sortie de chacun des appareils S, S', S″, et quelquefois à la partie inférieure des conduites D, sont disposés des purgeurs P, destinés à ne laisser passer dans la conduite de retour que de l'eau condensée.

La conduite de retour, placée dans le sous-sol, aboutit à la bâche d'alimentation B, d'où l'eau est prise par une pompe d'alimentation A, qui la ramène à la chaudière C.

Lorsqu'on est obligé d'établir plusieurs surfaces de chauffe sur une même circulation horizontale, il faut, pour pouvoir régler séparément chaque poêle, disposer, à l'entrée de chacun d'eux, un robinet de commande, et à la sortie, un purgeur ; tous les purgeurs aboutiront à une conduite de retour secondaire. Dans ce genre de chauffage on emploie deux procédés de réglage ; le premier, représenté sur la figure 164,

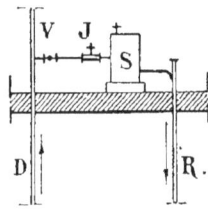

Fig. 165.

consiste à isoler le tuyau de retour par un purgeur automatique P ; pour faire le réglage, on laisse passer une plus ou moins grande quantité de vapeur par le robinet V. On ne modifie donc pas la pression, mais le poids de la vapeur alimentant chaque surface de chauffe (Geneste).

Dans la seconde méthode, l'organe séparateur de la canalisation d'amenée et de celle de retour R (fig. 165) se trouve entre la surface de chauffe et le tuyau d'amenée. Cet appareil J, nommé robinet de jauge, et dont le détail est figuré sur l'ensemble du chauffage Grouvelle, ne laisse condenser que la quantité de vapeur que la surface de chauffe peut condenser par les plus grands froids. Il n'y a donc plus que de l'eau à la sortie de S, et le purgeur est supprimé de ce fait. Il est inutile de se servir du robinet V ; il suffit, pour faire varier la quantité de vapeur qui doit passer par J, de faire varier la pression ; ces variations s'obtiennent à l'aide du régulateur de pression placé dans la chambre de chauffe; le robinet V ne s'emploie donc qu'accidentellement, pour isoler complètement l'appareil, par exemple.

118. REMARQUES. — Il n'y a pas toujours lieu d'employer un détendeur de vapeur à la sortie de la chaudière C; celle-ci peut être timbrée, en effet, à la pression que doit présenter tout le chauffage. De même, dans certains cas, on pourra brancher directement le tuyau de retour de l'eau condensée avec la conduite d'alimentation; il suffit pour cela que l'on puisse disposer d'une pression de 3 à 4 mètres d'eau, entre l'appareil de chauffe le plus bas et le niveau de l'eau dans la chaudière; dans ces conditions on peut supprimer la pompe. Dans une grande ville on pourra, de temps en temps, remplacer l'eau perdue pendant le fonctionnement, en remplissant simplement la chaudière avec l'eau de ville, qui se trouve toujours à une pression élevée.

Dans la pose de la canalisation il y aura lieu, au passage des portes, d'établir un siphon inférieur, pour le passage de l'eau condensée, et un siphon supérieur, et de munir celui-ci d'un purgeur d'air (*souffleur*), afin d'éviter que la vapeur produite par les eaux de retour, formant contre-pression, n'empêche les purgeurs placés au voisinage de fonctionner régulièrement.

On placera de préférence la canalisation dans les escaliers de service et les couloirs; à la traversée des murs et des plafonds, on devra toujours disposer des *fourreaux* d'assez grand diamètre, et, à chaque passage, on mettra deux paires de brides ou raccords; ces précautions sont indispensables pour la facilité des réparations.

Les *souffleurs*, petits tubes à robinet ou à vis placés aux points culminants de toutes les circulations élémentaires (poêles, siphons, etc.), doivent être ouverts à chaque mise en marche, et même quelquefois pendant la marche, pour donner issue à l'air cantonné à la partie supérieure des appareils. Pour éviter que les conduites ne s'aplatissent dans certaines parties, par suite du vide produit par la condensation de la vapeur après un arrêt, on pourra disposer aux endroits faibles des soupapes à air ou *reniflards*, qui s'ouvriront sous l'excès de la pression atmosphérique; habituellement, l'installation est assez robuste pour résister à une pression de 4 et 5 atmosphères, et ces appareils sont superflus.

119. Chauffage Geneste. — Purgeurs. — L'ensemble d'un tel chauffage est représenté sur la figure 164 ; c'est une des dispositions les plus simples qui se présentent dans la pratique ; mais on voit facilement que le nombre d'appareils à manœuvrer devient considérable pour une installation de quelque importance, dont les locaux sont indépendants les uns des autres ; chaque surface de chauffe porte un robinet de commande qu'il faut manœuvrer souvent plusieurs fois par jour ; de plus, les purgeurs sont des appareils peu décoratifs, coûteux d'installation et d'entretien, et quelquefois d'un fonctionnement très incertain.

Les surfaces de chauffe sont soit des radiateurs en fer ou en fonte (*fig.* 166 et 167), soit des poêles-calorifères composés

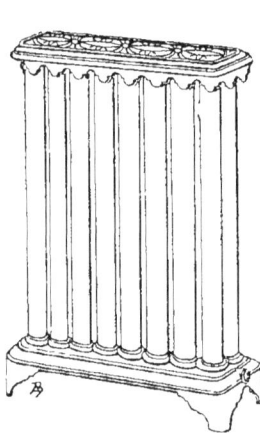 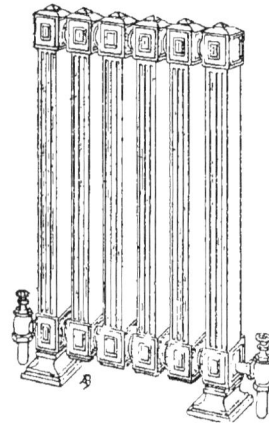 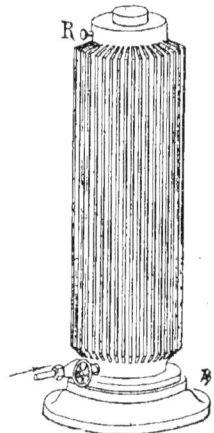

Fig. 166.   Fig. 167.   Fig. 168.

d'un cylindre en fonte entouré ou non d'un repos de chaleur (*fig.* 168) ou d'un corps tubulaire qui a pour effet d'augmenter la surface de transmission. Enfin on a souvent avantage à loger les poêles à vapeur dans les allèges des fenêtres, comme il est indiqué sur la figure 169 ; dans ce cas, le tuyau d'arrivée passe soit dans les plinthes en tôle ajourée, soit sous les corniches des lambris, à hauteur variable ; chaque poêle porte un robinet de commande R et un purgeur P.

Les purgeurs employés dans les chauffages à vapeur sont extrêmement nombreux; en principe, les meilleurs sont ceux qui tiennent peu de place, s'encrassent difficilement, se nettoient rapidement, restent étanches et sensibles à l'action de la vapeur; bien peu remplissent ces conditions.

Les purgeurs sont des appareils destinés à permettre à l'eau de condensation des appareils de chauffage de se rendre dans la canalisation de retour, *sans donner passage à la vapeur.*

½ Coupe en long   ½ Élévation   Coupe en travers

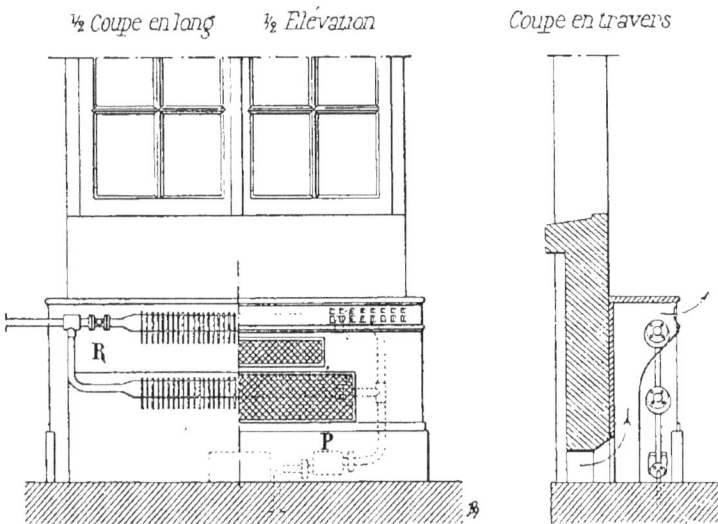

Fig. 169.

On peut les classer en deux groupes: les purgeurs *à flotteur,* et les purgeurs *à dilatation.*

Le purgeur à flotteur ou à contrepoids de Geneste et Herscher est représenté sur la figure 170; l'arrivée de vapeur et d'eau se fait à la partie supérieure, en A; un grillage fin empêche les corps en suspension de boucher l'orifice de sortie qui se trouve à la partie inférieure, en B. Le flotteur F suit les variations de niveau de l'eau, et agit par l'intermédiaire d'une bielle articulée, pour découvrir l'orifice d'évacuation. Sur le côté de l'appareil, on dispose une soupape   air, s'il y a lieu (*fig.* 170).

Le purgeur à dilatation Grouvelle, représenté à la figure 171, se compose essentiellement d'un tube en laiton plissé, terminé par un pointeau obturant plus ou moins l'orifice d'entrée de vapeur et d'eau condensée ; à froid, l'orifice est complètement ouvert ; il n'y a aucun frottement dans la marche,

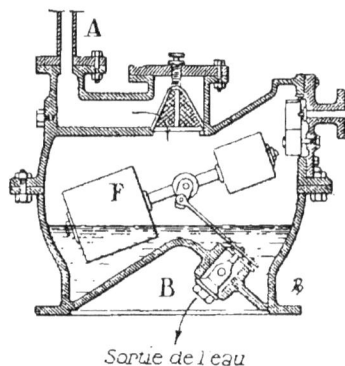

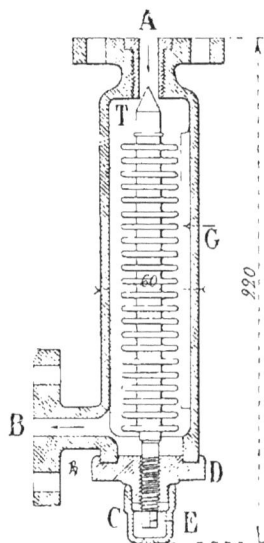

Fig. 170.   Fig. 171.

le tube étant simplement guidé dans des glissières G. Le réglage de l'appareil s'obtient en tournant dans le sens convenable l'écrou E ; le nettoyage se fait en déboulonnant le bouchon D ; on sort tout l'appareil sans modifier le règlement du tube, le chapeau restant en place.

120. Chauffage Grouvelle. — Servo-régulateur et régulateur de pression. — Jauge.

Dans ce système de chauffage, représenté par la figure 172 schématiquement, la vapeur sortant du générateur est dirigée vers des régulateurs de pression R, convenablement répartis dans les locaux à chauffer, et commandant chacun un groupe de surface de chauffe S.

Un servo-régulateur O, placé, dans la chambre de chauffe, à portée du mécanicien, permet de faire varier, à distance,

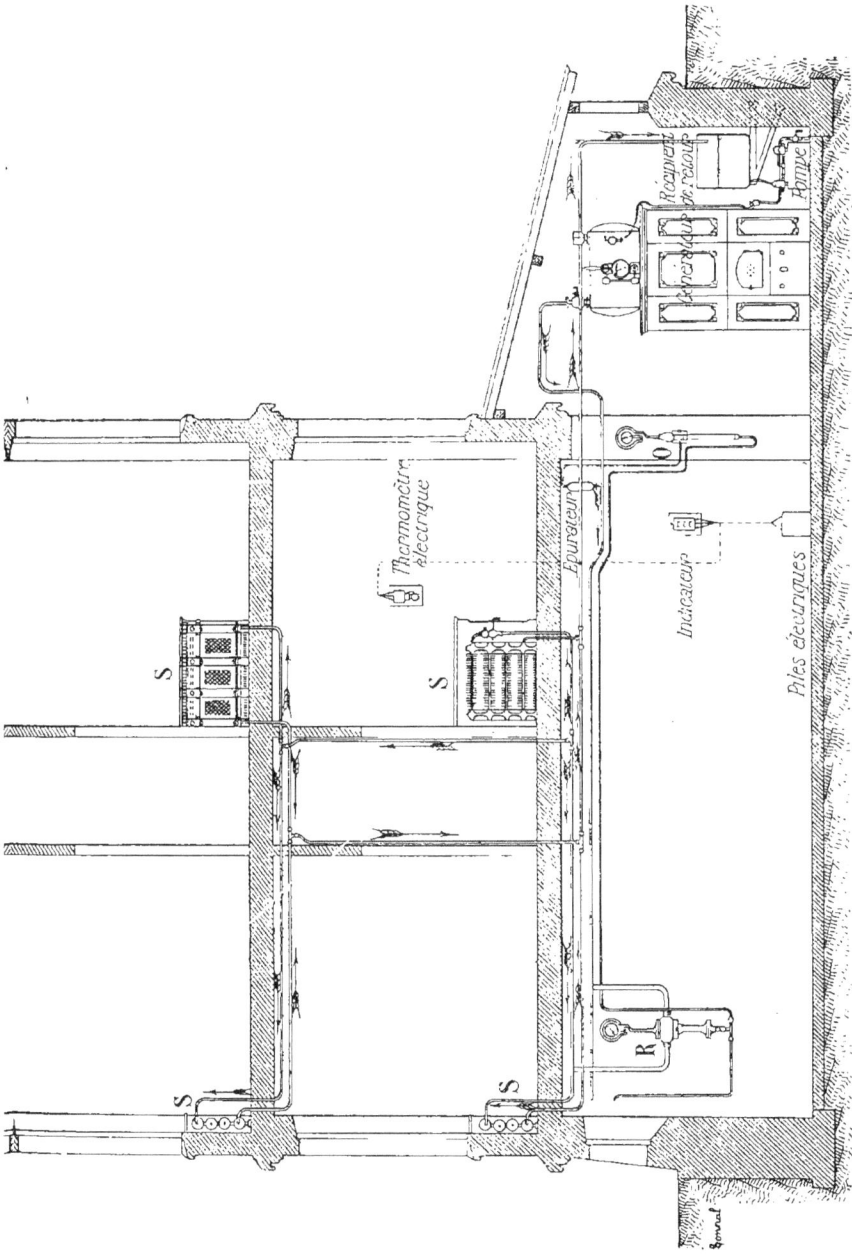

Thermomètre électrique

Épurateur

Robinet de retour

Pompe

Indicateur

Piles électriques

R

S

S

S

S

Renvoi

Fig. 172.

la pression de la vapeur dans la circulation[; ce servo-régulateur agit, en effet, par l'intermédiaire d'une tuyauterie spéciale, sur chacun des régulateurs R, qui deviennent ainsi des régulateurs asservis. En outre, sur chacune des surfaces de chauffe, est établi un robinet spécial de jauge, qui ne laisse passer que la quantité stricte de vapeur pouvant être condensée dans le poêle par les plus grands froids ; en avant (*fig.* 173), est la jauge proprement dite J ; en arrière, est un robinet modérateur de l'admission R, manœuvrable à l'aide

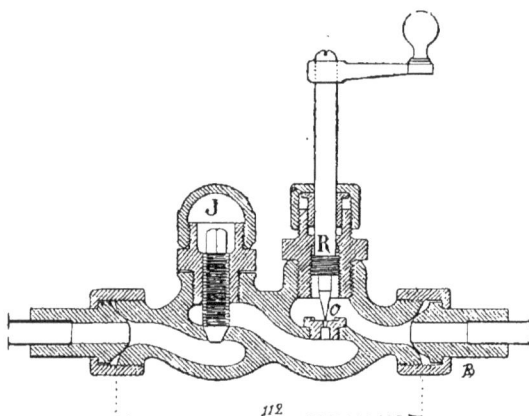

Fig. 173.

d'une manette, et permettant d'obturer plus ou moins l'orifice *o*, d'entrée de vapeur.

Chaque surface de chauffe est en libre communication avec le retour.

Les organes essentiels d'un tel chauffage sont donc : 1° le servo-régulateur représenté (*fig.* 174), et le régulateur asservi (*fig.* 175) ; l'ensemble du mécanisme est représenté schématiquement sur le croquis (*fig.* 176), où sont indiqués seulement deux régulateurs asservis ; on conçoit qu'il peut en exister un plus grand nombre, et qu'il est toujours possible de rendre l'un ou l'autre complètement indépendants en supprimant momentanément la communication avec le servo-régulateur.

Le servo-régulateur Grouvelle se compose d'une capacité cylindrique C, dans laquelle s'introduit la vapeur, au départ de la chaudière, par l'ouverture A ; la tension de la vapeur

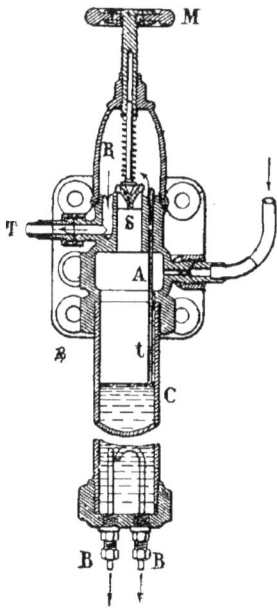

Fig. 174.

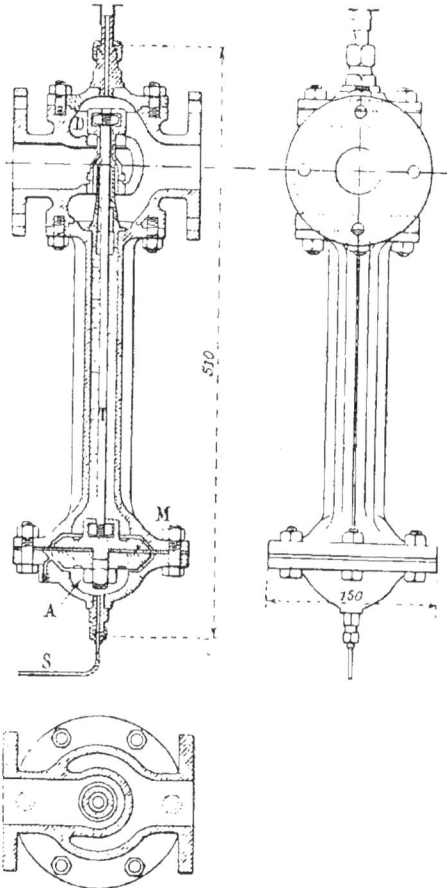

Fig. 175.

dans la chambre C est réglée par la soupape S, dont la charge varie à volonté suivant la tension du ressort R.

En agissant sur la molette M, on modifie la tension de R et, par suite, la pression que peut atteindre la vapeur en C ; par

suite de l'arrivée constante de vapeur en A, la pression tend
à s'accroître, la soupape se lève légèrement et laisse passer
une certaine quantité de fluide par le tuyau T. Un tube *t*
laisse également s'échapper la vapeur en excès et assure
l'invariabilité du niveau de l'eau glycérinée que contient C.
Le tuyau T conduit le mélange de vapeur et d'eau condensée

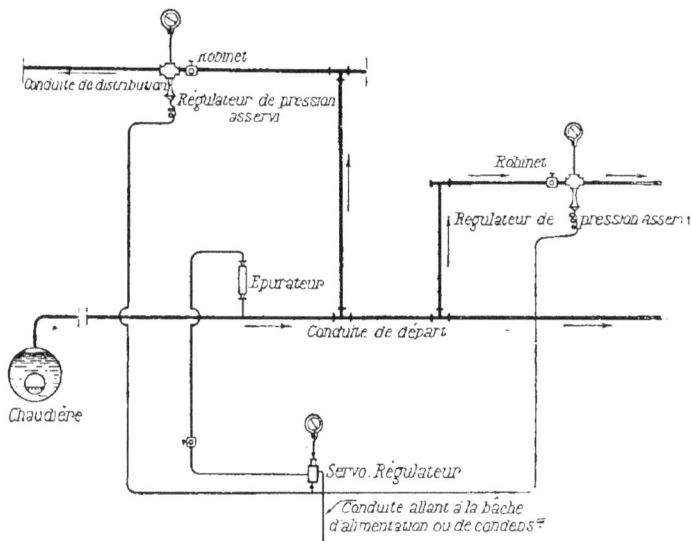

Fig. 176.

à la bâche d'alimentation. A la partie inférieure de l'appareil
sont disposés des tubes B qui transmettent la pression de la
vapeur en C, aux régulateurs de pression asservis.

Ces régulateurs (*fig.* 175) se composent essentiellement
d'une soupape équilibrée double D, manœuvrée par l'intermédiaire d'une tige T qui lui transmet les variations de
pression du liquide en A, par suite des oscillations de la
membrane flexible M, faisant corps avec T.

La pression en A est celle du servo-régulateur transmise
par le tuyau S; les mouvements de la membrane en caoutchouc M sont limités par deux disques qui occupent la partie
centrale.

La vapeur se détend donc plus ou moins, suivant que la pression croît ou décroît en A, c'est-à-dire suivant que le mécanicien charge ou décharge la soupape du servo-régulateur.

L'on se rend facilement compte que la canalisation générale finit par se compliquer, par suite de l'addition des conduites aboutissant aux régulateurs asservis ; néanmoins les constructeurs ont créé certains appareils supplémentaires, nommés régulateurs de température, qui ont pour but de régler automatiquement la température d'un local déterminé. Ces appareils sont eux-mêmes très compliqués, très coûteux par conséquent, et il suffira de les citer ici.

Le chauffage à moyenne pression, qui exige des ouvriers spéciaux pour conduire les appareils, n'est guère employé dans les maisons de rapport, par suite de la délicatesse des appareils ; par contre, le chauffage à basse pression convient très bien.

121. Autres systèmes. — Il existe évidemment bien d'autres systèmes de chauffage à moyenne pression ; dans chaque installation il y aura lieu de s'ingénier à appliquer le meilleur mode de répartition des appareils, tout en remplissant le mieux possible les conditions imposées par le programme. Ainsi, dans un chauffage peu étendu, il y aura avantage, dans certains cas, à utiliser une conduite unique de distribution, servant pour le départ et le retour de l'eau condensée, à la condition de lui donner un diamètre suffisant et une très forte pente.

On exécute depuis quelque temps des installations de chauffage combiné avec l'éclairage électrique. Le principe de ces installations est d'envoyer d'abord la vapeur du générateur dans un moteur à vapeur et d'utiliser ensuite la vapeur d'échappement de ce dernier, au chauffage de l'immeuble ; il est nécessaire toutefois, pour assurer le bon fonctionnement d'une telle installation, d'établir un appareil mélangeur automatique de vapeur d'échappement et de vapeur fraîche. MM. Kœrting ont imaginé un appareil mélangeur qui est en même temps un réducteur automatique de pression et qui permet de marcher, soit avec la vapeur directe que l'appareil réduit à la pression de $0^{kg},25$, soit avec la vapeur d'échappement seulement, quand il y en a assez, soit en mélangeant

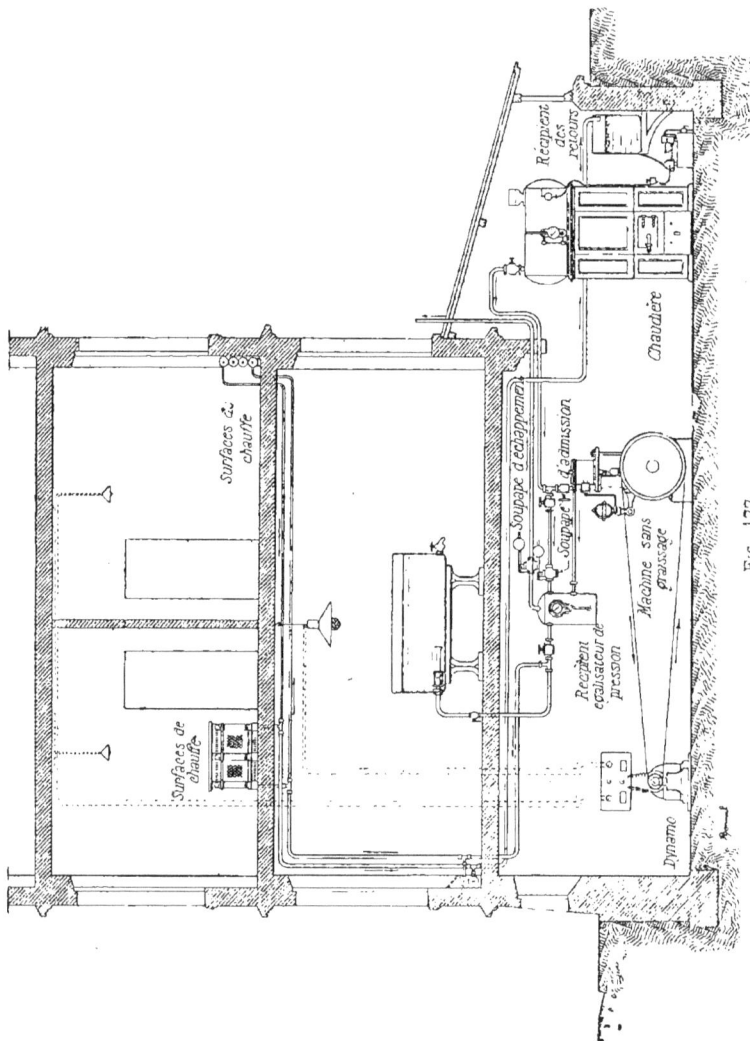

Fig. 177.

cette vapeur d'échappement avec la vapeur vive venant du générateur, dans le cas où ce dernier doit fournir un complément pour le chauffage de l'immeuble; il est clair, en effet, que les besoins en chaleur et en lumière ne sont nullement proportionnés.

Dans ce même ordre d'idées, on a indiqué (*fig.* 177), l'installation schématique d'un chauffage combiné Grouvelle, avec moteur sans graissage des cylindres et des tiroirs de distribution.

Ces dispositions sont très économiques ; il en est d'autres qui permettent de distribuer l'eau chaude, dans les maisons particulières ; il n'y a pas lieu d'insister sur ces installations.

§ 3. — CHAUFFAGE PAR LA VAPEUR A BASSE PRESSION

122. Généralités. — Ce mode de chauffage trouve surtout son emploi dans les maisons de rapport, hôtels particuliers, bureaux d'administrations, etc., où, généralement, l'on ne veut pas d'appareils de chauffage dans les locaux mêmes et *où la canalisation n'atteint pas un développement exagéré.* Dans ces conditions, la circulation de la vapeur dans les appareils n'exige qu'une pression modérée ne dépassant pas 1/4 à 1/3 de kilogramme.

Le chauffage à vapeur à basse pression revient, en moyenne, à 50 0/0 plus cher qu'un chauffage à air chaud, comme frais de premier établissement ; mais, grâce à l'emploi de régulateurs automatiques réglant le feu exactement, suivant la dépense de chaleur nécessaire dans l'immeuble, l'économie de chaleur couvre, en partie, le surplus de la dépense de première installation. Ce mode de chauffage, d'ailleurs très répandu, présente les avantages suivants :

Par suite de la faible pression et de la température relativement basse de la vapeur, la chaleur dégagée par les appareils de chauffage est très agréable ; le chauffage est *hygiénique*, car la carbonisation des molécules de poussières flottant dans l'air ne peut pas se produire.

Le fonctionnement de l'installation est absolument silencieux ; la *chaudière* employée pour ce chauffage se trouve classée dans la troisième catégorie, par le décret du 1er mai 1880, relatif aux appareils à vapeur ; elle peut donc

être placée dans n'importe quel endroit des lieux habités ;
enfin le chargement continu du foyer réduit au minimum

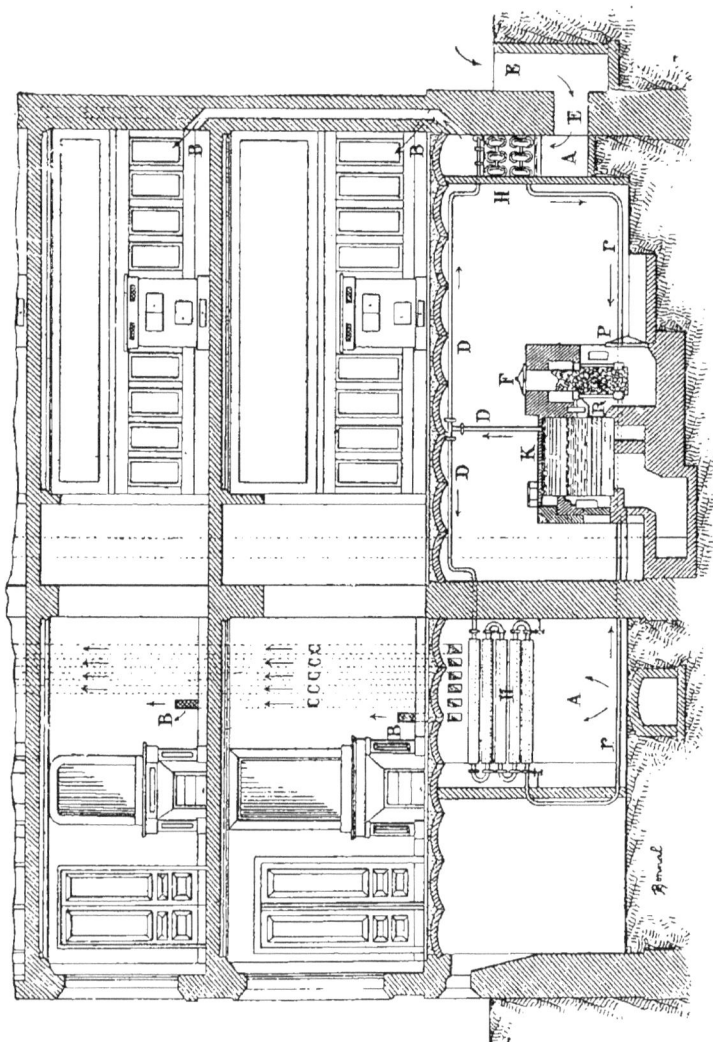

Fig. 178.

le travail du service de chauffage, car il suffit de remplir la
trémie deux fois par jour et de nettoyer le cendrier au moins
une fois.

On distingue, comme précédemment, deux sortes de chauffages à vapeur à basse pression :

1° Les surfaces de chauffe sont en sous-sol (*fig.* 178) ;

2° Les surfaces de chauffe sont dans les pièces à chauffer (*fig.* 179).

Le premier mode, représenté sur la figure 178, trouve souvent son emploi pour les maisons de rapport, mais il a l'inconvénient d'immobiliser une partie des caves ; le second convient plus particulièrement aux écoles, asiles, hôpitaux, etc., et aux habitations privées, moyennant un certain luxe de décoration dans les appareils de chauffe.

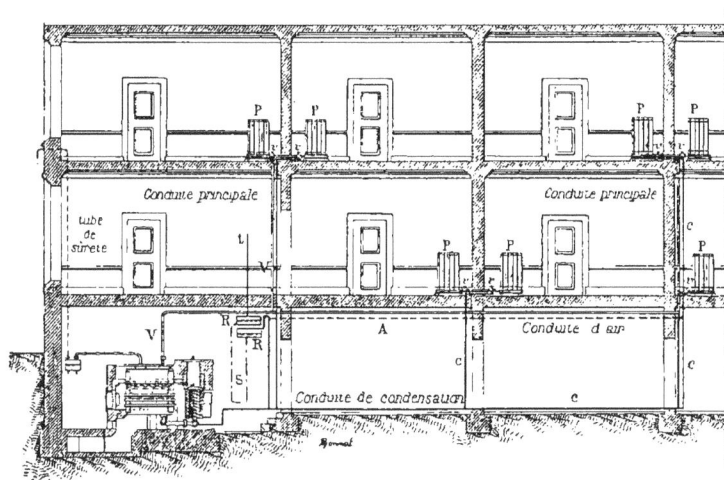

Fig. 179.

1° La chaudière produisant la vapeur d'eau est placée en K, en contre-bas des surfaces de chauffe, pour que les eaux de condensation se formant dans ces dernières par suite du refroidissement de la vapeur puissent revenir dans la chaudière, sans le secours d'aucun moyen d'alimentation. La trémie de chargement du combustible est figurée en F. R est un foyer à circulation d'eau qui sera décrit ultérieurement ; la porte du foyer est figurée en P.

La vapeur, à température relativement basse (106° environ), est conduite par des tuyaux en fer D, dans les surfaces de chauffe H, H, qui transmettent la chaleur à l'air ambiant ; ici les surfaces de chauffe sont placées dans les caves. L'air frais venant du dehors, par les prises E, est réchauffé par son contact avec les tuyaux à ailettes, et introduit, par les conduits C et les bouches de chaleur B, dans les pièces à chauffer.

Les chambres de chauffe se trouvent au pied même des conduits de chaleur qui montent verticalement dans les murs et dans lesquels, par conséquent, la poussière ne peut pas se déposer. La pression voulue de la vapeur est maintenue par un régulateur automatique de tirage (*fig.* 185). La distribution de vapeur dans les divers appareils se fait par une conduite principale D, suspendue au plafond de la cave, et les eaux de condensation reviennent directement dans la chaudière par les conduites de retour r, placées sur le sol, ou dans le sol, à l'endroit des portes et passages. L'alimentation de la chaudière se fait uniquement avec l'eau provenant de la condensation de la vapeur dans les appareils de chauffage, c'est-à-dire avec de l'eau distillée ; on évite ainsi tous dépôts dans la chaudière.

En général, le rendement calorifique des appareils dans les chambres de chauffe n'est pas réglé ; on les laisse toujours sous la même pression de vapeur et on se contente de fermer ou d'ouvrir plus ou moins les bouches de chaleur B pour régler la température des locaux.

Dans les maisons de rapport, où les locataires paient un prix global pour leur chauffage, on règle rarement par ce moyen ; on ouvre les fenêtres quand il fait trop chaud, et il en résulte une dépense importante de combustible. Pour obvier à cet inconvénient, MM. Kœrting ont imaginé un système de réglage qui consiste à envoyer, dans les surfaces de chauffe, un mélange de vapeur et d'air, mélange d'autant plus faible en vapeur que la pression sur la chaudière sera plus basse (*fig.* 178). MM. Grouvelle et Arquembourg procèdent différemment (124).

2º Le deuxième mode de chauffage représenté sur la figure 179 montre en S les surfaces de chauffe placées dans les locaux mêmes à chauffer. La vapeur à faible pression, produite dans la chaudière placée au sous-sol est, conduite dans les appareils par la canalisation principale V, sur laquelle sont greffés des branchements verticaux, de faible diamètre, alimentant les appareils.

Les eaux de condensation descendent directement, par les conduits C, dans la chaudière dont le niveau d'eau reste, par conséquent, stationnaire. Le réglage de la chaleur se fait ordinairement par deux robinets-valves v, placés à l'entrée et à la sortie des appareils de chauffage.

123. Réglage Kœrting. — Le système des deux robinets-valves ne permet que deux choses : ouvrir entièrement les robinets pour avoir de suite le maximum de chaleur, ou les fermer complètement pour ne plus avoir aucune chaleur. Une position intermédiaire n'est pas possible, car, si l'on voulait fermer partiellement le robinet de vapeur, la vapeur entrerait dans l'appareil, par la sortie, et le chauffage continuerait comme auparavant ; ou bien l'eau s'amasserait dans l'appareil, par suite du vide que produirait la condensation de la vapeur, et, dans ce cas, toute cette quantité d'eau serait évacuée brusquement dès que l'on ouvrirait de nouveau le robinet de vapeur. Des coups de bélier se produiraient alors inévitablement dans les canalisations et occasionneraient des fuites et même des ruptures ; ainsi donc ce système ne permet pas de *faire varier* le rendement calorifique.

Le réglage au moyen d'un robinet-valve à l'entrée de la vapeur et d'un clapet de retenue à la sortie des eaux de condensation, qu'on préconise parfois, n'est pas parfait non plus ; car, si l'on obtient un certain réglage en fermant graduellement le robinet de prise de vapeur, on ne saurait empêcher que les eaux de condensation ne s'accumulent dans l'appareil, jusqu'à ce que l'équilibre entre les pressions dans l'appareil et dans les conduits de condensation soit de nouveau établi. A la réouverture du robinet, il se produit les mêmes chocs que dans le premier cas.

Ce moyen de réglage peut même devenir dangereux, car une grande partie de l'eau de condensation, au lieu de retourner dans la chaudière, au fur et à mesure de sa formation, se trouve retenue dans les appareils. Il s'ensuit nécessairement que le niveau de l'eau dans la chaudière baisse considérablement, ce qui expose celle-ci à recevoir des coups de feu qui la mettent rapidement hors de service ou nécessitent au moins des réparations coûteuses.

Pour obtenir un réglage satisfaisant et pour qu'il y ait toujours équilibre entre la pression dans l'appareil de chauffe et celle existant dans les conduites de condensation, tout en supprimant le robinet à la sortie, il faut remplacer par un autre fluide la quantité de vapeur que l'on retient par la fermeture partielle du robinet ; ceci obtenu, on peut régler à volonté la position du robinet d'admission de vapeur et faire varier à l'infini le rendement calorique des appareils de chauffage. Ce mode de réglage a été appliqué par MM. Kœrting, en choisissant l'air comme fluide remplaçant. Le principe de ce système se trouve rappelé sur la figure 179.

Les conduites des eaux de condensation c sont traversées par une conduite figurée en pointillé A, appelée conduite d'air. Cette conduite aboutit à un réservoir inférieur R', qui est en communication avec un réservoir supérieur R par une conduite en forme de siphon S. Le réservoir R est en communication avec l'air libre par un petit tube vertical t.

A la première mise en marche, on remplit d'eau le réservoir R' et on règle toutes les valves de réglage r, à l'entrée des poêles P, de telle façon que, sous la pression de vapeur maxima de $0^{kg},3$, la vapeur puisse remplir complètement les poêles sans pouvoir aller plus loin dans les conduites des eaux de condensation. A cet effet, ces valves sont munies d'un arrêt mobile que l'on fixe au moyen d'un contre-écrou. L'appareil est ainsi réglé une fois pour toutes.

Le fonctionnement de l'installation est le suivant : Quand on allume la chaudière, la vapeur envahit successivement la partie supérieure de la chaudière, les conduites de vapeur V et les surfaces de chauffe P, et l'air qui était contenu dans le système entier est repoussé à travers la conduite d'air dans le réservoir R' ; l'eau qui emplissait ce réservoir est refoulée à travers la conduite S dans le réservoir supérieur R dont la capacité, comme celle du réservoir R', est égale à celle de l'espace libre de la chaudière, des conduites de vapeur et des poêles réunis, de sorte que tout l'air du système peut y entrer.

Le réglage de la température des locaux consiste alors

simplement dans la manœuvre du robinet de réglage r ; quand on le ferme entièrement, l'admission de vapeur est supprimée, et le poêle se remplit d'air revenant du réservoir R ; par contre, plus on ouvre le robinet du réglage, plus il entre de vapeur dans le poêle et plus l'air est repoussé dans le réservoir. Pour guider la manœuvre, le robinet de réglage porte un cadran gradué (*fig*. 180).

D'autre part, il est possible, avec ce système, de régler tous les appareils à la fois par le changement de pression dans la chaudière ; car, si l'installation est réglée de façon qu'à $0^{kg},3$ de pression les appareils donnent le maximum de chaleur, ils donneront un rendement moindre avec une pression moins forte, étant donné que la vapeur n'aura plus la force nécessaire

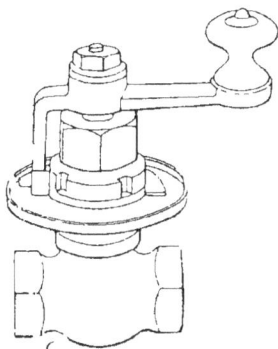

Fig. 180.

pour repousser tout l'air dans le réservoir R', et l'eau de ce réservoir dans le réservoir R ; donc plus on diminue la pression, plus il reste d'eau dans le réservoir inférieur et plus il reste d'air dans les appareils de chauffage, empêchant la vapeur d'y entrer.

Il est à remarquer que l'air enfermé dans l'appareil de chauffage, n'ayant plus aucune communication avec l'atmosphère, est vite désoxygéné, ce qui évite la production de rouille dans les conduites ; on a plus à s'occuper, à chaque mise en marche, de l'évacuation de l'air des appareils, on supprime également le danger de gelée, puisqu'il y a toujours écoulement continu de l'eau de condensation dans la chaudière, par suite de la suppression des robinets placés à la sortie des appareils.

124. Réglage Grouvelle. — En principe, le chauffage Grouvelle (*fig*. 181) se compose d'une chaudière verticale C, construite *ad hoc*, et à alimentation continue. Le tuyau de départ ne porte aucun robinet à sa sortie de la chaudière, et la vapeur se répartit entre toutes les surfaces de chauffe. La

chaudière porte également un tube dit *de sûreté*, où viennent
aboutir toutes les conduites de retour ; ce tuyau T, débouchant à mi-hauteur de la chaudière, est muni d'un déversoir
latéral ; si la pression venait à s'élever, l'eau montant dans ce
tube se déverserait à l'extérieur, jusqu'à ce que l'orifice du

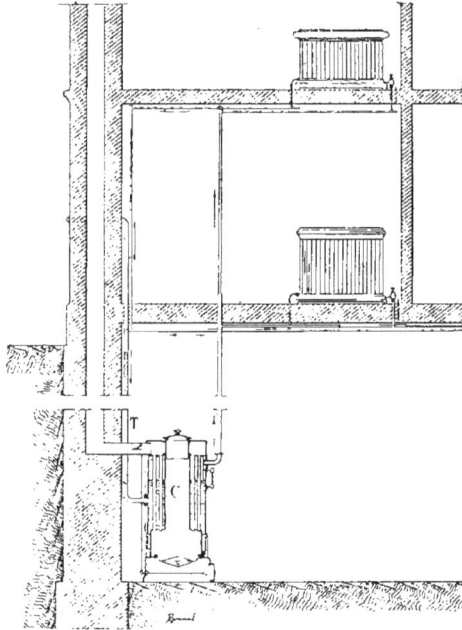

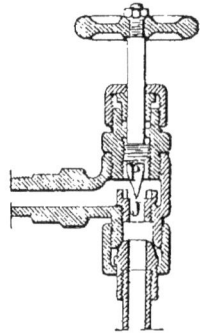

Fig. 181.   Fig. 182.

tube fût découvert ; à ce moment, il y aurait échappement
direct de la vapeur dans l'atmosphère.

Chaque surface de chauffe est commandée par un robinet
spécial, permettant, lorsqu'il est complètement ouvert, le
passage de la vapeur strictement nécessaire au chauffage
pendant les plus grands froids, cette surface se condensant
en totalité dans le poêle. Pour régler le chauffage d'une
façon quelconque, le robinet porte un petit volant manœuvrant un pointeau P, qui sert à obturer plus ou moins
complètement la section de passage de la vapeur dans la

jauge J (*fig.* 182). Il faut, pour permettre à l'air de rentrer dans les poêles, lorsque la vapeur ne les emplit plus, que les tuyaux de retour soient toujours en libre communication avec l'atmosphère ; à cet effet, tous les raccordements de ces tubes avec T se font un peu plus haut que le niveau de l'eau à pression moyenne.

La régularité de la marche est assurée par un régulateur de tirage et de pression agissant sur l'entrée de l'air alimentant la combustion.

125. Chaudières et accessoires. – Le choix de la chaudière, dans un système de chauffage quelconque, n'est pas indifférent, et l'on doit toujours rechercher un modèle approprié aux besoins, assurant une grande sécurité et présentant une construction simple, autant que possible, une grande facilité de manœuvre et permettant d'utiliser le mieux possible le combustible.

Les figures 183 et 184 donnent l'élévation et la coupe d'une chaudière Kœrting, applicable spécialement au chauffage à vapeur à basse pression.

La chaudière se compose d'un corps cylindrique horizontal, tubulaire, traversé et entouré par les gaz de la combustion. Le foyer D, à circulation d'eau, est formé par des anneaux en fonte ; il est à chargement continu et constitue en même temps trémie de chargement et grille. Ce foyer est relié au corps de la chaudière par deux tuyaux V, situés, l'un à la partie supérieure, l'autre à la partie inférieure. Après avoir enlevé le couvercle F, on charge le foyer de coke ou d'anthracite en morceaux de la grosseur d'une noix. L'air nécessaire à la combustion vient du régulateur de tirage par un canal ménagé dans la maçonnerie, arrive devant le foyer et ne peut passer dans les tubes de la chaudière qu'après avoir traversé le combustible, parce que la porte du foyer est constamment tenue fermée et qu'elle intercepte, au moyen d'une plaque horizontale P, la communication entre l'avant du foyer et le cendrier. Quand on ouvre la porte pour enlever les cendres, l'air entre par le cendrier, passe directement dans les tubes et diminue pendant ce temps l'intensité du feu, au lieu de l'augmenter. Comme accessoires de la chau-

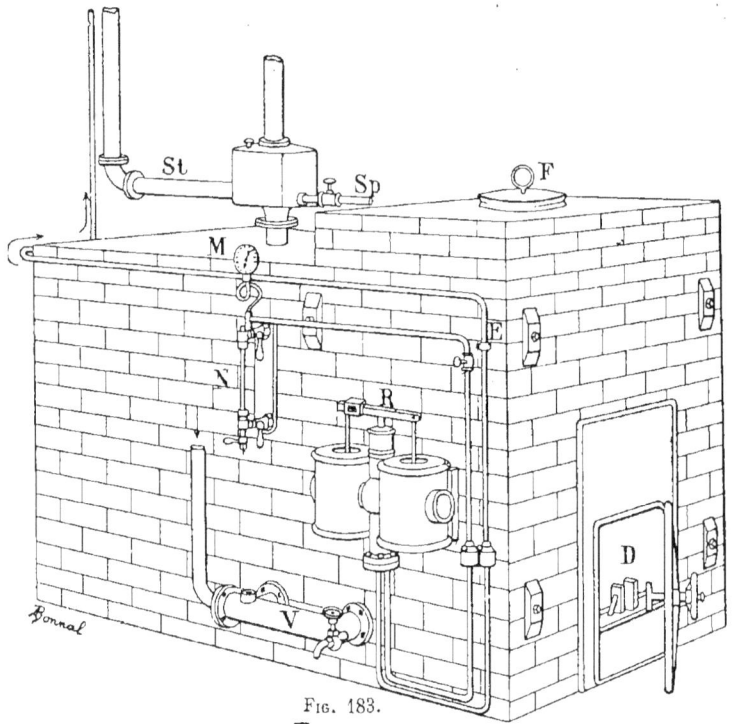

St · Sp · F · M · X · R · E · D · V · Bonnal

Fɪɢ. 183.

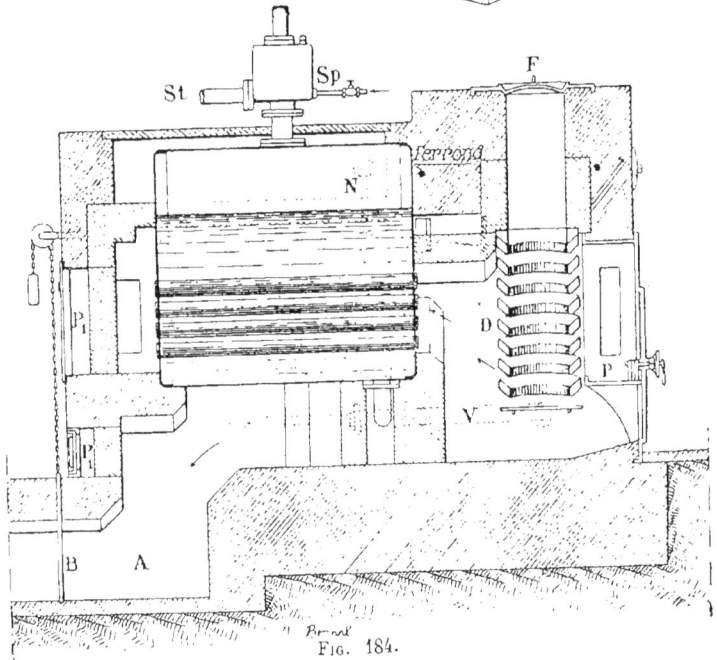

St · Sp · F · Trop-plein · N · P · D · P · V · B · A · Bonnal

Fɪɢ. 184.

dière sont figurés le manomètre M, le niveau d'eau N ; Sp, soupape d'alimentation ; St, tuyau de montée ; H, robinet de vidange de la chaudière ; P$_1$, P$_1$, portes de nettoyage ; A, carneau de fumée ; B, registre ; enfin, en R, se trouve le régulateur de pression avec son tuyau de décharge E, qu'il est intéressant de connaître.

Le régulateur automatique de pression (*fig*. 185) est absolument nécessaire au maintien uniforme et constant de la pression voulue de la vapeur, qualité essentielle d'un chauffage à vapeur à basse pression. Ce régulateur est basé sur les variations de niveau du mercure contenu dans le récipient R et qui se trouve en communication avec la pression de la chaudière, par la conduite C.

Un flotteur F est actionné par les mêmes variations du mercure et agit sur le levier L aux deux extrémités duquel se trouvent suspendus les clapets à

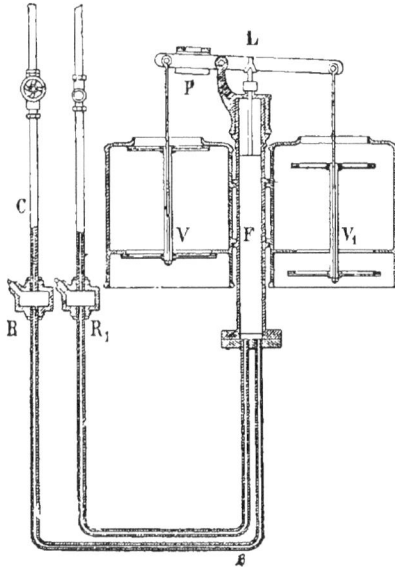

Fig. 185.

air V et V$_1$. Quand la pression de vapeur monte à un certain degré, le clapet V$_1$, qui règle l'entrée de l'air au foyer, commence à se fermer, et le clapet V, qui, par un second canal, laisse passer l'air directement dans la cheminée et diminue ensuite le tirage, commence à s'ouvrir.

Quand la pression de la vapeur est montée au degré que l'on veut obtenir, le clapet V$_1$ se trouve fermé et le clapet V ouvert en plein, de sorte que l'entrée de l'air dans le foyer est supprimée et que le feu ne fait plus que couver jusqu'à ce qu'un abaissement de la pression de vapeur ait amené un changement dans la position des clapets V, V₁. Le poids du flotteur F est rendu variable, soit par un ressort à tension variable, attaché au même levier, soit par un contrepoids P, mobile sur le levier.

En conséquence, on peut régler la pression pendant la nuit, par exemple, de manière à remplir complètement d'air les surfaces de chauffe et réduire ainsi au minimum la consommation de combustible. Le matin, on déplace le contrepoids, la pression monte, la vapeur rentre dans les poêles, sans autre besoin de réglage.

126. Chauffage Bourdon. — Vaporigène.

— Ce système de chauffage à vapeur à basse pression n'emploie que des appareils inexplosibles ; la vapeur ne se formant pas en vase clos, tous les accessoires et appareils de sûreté peuvent être supprimés ; la surveillance est considérablement réduite grâce à l'emploi d'appareils producteurs de vapeur, dits *vaporigènes*, dont voici la description :

Le *vaporigène* (*fig.* 186) se compose de deux récipients communiquants : A est le *vaporisateur*, et B la *bâche d'alimentation*. Le cylindre A est venu de fonte avec un socle et porte sur tout son pourtour des ailettes qui augmentent la surface de chauffe. Le cylindre A est entouré d'une enveloppe en tôle ou en

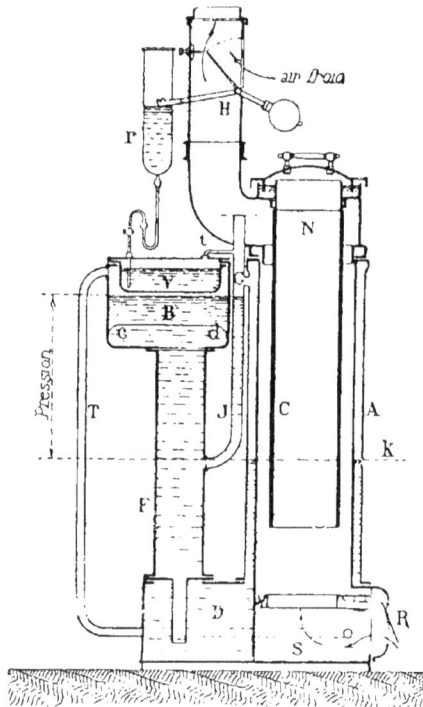

Fig. 186.

cuivre boulonnée à ses deux extrémités, A et B communiquant entre eux au moyen du récipient D ; l'autre partie du socle S forme cendrier ; elle est fermée par une porte R munie d'un clapet très sensible qui s'ouvre automatiquement sous l'action du tirage. La section supérieure de A doit être aussi faible que possible par rapport à celle de B, de manière que le passage d'une certaine quantité d'eau de A en B détermine une dénivellation sensible dans A, alors qu'elle est presque insignifiante en B. Avant la mise en feu, le niveau est le même dans les deux vases ; dès que la pression monte en A, une dénivellation se produit, dénivellation qui représente exactement la pression de la vapeur en A ; pour limiter cette pression et pour éviter les coups de feu, on fixe une limite inférieure au niveau de l'eau en K, en installant, sur le prolongement du tuyau de prise de vapeur G, un *tube manométrique* J. En cas d'excédent de production de vapeur, l'excès traverse la colonne F, en échauffant l'eau jusqu'à 100° ; à ce moment, elle se décharge par le tuyau T dans le cendrier ; elle y crée une légère pression qui ferme le clapet de la porte R et diminue l'intensité du feu. Dans le cas d'un abaissement de pression, une certaine quantité d'eau passe de B en A, à une température relativement basse, et en même temps le *régulateur à balance hydrostatique* ouvre le papillon H. Ce régulateur est constitué par un fléau équilibré, mobile autour d'un axe actionnant le papillon H ; à l'état de repos le papillon H est ouvert, et le réservoir *r* est vide. Dès que la pression de la vapeur en A monte, elle fait sentir son action dans le vase V, par l'intermédiaire du tube *t* ; par suite le réservoir *r* se remplit d'une certaine quantité d'eau ; l'équilibre du fléau est détruit, *r* descend, entraînant avec lui tout le système et engendrant la rotation de l'axe du papillon H, qui bouche partiellement le conduit de sortie de la fumée (*fig.* 186).

Tout l'ensemble de l'appareil est très bien étudié ; par suite de la faible quantité d'eau en A, la mise en pression est vite faite, étant donnée la réduction de section de la colonne F, l'échange trop brusque de fluide est évité entre les fluides contenus en A et en B ; le volume relativement grand de D permet le dépôt du tartre dans cette partie de l'appareil où l'eau n'est pas soumise aux soubresauts dus à l'ébullition.

La bâche B est divisée à la partie supérieure en deux parties communiquant par l'espace *cd* ; la partie avant contient le vase V et reçoit le tube T ; la partie postérieure en prolongement de la colonne F peut communiquer avec l'air libre ; elle reçoit un robinet à flotteur qui fournit, quand il est nécessaire, l'eau d'alimentation au vaporigène.

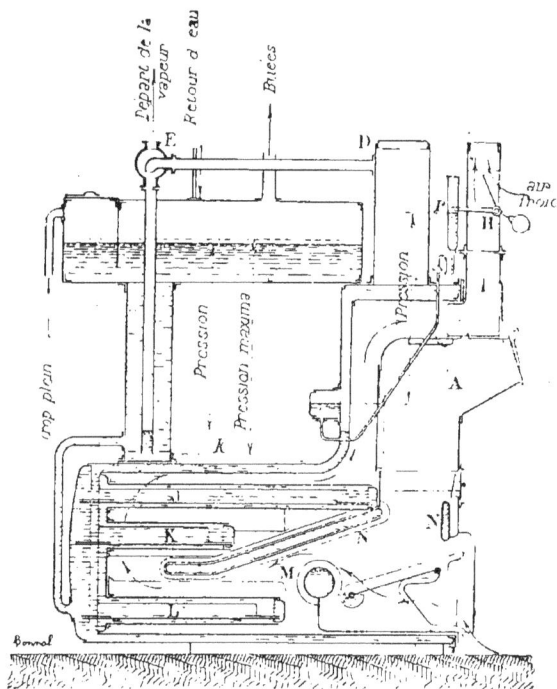

Fig. 187.

L'approvisionnement du combustible se fait en remplissant le chargeur X, emboîté à l'intérieur du vaporisateur ; la partie supérieure de la trémie de chargement est entourée et recouverte d'une boîte à fumée en fonte qui porte l'embase de la cheminée ; un joint à sable complète la fermeture.

Pour les grandes installations, il convient d'employer le vaporigène du type à retour de flamme, construit entièrement

en tôle, sur les mêmes principes que le précédent; la principale différence des deux appareils réside dans la disposition
du foyer et des surfaces de chauffe; un bouilleur cylindrique M forme autel, un autre bouilleur N reçoit les premiers
jets de flamme; J, K et L sont des tubes Field horizontaux.
Pour parer aux projections d'eau, on a disposé un dôme D
et un séparateur E. Le chargement se fait en A. La bâche
d'alimentation est divisée, comme précédemment, en deux
compartiments; dans l'un d'eux est installé le robinet à flotteur (*fig.* 187).

Le premier appareil vaporise environ 6 kilogrammes
d'eau par kilogramme de charbon; le second en vaporise de
9 à 10 kilogrammes sous une pression de $0^m,65$ à $1^m,50$ d'eau
représentant 1/20 à 1/7 d'atmosphère.

127. Surfaces de chauffe. — Il existe encore une catégo-

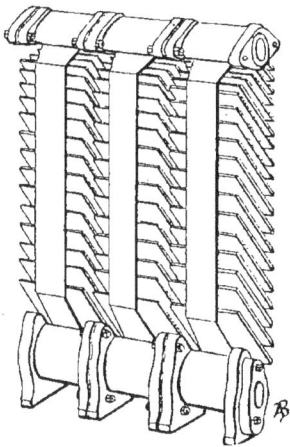 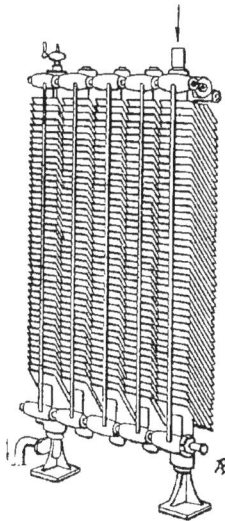

Fig. 188.   Fig. 189.

rie d'appareils composés d'éléments de batterie ou de niche,
et disposés de manière à concentrer une surface de chauffe
considérable dans un espace restreint; ces poêles, appelés à
rendre de grands services, sont applicables aux chauffages

par la vapeur ou par l'eau chaude. Les figures 188 et 189 donnent deux exemples de ces appareils formés d'éléments verticaux réunis par des brides ; les collecteurs se trouvent aux parties extrêmes des poêles ; les ailettes sont inclinées sur l'horizontale (poêles Kœrting).

§ 4. — Calculs relatifs au chauffage par la vapeur. Chauffage mixte

128. Généralités. — Lorsqu'on refroidit de la vapeur à $t°$ pour la ramener à 100°, point auquel elle se condense, chaque kilogramme de vapeur cède une quantité de chaleur représentée par

$$537 + 0,475\,(t - 100).$$

Ayant le nombre C de calories à fournir par mètre carré et par heure, on en déduit pratiquement le poids P de vapeur à produire :

$$P = \frac{C}{500}.$$

La surface de grille s'obtient comme il a été dit précédemment.

Dans le calcul des conduites on peut facilement négliger les pertes de charge, dont la valeur relative est extrêmement faible ; on admet, comme vitesse de circulation de la vapeur dans la canalisation, 20 à 25 mètres pour une pression de 1 à 2 kilogrammes, et de 25 à 50 mètres pour des pressions variant de 2 à 5 kilogrammes.

On a indiqué les chiffres qui permettent de calculer les dimensions des surfaces de chauffe ou poêles ; il y a lieu toutefois d'ajouter qu'on peut compter de $1^{m2}.70$ à $1^{m2},80$ de surface de chauffe pour alimenter et entretenir à 15° une salle de 70 à 80 mètres cubes de capacité. On se rappelle que les surfaces de chauffe verticales sont plus avantageuses que les tuyaux à ailettes disposés horizontalement.

129. Chauffage mixte. — Il existe un système de chauffage appelé chauffage mixte par l'eau et la vapeur, qui peut rendre de grands services. Dans ce procédé on fait agir la vapeur sur des masses d'eau soit mobiles, soit immobiles : à la mise en marche, l'eau emmagasine une certaine quantité de chaleur qu'elle transmet ensuite à l'air environnant ; lorsqu'on cesse le feu, l'eau abandonne son calorique pendant deux ou trois heures.

Les meilleurs poêles sont ceux qui permettent un mouvement continuel du fluide facilitant la transmission ; le poêle Kœrting (*fig.* 190) remplit bien cette condition ; il est formé d'éléments à ailettes verticales, chicanés à l'intérieur de manière à constituer un véritable serpentin ; l'élément inférieur E contient la surface de chauffe formée de deux circulations distinctes ; on peut faire varier la température de l'eau en agissant sur les robinets de commande R et R'. Dans d'autres appareils, c'est toujours une même masse d'eau qui sert au chauffage ; mais elle est constamment renouvelée par la condensation de vapeur. Un tube de trop-plein aboutit à la canalisation de retour.

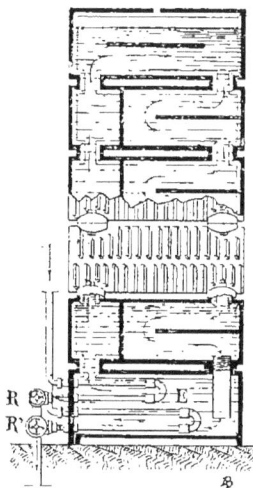

Fig. 190.

Dans des bâtiments de grande importance on installe de véritables circulations d'eau chaude, alimentées par des chaudières spéciales. Ces chaudières sont chauffées par un serpentin de vapeur provenant du générateur unique destiné au chauffage. On utilise ainsi la propriété que possède la vapeur de se transporter, sans grandes déperditions, à une grande distance, et on réduit autant que possible l'importance des circulations secondaires d'eau chaude ; ce système est économique, puisqu'il réduit au minimum le personnel chargé de la conduite d'un générateur unique, mais son rendement est peu élevé.

130. Comparaison entre les différents systèmes de chauffage. — Il existe quatre moyens principaux de chauffage continu : les chauffages par l'air chaud, par l'eau chaude, par la vapeur, et le système mixte par la vapeur et l'eau chaude.

Si l'on compare la quantité ou le poids de chacun des trois corps, air, eau ou vapeur, on voit qu'il est nécessaire, pour transporter une unité de chaleur ou calorie, d'employer environ 100 à 150 grammes d'air, 15 à 20 grammes d'eau et seulement 2 à 3 grammes de vapeur. On peut donc établir, *a priori*, que le chauffage par l'air chaud ne se prête pas facilement aux transmissions de chaleur à grandes distances et que la vapeur est le véhicule par excellence de la chaleur. De plus, les appareils à vapeur prennent soixante fois moins de place que ceux que l'air nécessite, et sont beaucoup moins lourds que les appareils à eau.

Théoriquement, le rendement des appareils à vapeur est moins considérable que celui des calorifères à air chaud. Dans un chauffage à vapeur on ne fait, en somme, qu'introduire un intermédiaire commode qui n'existe pas avec l'air chaud ; seulement il en résulte certains avantages qui sont : salubrité, commodité de réglage, possibilité de transporter la chaleur à grande distance et de modifier la ventilation avec l'intensité du chauffage. En résumé, les avantages et les inconvénients de chaque système sont les suivants :

1° *Air chaud.* — Économie d'installation et d'entretien ; rendement élevé pour les canalisations moyennes ; surface d'action du calorifère limitée à une circonférence de 15 mètres de rayon ; difficultés de réglage ; température élevée et sécheresse de l'air.

2° *Eau chaude.* — Frais d'installation élevés ; entretien et conduite des appareils par un ouvrier spécial ; mise au régime très lente ; inconvénient des fuites dans les appartements ; craintes résultant de la gelée et des explosions ; lenteur du refroidissement ; phénomène de l'ébullition et claquements.

Chaleur agréable, douce et régulière ; réglage facile et répartition commode des surfaces de chauffe, suppression des cheminées et des poussières, des courants d'air froid ; possibilité de porter la chaleur à de grandes distances et d'avoir de l'eau chaude dans les appartements.

3° *Vapeur.* — Le chauffage à vapeur sous pression a l'inconvénient de coûter cher d'installation, d'exiger une grande surveillance, d'utiliser des appareils peu sûrs comme fonctionnement, de produire des claquements désagréables. Le chauffage à vapeur sans pression a le défaut de coûter cher et de présenter une surface d'action limitée ; par contre, il présente une sécurité absolue, une surveillance minime ; il supprime l'emploi de purgeurs, donne une marche absolument silencieuse et facilement réglable.

Les deux systèmes n'exigent que de très petites canalisations, n'emploient que des appareils de chauffe permettant d'utiliser tous les recoins inutiles ; les poêles sont très propres, peu sujets à se déranger et exigent peu d'entretien.

REMARQUE. — Il est parfois commode d'installer des appareils permettant de produire un chauffage mixte par l'air chaud et par l'eau chaude ; il faut alors, dans une pareille installation, procéder à une répartition toute spéciale des surfaces de chauffe, afin d'éviter les courants directs d'air chaud vers l'extérieur. Ce procédé de chauffage mixte est très efficace.

CALCULS RELATIFS A L'ÉTABLISSEMENT D'UN PROJET DE CHAUFFAGE

Généralités. — Les calculs préliminaires supposent le *régime* établi, c'est-à-dire qu'on admet que la température de la pièce et celle des murs est la même. Ceci est vrai au bout d'un temps variant avec le mode de chauffage adopté, ce temps n'étant qu'une faible fraction de la durée totale du chauffage. Il faut quelquefois quinze jours ou trois semaines au maximum pour obtenir le régime, presque toute la chaleur produite étant absorbée par les parois.

Dans ces conditions, la quantité de chaleur fournie par les appareils de chauffage, C, augmentée de celle fournie par l'éclairage E et la respiration R, représente exactement la quantité de chaleur absorbée par les parois du bâtiment P, jointe à la chaleur emportée avec l'air extrait par la ventilation U, c'est-à-dire que l'on a l'égalité

$$C + R + E = P + U ;$$

cette égalité permet de déterminer la quantité de chaleur C, que doivent fournir les appareils de chauffage :

$$C = P + U - (R + E).$$

Cherchons à évaluer P. La formule générale donnant les pertes de chaleur par transmission à travers une paroi est de la forme

$$P = SQ(t - \theta),$$

dans laquelle : S représente la surface de la paroi ;

Q, le coefficient de transmission ;

t, la température à l'intérieur du bâtiment ;

θ, la température extérieure.

En réalité, la température θ est différente pour chaque espèce de matériaux, pierre, plâtre, vitrages, etc., de telle façon que P se composera de quantités de chaleurs obtenues de la façon suivante :

Appelons : S_1, la surface des murs ; S_2, celle des plafonds ; S_3, celle des vitrages, etc.

θ_1, la température extérieure des murs ; θ_2, celle des plafonds ; θ_3, celle des vitrages, etc.

On aura :

$$P = S_1 Q_1 (t - \theta_1) + S_2 Q_2 (t - \theta_2) + S_3 Q_3 (t - \theta_3) + \dots$$

c'est-à-dire :

$$P = \sum SQ(t - \theta).$$

La perte de chaleur U produite par la ventilation est donnée par la formule suivante :

$$U = V \delta c (t - \theta).$$

V représente le volume total d'air ventilé par heure ;

δ, sa densité ;

c, sa chaleur spécifique ;

θ, sa température de prise ;

t, la température de sortie.

La respiration produit une certaine quantité de chaleur R qui est le produit de la quantité de chaleur dégagée par heure, a, par le nombre de personnes présentes, n,

$$R = na.$$

De même E, chaleur fournie par les appareils d'éclairage, lampes, becs, etc., est de la forme

$$E = \Sigma n' a',$$

n' représentant le nombre d'une catégorie d'appareils, et a' la chaleur dégagée par heure.

Ainsi se trouvent déterminés tous les éléments nécessaires au calcul de C. Cette quantité de chaleur C est celle qu'il faut amener *dans les locaux* mêmes à chauffer. L'appareil producteur se trouve à une certaine distance de ces locaux. L'imperfection de sa construction occasionne des pertes de chaleur, de sorte qu'en réalité la quantité de chaleur C représente la différence entre la quantité de chaleur utilisable à la sortie de l'appareil et celle perdue pendant le parcours.

Si p représente le poids du combustible brûlé par heure par unité de surface ;

s, la surface de grille ;

N, la puissance calorifique du combustible employé ;

$$psN$$

est la quantité de chaleur réellement produite ; soit ρ le rendement de l'appareil ; à la sortie, la quantité de chaleur disponible est :

$$\rho psN.$$

Si β est la quantité de chaleur perdue dans le parcours des conduites, rapportée à l'unité :

$$\beta psN$$

représente les pertes pendant les parcours, et l'on peut poser l'égalité

$$C = \rho psN - \beta psN$$
$$C = (\rho - \beta) psN.$$

En pratique, ρ varie entre 0,5 et 0,6, et β entre 0,08 et 0,12, en prenant :

$$\rho = 0,6 \quad \text{et} \quad \beta = 0,10,$$

$$C = 0,5 psN ;$$

d'où :

$$ps = \frac{2C}{N}.$$ [1]

Exemple d'un calcul de chauffage. — Soit à chauffer une maison d'habitation à trois étages, construite en matériaux calcaires, présentant les dimensions suivantes :

Longueur................ 20 mètres
Largeur .... 10 —
Hauteur................ 12 —

Par étage : 16 fenêtres ayant 4 mètres carrés de superficie.

Nous supposerons que la maison reçoit 20 personnes adultes par étage et que l'on exige une ventilation de 40 mètres cubes d'air par heure et par habitant ; en outre, six becs de gaz, consommant 100 litres à l'heure, brûlent, en moyenne, pendant quatre heures par jour.

La température moyenne admise pour le chauffage, t, étant de 16°, et la moyenne des températures les plus basses étant de — 10°, on aura :

$$t - \theta = 16° - (-10°) = 26°.$$

Les calculs sont faits en employant les mêmes notations que dans l'article précédent.

1° SURFACES DE TRANSMISSIONS :
Murs :

$$12^m,00 (20^m,00 \times 2 + 10^m,00 \times 2) = 720^{m2},00 ;$$

à déduire la surface des vitres S_3 :

$$S_3 = 3 \times 16 \times 4^{m2},00 = 192^{m2},00,$$

---

[1] On emploie également la formule $ps = \dfrac{C_1}{NS}$, la quantité C_1 étant déterminée comme il est dit plus loin (p. 227); cette formule donne des résultats plus faibles que la précédente.

il reste donc :

$$S_1 = 528^{m2},00.$$

Plafonds. — Il n'y a que le plafond du dernier étage qui n'est pas en équilibre de température :

$$S_2 = 10^m,00 \times 20^m,00 = 200^{m2},00.$$

Sol. — Enfin il y a déperdition par le sol :

$$S_4 = 10^m,00 \times 20^m,00 = 200^{m2},00.$$

Les coefficients de transmission sont :

$$Q_1 = 1,80$$
$$Q_2 = 1,80$$
$$Q_3 = 4,00$$
$$Q_4 = 1,00.$$

De même :

$$\theta_1 = -10°$$
$$\theta_2 = \frac{t + \theta}{2} = \frac{16 - 10}{2} = 3°$$
$$\theta_3 = -10$$
$$\theta_4 = 10°.$$

On peut admettre, en effet, que la température de la partie supérieure du dernier plancher, par suite de la présence du comble, est intermédiaire entre la température extérieure et celle de l'intérieur du bâtiment. Dans les caves, la chaleur est à peu près constante toute l'année, et elle est d'environ 10°, chiffre adopté pour θ_4.

Pertes par transmission. — Les pertes de chaleur, pour chaque nature de matériaux, sont donc les suivantes :

$$S_1 Q_1 (t - \theta_1) = 528 \times 1,80 \times 26 = 24.710 \text{ calories}$$
$$S_2 Q_2 (t - \theta_2) = 200 \times 1,80 \times 13 = 4.680 \quad »$$
$$S_3 Q_3 (t - \theta_3) = 192 \times 4,00 \times 26 = 19.968 \quad »$$
$$S_4 Q_4 (t - \theta_4) = 200 \times 1,00 \times 6 = 1.200 \quad »$$

ce qui donne en additionnant :

$$P = \Sigma SQ(t - \theta) = 50.558 \text{ calories.}$$

Pertes par ventilation. — La quantité de chaleur perdue par la ventilation est donnée par la formule

$$U = V\delta c(t - \theta).$$

Le nombre d'habitants adultes est de 20 par étage, ce qui fait en tout :

$$20 \times 3 = 60;$$

le volume d'air nécessaire par heure sera donc :

$$V = 60 \times 40^{m3},00 = 2.400^{m3},00$$
$$\delta c = 0,307$$
$$t - \theta = 26,$$

et par suite :

$$U = V\delta c(t - \theta) = 2.400 \times 0,307 \times 26$$
$$U = 19.157 \text{ calories.}$$

Chaleur fournie par la respiration. — On peut admettre qu'un adulte dégage 70 calories par heure ; la quantité de chaleur R, dégagée par heure, sera dans ces conditions :

$$R = 60 \times 70 = 4.200 \text{ calories.}$$

Chaleur fournie par l'éclairage. — Le nombre de becs est de $6 \times 3 = 18$, et la chaleur E, dégagée par heure, en prenant 6 calories par litre de gaz brûlé :

$$E = 6 \times 3 \times 6 \times 100 \times \frac{4}{24} = 1.800 \text{ calories.}$$

Quantité de chaleur à fournir. — La quantité C de chaleur à fournir est donnée par la relation

$$C = P + U - (R + E),$$

on a d'ailleurs :

$$P = 50.538,$$
$$U = 19.157,$$
$$R = 4.200,$$
$$E = 1.800.$$

on en tire :

$$C = 69.715 - 6.000 = 63.715 \text{ calories.}$$

Surface de grille. — En appliquant la formule $ps = \dfrac{2C}{N}$

$$ps = \frac{2 \times 63.715}{8.000} = 15^{kg},93 ;$$

$N = 8.000$ pour une houille de bonne qualité ; prenant $p = 40$ kilogrammes par mètre carré :

$$S = \frac{2C}{Np} = 0^{m2},3982.$$

Détermination de la surface de chauffe. — La formule qui permet de déterminer la surface de chauffe dépend évidemment de l'appareil producteur de chaleur, les surfaces de transmissions ayant des coefficients différents selon que l'on s'adresse à un calorifère, à une chaudière tubulaire, etc.

En supposant que l'appareil producteur de chaleur est un calorifère, on déterminera la surface de chauffe S au moyen de la formule

$$S = \frac{\rho + \lambda}{\rho} \times \frac{C_1}{m},$$

dans laquelle :

S est exprimée en mètres carrés ;

ρ est le rendement du calorifère ;

λ, la quantité de chaleur perdue ;

C_1, la chaleur à produire ;

m, le nombre de calories dégagées par mètre carré de surface de chauffe. On admet, comme chiffre moyen, dans les calculs,

$$m = 3.500.$$

La quantité de chaleur C_1, à produire, se déduit de la quantité C, à laquelle on ajoute $1/20$ C, pour tenir compte de la mise en train :

$$C_1 = C + 1/20C = 63.715 + \frac{63.715}{20} = 66.900 ;$$

de même que précédemment :

$$\varrho = 0,60$$
$$\lambda = 0,10 ;$$

finalement on trouve :

$$S = \frac{0,6 + 0,10}{0,6} \times \frac{66.900}{3.500} = 22^{m2},30.$$

Calcul de la cheminée. — Section au sommet. — La section Ω de la cheminée, au sommet, s'obtient par la formule

$$(A) \qquad \Omega = \frac{ps}{500} \sqrt{\frac{1 + R}{H}},$$

Ω est exprimée en mètres carrés ;

p, poids du combustible brûlé sur 1 mètre carré de surface de grille, en kilogrammes ;

s, surface de grille, en mètres carrés ;

R, somme des résistances s'opposant au passage de l'air depuis son entrée au calorifère jusqu'au sommet de la cheminée ; R se compose donc de la somme des résistances de la grille, des tubes, du frottement des gaz dans les carneaux et des changements de direction.

H est la hauteur de la cheminée en mètres.

Le calcul de toutes les résistances partielles composant R n'offre qu'un intérêt théorique tout à fait secondaire ; dans la pratique, on admet pour les calorifères que :

$$\sqrt{\frac{1 + R}{H}} = 1,43.$$

La formule (A) peut également s'écrire :

$$ps = 500\Omega \sqrt{\frac{H}{1 + R}} ;$$

dans ce cas :

$$\sqrt{\frac{H}{1 + R}} = 0,70,$$

et finalement :

$$ps = 500\Omega \times 0,7 = 350\Omega ;$$

d'où :

$$\Omega = \frac{ps}{350},$$

or nous avons déjà calculé ps

$$ps = 15^{kg},93 ;$$

on en déduit :

$$\Omega = \frac{15,93}{350} = 0^{m2},0452.$$

La section au sommet est donc égale à :

$$\Omega = 0^{m2},0452.$$

Remarques sur le développement à donner aux calculs. — Les calculs précédents suffisent généralement à l'exécution d'un projet. Cependant il est évident que, dans certains cas, comme, par exemple, pour le chauffage de plusieurs corps de bâtiments très importants, les résultats qu'ils donneront ne seront pas d'une exactitude assez grande.

1° Dès le début nous avons fait entrer, dans les calculs, des coefficients Q, Q_1, Q_2, etc., auxquels nous avons donné des valeurs provenant des résultats d'expériences. Il est clair que ces coefficients ne sont pas les mêmes pour des matériaux de provenances et de natures différentes; ils dépendent également de l'épaisseur des parois de transmission, variant de $0^m,11$, $0^m,22$ à $0^m,60$ et au-delà. Pour un tra-

vail important, il conviendra donc de déterminer séparément et exactement chacun de ces coefficients.

2° De plus, les fenêtres ne sont pas réparties symétriquement sur la surface des murs, comme on l'a supposé ; il
existe des portes, en bois ou en fer, etc., de sorte qu'on sera
nécessairement amené, pour obtenir des résultats rigoureux,
à diviser le calcul des déperditions en autant de parties qu'il
y a de murs de surface, d'épaisseur et de matériaux différents.
Chaque quantité de chaleur perdue étant toujours de la
forme

$$P = SQ(t - \theta).$$

C'est d'ailleurs le calcul de la quantité de chaleur absorbée par les parois qui exige le plus de soin, puisqu'il figure
dans la quantité de chaleur totale avec le plus grand coefficient.

3° La chaleur enlevée par la ventilation U est elle-même
variable, puisque la température extérieure n'est pas uniforme, pour une même journée, et change d'une journée à
l'autre.

4° Le nombre des personnes présentes est nécessairement
variable, avec les heures et même avec les jours ; la quantité de chaleur dégagée par les appareils d'éclairage est
également soumise à des écarts nombreux, résultant de la
longueur des jours, de la diversité des brûleurs, de leur
situation, certaines pièces en contenant un grand nombre,
alors que d'autres en sont presque totalement dépourvues.
Et, remarque importante, ces appareils ne brûlent que
lorsque la température *de régime* est atteinte ; ceci est important à noter, lorsqu'il s'agit d'un chauffage intermittent.

5° Le rendement du calorifère ou de la chaudière produc-
tive de chaleur dépend du type choisi ; il sera toujours
facile de trouver son coefficient de rendement, ρ, exactement, par des expériences comparatives, sur des appareils
fonctionnant déjà. En outre, le coefficient γ, qui entre dans
les calculs pour une valeur de 0,10 devra s'établir en calcu-
lant séparément les pertes de chaleur provenant de chaque
branchement particulier et en faisant le total.

Le poids p de charbon brûlé dépendra du combustible choisi et s'établira également par comparaison. Enfin il sera nécessaire de calculer également les résistances partielles, énoncées ailleurs, qui constituent la quantité R.

Le tableau suivant indique la disposition à prendre pour le calcul des déperditions.

TABLEAU A ÉTABLIR POUR LE CALCUL DES DÉPERDITIONS DANS UN PROJET DE CHAUFFAGE

POUR ÉDIFICE IMPORTANT

DÉSIGNATION des LOCAUX	LONGUEUR	LARGEUR	HAUTEUR	CAPACITÉ	NATURE des parois	ÉPAISSEUR	MESURE des parois	SURFACE S	Q	$(t-\theta)$	$Q(t-\theta)$	$SQ(t-\theta)$
												Calories
Vestibule..	4m,90	2m,62	3m,00	49m³,20	Briques	0,24	(4m,90×3m)−3m²,42	11m²,28	1,90	23°	43,70	480,70
					Briques	0,12	4m,90 × 3m,00	14 ,70	2,82	3	8,46	124,90
					Vitres	0,002	2m × 0m,90 × 1m,90	3 ,42	3,66	23	84,10	285,00
					Plâtre	0,20	2m,62 × 4m,90	11 ,74	1,90	23	43,70	473,40
Hall........	»	»	»	»	»	»	»	»	»	»	»	»
Salon.......	»	»	»	»	»	»	»	»	»	»	»	»
Salle à manger, etc..	»	»	»	»	»	»	»	»	»	»	»	»

TROISIÈME PARTIE

VENTILATION

CHAPITRE I

VENTILATION NATURELLE. — VENTILATION PAR CHEMINÉE CHAUFFÉE

---

§ 1. — GÉNÉRALITÉS

131. Définition, classification. — On entend par *ventilation* l'ensemble des procédés employés pour extraire l'air vicié des locaux habités et le remplacer par de l'air pur.

La respiration pulmonaire et cutanée, la combustion produite dans les appareils de chauffage et d'éclairage, sont les principales causes de la viciation de l'air.

Par suite du mélange intime des gaz nuisibles à la respiration avec l'air atmosphérique, il est nécessaire pour réaliser une ventilation parfaite, de disposer les orifices d'évacuation de l'air vicié à différents niveaux ; c'est ainsi que l'on procède dans les hôpitaux. Cependant il n'est pas toujours possible d'opérer ainsi ; aussi a-t-on recherché quels sont les meilleurs procédés à employer dans des conditions données.

On distingue trois procédés principaux de la ventilation :

1° La ventilation naturelle ;

2° La ventilation par cheminée chauffée ;

3° La ventilation mécanique.

132. Renouvellement de l'air admis pour différents locaux par heure et par personne

LOCAUX	MÈTRES CUBES	LOCAUX	MÈTRES CUBES
Hôpitaux.............	60 à 70	Ateliers insalubres	80 à 100
Salles de chirurgie......	80 à 100	Établissements scolaires	
Salles d'épidémie.......	150 à 200	pour enfants........	15 à 20
Prisons cellulaires......	20 à 30	Établissements scolaires	
Ateliers.............	50 à 60	pour adultes........	25 à 30
		Salles de spectacle.....	40 à 50

133. Température admise pour le chauffage des édifices

LOCAUX	DEGRÉS	LOCAUX	DEGRÉS
Églises.............	12	Bureaux.............	16 à 18
Classes.............	15 ou 16	Hôpitaux.........	16 à 18
Ateliers.............	12 à 18	Théâtres.............	19 à 22

134. Ventilation naturelle. — **Mouvement de l'air dans une enceinte.** — Dans la ventilation naturelle on cherche à utiliser la circulation normale de l'air dans l'atmosphère, en contrariant le moins possible les courants qu'il tend à former de lui-même par suite des différences de densités qu'il présente.

Si l'on considère (*fig.* 191) un local chauffé par un calorifère alimenté lui-même par une prise d'air extérieure, on remarque qu'il se produit dans l'enceinte un

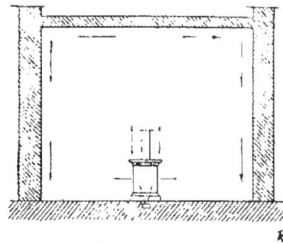

Fig. 191.

courant ascendant direct d'air chaud sortant du calorifère, puis une circulation inverse du fluide, sous forme de nappes très développées descendant le long des murailles, qui jouent le rôle de surfaces refroidissantes.

L'air introduit par la prise peut être évacué de façons très différentes.

Si l'on place les orifices de sortie à la partie supérieure des pièces, l'air chaud s'échappe immédiatement vers l'extérieur, sans grand profit pour le chauffage et la respiration ; par contre, l'air circule librement dans toutes les parties de la pièce, et la ventilation est très efficace.

Si l'on place les orifices de sortie d'air vicié près du plancher, l'air expulsé sera suffisamment refroidi pour que le chauffage soit économique ; mais la partie supérieure du local, dans la portion où l'on a besoin d'air respirable, ne sera alimentée qu'imparfaitement, le brassage de l'air y étant presque nul. Il est bon d'ajouter que les interstices des portes et des fenêtres produisent un écoulement d'air chaud assez important, favorable au renouvellement de l'air.

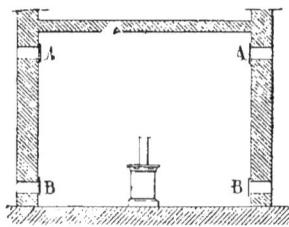

Fig. 192.

Dans certains édifices, en France et d'une façon générale en Angleterre, on établit dans chaque pièce (*fig.* 192) quatre orifices A et B fermés par des tampons mobiles. En hiver, on ouvre les bouches inférieures B ; l'air vicié, chaud, monte avec l'air neuf à la partie supérieure de la pièce ; mais la vitesse de circulation est trop faible pour qu'on puisse compter sur un entraînement efficace de l'air vicié ; aussi, pour éviter les mauvaises odeurs qui peuvent subsister au cas d'une grande agglomération d'occupants, est-on obligé d'augmenter le chauffage, pour activer la ventilation.

En été, on ouvre les bouches supérieures A ; l'air froid, venant du dehors, occupe la partie inférieure du local, l'air vicié plus chaud se trouve naturellement évacué par les bouches. En été, dans les chambres où se trouve une cheminée, il se produit fréquemment des renversements de courant ; lorsque la température de la chambre est plus élevée que celle du dehors, l'appel se fait normalement par la cheminée ; mais si, par suite de l'action du soleil sur les murs, la température de la salle devient plus basse qu'à l'extérieur, il y a renversement de courant, la chambre formant bouche d'appel.

La position relative des bouches d'entrée et de sortie d'air dans un local est très importante ; on doit toujours les placer de manière à éviter les courants directs. Ainsi, lorsqu'on chauffe par calorifère et que les bouches d'introduction sont près du plancher, il faut placer l'évacuation au bas de la salle, du côté opposé, de manière à contrarier les trajets directs, l'air chaud introduit montant d'abord pour redescendre ensuite sur la face opposée ; ceci est bon pour une *salle de grandes dimensions* (*fig.* 193) ; au contraire, pour un local de faible capacité, il est préférable de faire déboucher l'air chaud à la partie supérieure, l'extraction se faisant près du plancher, sur le mur opposé (*fig.* 194), ou inversement. La disposition de la figure 193 serait très mauvaise, car l'air

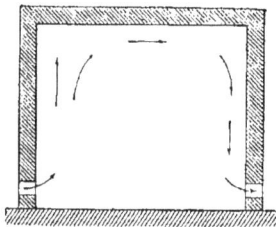

Fig. 193.

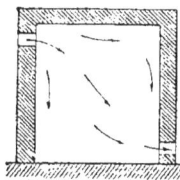

Fig. 194.

chaud ne ferait que traverser la salle pour se rendre à la bouche de sortie.

En résumé, une ventilation rationnelle consiste à disposer les orifices d'introduction d'air frais à la partie inférieure des locaux et à évacuer l'air vicié à la partie supérieure des pièces ; de cette façon, le mouvement de l'air se produit aussi bien en été qu'en hiver ; il suffit, pour rester dans de bonnes conditions économiques, de ménager avec soin les orifices d'entrée et de sortie, en les multipliant au besoin, afin de diluer les courants gazeux.

Du fait que l'admission de l'air ne doit jamais gêner les

occupants, ni par sa vitesse [1], ni par sa température, il résulte qu'il est nécessaire de chauffer cet air en hiver et de le rafraîchir en été. On a indiqué, par la suite, quels sont les procédés le plus généralement employés pour arriver à ce résultat.

Les vitesses d'admission de l'air varient avec la position des bouches ; pour qu'une lame d'air ne fasse pas éprouver une sensation désagréable, il faut que sa température ne dépasse pas 30°, et sa vitesse $0^m,30$; mais il est possible d'établir les orifices d'évacuation d'air vicié près des personnes elles-mêmes, sans que celles-ci soient incommodées le moins du monde.

135. Réalisation d'une ventilation naturelle. — Les procédés employés pour réaliser la ventilation naturelle sont extrèmement simples. Lorsqu'il y a une cheminée dans l'appartement, on alimente directement celle-ci par une ventouse décrite d'autre part (33). Les autres prises d'air froid doivent être convenablement réparties et placées de façon telle que le flux d'air émis ne puisse atteindre directement les personnes ni arriver à la hauteur des organes respiratoires. Les bouches d'émission sont généralement munies d'appareils modérateurs, analogues à ceux décrits au n° 92. A l'extérieur, les orifices d'entrée d'air doivent être disposés à l'abri des émanations et des infiltrations ; on les munit toujours d'une grille très fine pour arrêter les débris organiques flottants.

Le moyen le plus simple dont on dispose pour activer la ventilation consiste à ouvrir les fenêtres ou les portes : il se produit immédiatement un violent courant d'air froid,

---

[1] Les expériences du général Morin ont montré que l'air introduit dans une pièce par un orifice quelconque, conserve sa forme de jet, sa vitesse et frappe directement les obstacles qu'il rencontre ; à une vitesse de 1 mètre par seconde, le courant se fait sentir à une distance de 3 mètres. Au contraire, l'air aspiré afflue de toutes parts vers l'orifice d'appel et n'arrive qu'avec une faible vitesse. L'air arrivant dans une pièce, même à une température élevée, mais avec une vitesse un peu grande, fait éprouver une sensation de froid.

entrant dans la pièce par presque toute la surface de la baie,
tandis que l'air vicié, plus chaud, sort par la partie supérieure de l'ouverture. Pour éviter l'inconvénient de ces
courants d'air, toujours gênants et dangereux pour les
occupants, on se borne souvent à ménager à la partie supérieure des fenêtres des vasistas placés assez haut pour que
le courant d'air produit ne puisse gêner, ou, mieux encore,
on dispose des vitres perforées ou des ventilateurs à per-
siennes qui ont l'avantage de mul-
tiplier les orifices d'entrée d'air,
tout en permettant de modérer
l'appel.

Le ventilateur de Serringham
qu'on utilise parfois est simplement
formé d'un volet à joues latérales
tournant autour d'un axe horizontal placé à la partie inférieure. Les
deux joues sont destinées à empêcher l'air froid de tomber directement sur la tête des personnes placées immédiate-
ment au-dessous.
Ces appareils ne
sont efficaces que
lorsqu'ils sont
combinés avec
une cheminée en
action. On em-
ploie également
les ventilateurs
de Watson et de
Markindell. Le
premier se com-
pose uniquement

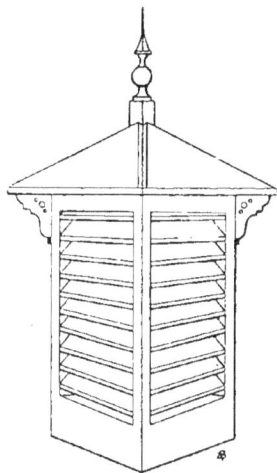

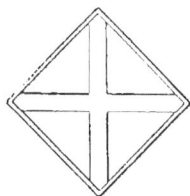

FIG. 195.

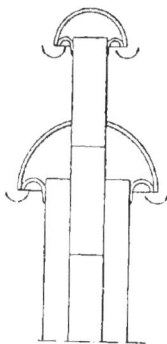

FIG. 196.

d'un tuyau rectangulaire séparé en deux par un diaphragme,
et donne un effet utile très réduit ; le second se compose de
tuyaux concentriques, le tuyau intérieur descendant dans la
salle à ventiler, à 0ᵐ,20 plus bas que le niveau du plafond et
présentant une large collerette horizontale qui répartit l'air

froid sur une large surface, l'air vicié étant aspiré directement par le tuyau central, plus élevé.

Dans les bureaux, et d'une manière générale dans les pièces chauffées par poêles, on établit des cheminées de ventilation en tôle ou en bois (*fig.* 195), prenant naissance au plafond et débouchant à 5 ou 6 mètres au-dessus du toit. Ce procédé peut s'appliquer sous une autre forme, et sans grands frais aux logements les plus modestes ; il suffit de disposer le tuyau du poêle comme l'indique la figure 196.

Enfin, pour activer la ventilation, qui est presque nulle en été, on utilise des appareils analogues à ceux décrits sur les figures 20 et 22, que l'on place au sommet des conduits d'évacuation ; ces *ventilateurs*, ou *aérospires*, lorsqu'ils fonctionnent bien, créent, par leur mise en mouvement sous l'influence des vents, une légère dépression favorisant la sortie des gaz viciés.

§ 2. — VENTILATION PAR CHEMINÉE CHAUFFÉE

136. Généralités. — Dans la ventilation naturelle, l'extraction de l'air vicié se fait toujours inégalement suivant la température extérieure et la direction du vent. Pour obvier à ces inconvénients, il convient simplement d'installer une canalisation d'air vicié et de produire, à la base d'un collecteur unique, un appel d'air suffisant pour entraîner la totalité de l'air vicié produit dans le local. Ce procédé de ventilation nécessite donc une *cheminée d'appel* chauffée d'une façon quelconque et dont le foyer est placé soit dans les combles, soit dans les caves du local à ventiler ; dans ce système, appelé également *ventilation artificielle physique*, il convient de distinguer :

1° La ventilation avec appel *par le haut*, ou ventilation artificielle *normale* (*fig.* 197), réalisée avec une canalisation minima et une cheminée présentant très peu de hauteur. Ce système, économique d'installation, est aussi le plus logique. Si l'on oublie d'allumer le foyer, il se produit toujours une circulation des gaz viciés et évacuation par-

tielle ; par contre, le foyer étant placé dans les combles,
l'entretien en est difficile, sauf
dans le cas où l'on emploie une
rampe de gaz. En utilisant le
mouvement ascensionnel de
l'air, on favorise l'appel *direct*
des bouches d'admission à celles
d'évacuation. Pour diminuer cet
inconvénient, qui oblige à un
renouvellement exagéré et, par
suite, coûteux, il faut multiplier
les orifices d'entrée et de sortie ;
néanmoins, à chaque ouverture
de porte ou de fenêtre, il se
produit un courant d'air intense
allant aux bouches d'appel.

2° La ventilation avec appel
par le bas, ou ventilation physique *renversée* (*fig.* 198), qui nécessite la construction d'une
cheminée élevée et une canalisation très développée. Dans
ce système, l'entretien du foyer
se fait facilement ; le brassage
de l'air s'effectue mieux que
dans le cas précédent, et l'on
n'a pas à craindre les courants
d'air. Mais, si l'on néglige d'allumer le feu dans la cheminée
d'appel, il n'y a plus de ventilation, à moins qu'on n'ait eu
le soin de disposer dans les
locaux des bouches d'évacuation,
hautes, en prévision de cet oubli.
Au point de vue de la consommation de charbon nécessaire
pour produire l'appel, c'est ce
procédé qui est le plus écono-

Fig. 197.

mique ; on doit l'employer de préférence dans les salles de

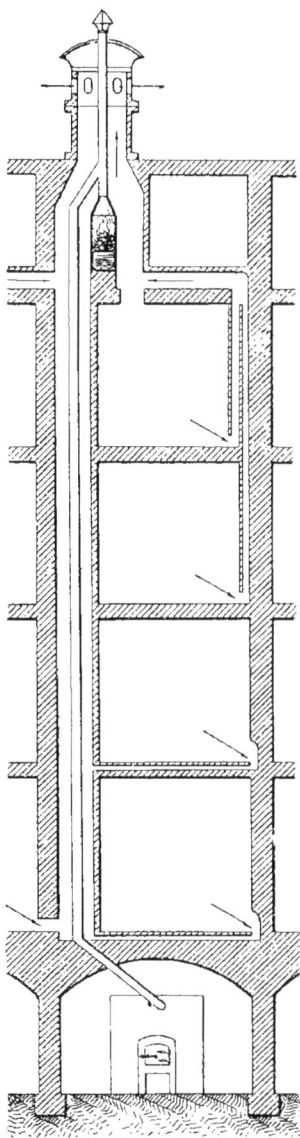

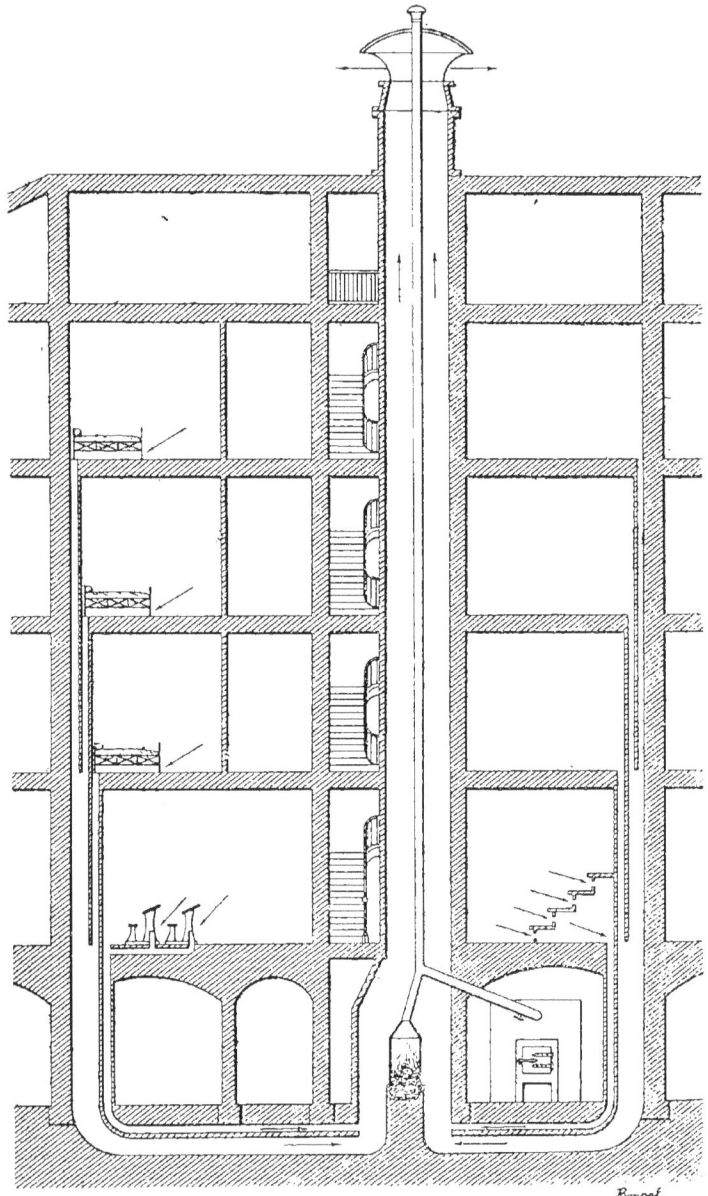

Fig. 198.

réunion, amphithéâtres, etc., lorsqu'on ne dispose pas de moyens mécaniques.

3° La ventilation par appel à niveau (*fig.* 199). Celle-ci peut se faire en utilisant les cheminées ordinaires des appartements et en établissant, en outre, une cheminée centrale où viennent déboucher directement les conduits aboutissant aux orifices pratiqués à la partie inférieure des locaux.

On applique parfois le système de ventilation mixte tel qu'il est représenté sur la figure 200. On simplifie ainsi la canalisation, et l'on réduit sensiblement la section de la cheminée d'appel. Ce procédé, qui participe à la fois des deux premiers, ou de l'appel par le bas et de l'appel à niveau, paraît avantageux pour la ventilation des maisons de rapport présentant une grande hauteur.

137. Dispositions diverses du foyer. — Le tirage, dans les cheminées d'appel, peut être effectué de différentes manières. Lorsqu'on dispose d'un calorifère, on établit le tuyau de fumée dans l'axe de la cheminée d'appel, et la chaleur abandonnée, jointe à

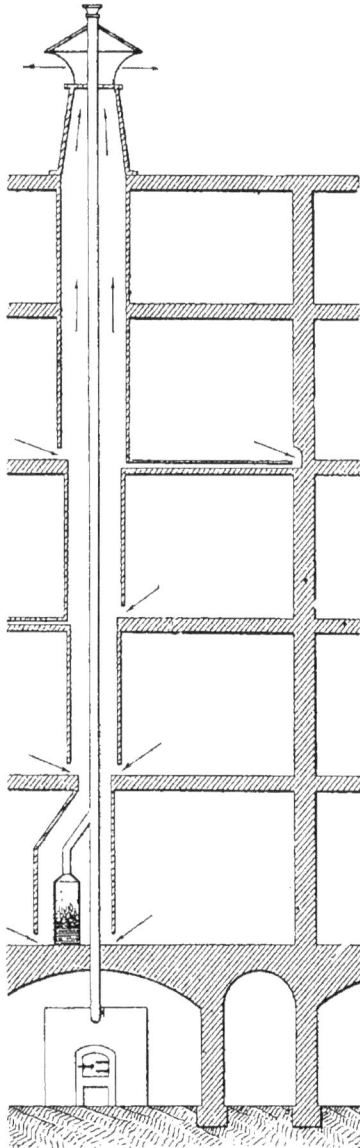

Fig. 199.

16

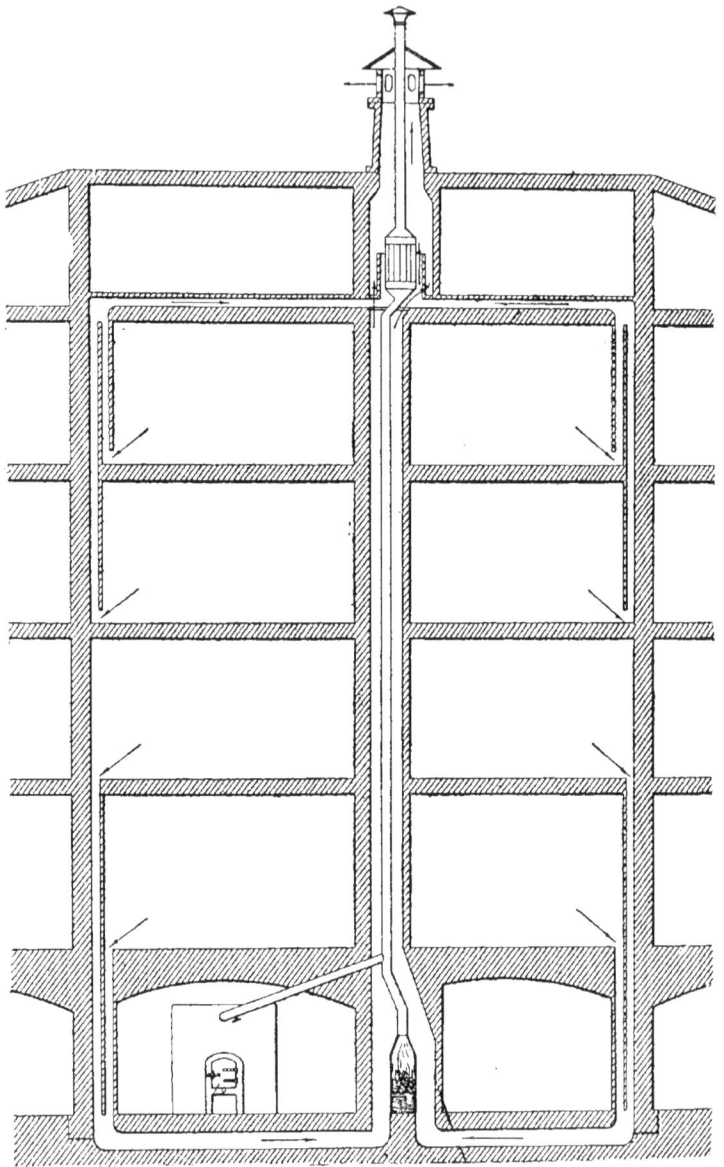

Fig. 200.

la force ascensionnelle de l'air vicié qui se trouve à une température relativement élevée, est largement suffisante pour produire l'appel avec une vitesse dépassant 3 mètres par seconde.

En été, lorsque le calorifère ne fonctionne pas, on produit l'appel au moyen d'un foyer spécial dont le tuyau de fumée se raccorde avec celui du calorifère (*fig.* 197).

Lorsque l'établissement à ventiler possède un chauffage continu par la vapeur ou l'eau, il suffit de disposer, à la base de la cheminée d'appel, un serpentin de développement suffisant pour déterminer le tirage ; en été, on adopte la même disposition de foyer auxiliaire.

Enfin, pour les petites installations, on peut, pour supprimer tout espèce d'entretien, produire l'appel au moyen d'une couronne de gaz, de préférence à un poêle à chargement continu ; mais le chauffage par le gaz est évidemment peu économique.

Le foyer se place toujours à la base de la cheminée d'appel ; lorsqu'il est en sous-sol, il se trouve à proximité de la chambre de chauffe, quand celle-ci existe, afin de créer le plus petit déplacement possible au personnel chargé de l'entretien. Le foyer placé dans les combles n'est avantageux que dans le cas d'un chauffage continu par l'eau chaude, et, à cet effet, on donne au vase d'expansion des dimensions suffisantes pour qu'il puisse à lui seul assurer le tirage ; en été, on se sert d'un foyer auxiliaire établi dans le sous-sol.

138. Conduits. — Les conduits d'évacuation se construisent en boisseaux ordinaires, de dimensions commerciales. On compte généralement sur une section de $3^{cm2},8$ à $4^{cm2},6$ par mètre cube de capacité à ventiler. Il est nécessaire, dans les parcours horizontaux, de donner aux conduits une légère pente ascendante pour faciliter le mouvement de l'air.

Dans les maisons d'habitation, la ventilation des cuisines doit être étudiée d'une façon spéciale. Dans bien des cas, malgré la présence des hottes très développées, l'évacuation des odeurs provenant des opérations culinaires se fait très imparfaitement; cela tient simplement à l'insuffisance du tirage, qu'il est très facile d'améliorer.

Un procédé de construction excellent, et très répandu, consiste à placer le tuyau de fumée du fourneau de cuisine au centre d'un conduit plus grand servant d'évacuation aux gaz de la hotte. Ce dernier doit se monter très droit, en boisseaux ordinaires, et le tuyau de fumée intérieur, en tôle, débouche à la partie haute, un peu au-dessus de la lanterne qui termine le grand conduit, après avoir échauffé l'air environnant d'une façon suffisante pour assurer un bon tirage. Le seul inconvénient de cette construction réside dans la difficulté que présente le ramonage du grand conduit.

On supprime cet inconvénient en divisant le conduit d'évacuation de la hotte en trois parties, celle du milieu servant de conduit de fumée au foyer et chauffant les deux conduits latéraux dans lesquels circulent les gaz de la hotte. Les parois séparatives sont constituées par des plaques de fonte à emboîtement dans le sens vertical, et scellées latéralement dans des languettes ménagées dans la brique avec solins soignés pour assurer une étanchéité suffisante. Ainsi assurée, la ventilation se fait facilement (*fig.* 201).

On arrive au même résultat en constituant les cloisons

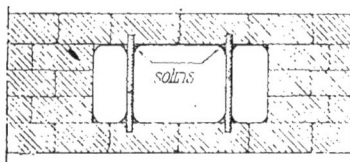

Fig. 201.

au moyen de poteries spéciales soigneusement maçonnées (*fig.* 202 et 203).

Dans les appartements, les appareils employés pour le chauffage continu par l'eau ou la vapeur se prêtent parfaitement à la ventilation par appel. Les radiateurs, montés avec circulation d'air, sont d'un usage courant.

En été, l'ouverture des fenêtres suffit généralement au

renouvellement de l'air; mais on a vu plus haut qu'il était toujours préférable de ménager des bouches de sortie d'air vicié à la partie haute des salles. Généralement on se sert des corniches des plafonds pour dissimuler les conduites ;

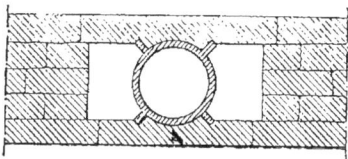
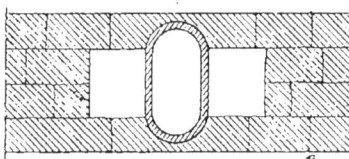

Fig. 202.   Fig. 203.

lorsque celles-ci n'existent pas, il est toujours facile de former, en abattant les angles des encadrements, au moyen de planches assemblées, un conduit triangulaire qui aboutit à la conduite générale.

139. Ventilation par le gaz d'éclairage. — Les différentes compagnies d'éclairage par le gaz se sont livrées à des recherches très intéressantes sur l'utilisation du gaz comme moyen de ventilation. A l'Exposition de 1889, le Pavillon du Gaz était parfaitement aménagé pour se prêter à des expériences qui ont pleinement réussi, et l'on peut dire que, depuis cette époque, les nombreuses applications qui ont été faites ont bien démontré l'économie et l'hygiène de ce système.

Si l'on choisit, comme exemple, la ventilation d'un appartement, les pièces les plus fréquentées sont généralement le salon et la salle à manger; il suffira, au lieu de lustres ordinaires, de disposer des lampes à *récupération* [1], montées en *ventilation*, pour assurer l'évacuation de l'air. A cet effet, il est nécessaire de disposer, soit dans l'épaisseur du plancher, soit par dessous, une canalisation en tôle ou en poterie, qui conduira les produits de la combustion dans une cheminée de ventilation. On peut dissimuler la canalisation sous la forme extérieure, apparente, de fausses poutres donnant

[1] Lampes Cromatie et Wenham.

lieu à un plafond cloisonné. La figure 204 donne un exemple de disposition adoptée pour le montage en ventilation d'une lampe Wenham.

L'avantage de ce système résulte de ce fait que les produits de la combustion ne se répandent plus dans les locaux ; il n'y a plus à craindre la détérioration des peintures, des décorations exposées, avec un éclairage ordinaire, à recevoir non seulement des gaz chauds, mais quelquefois la fumée provenant du mauvais réglage d'un bec ; de plus, la ventilation, pendant les heures d'allumage, peut être considérée

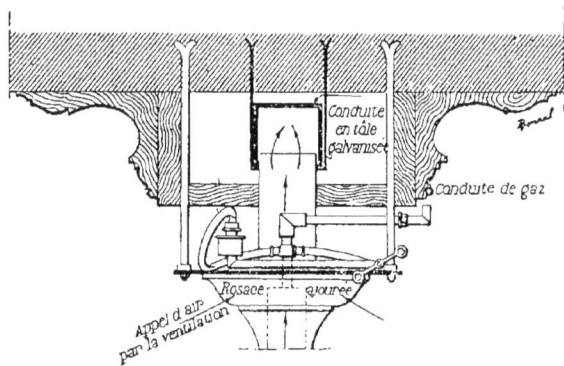

Fig. 204.

comme absolument gratuite. Les frais de premier établissement sont cependant plus élevés que pour une installation ordinaire.

Il est clair que, dans beaucoup de cas, cette ventilation n'est pas suffisante, même pendant les heures d'allumage, et qu'elle nécessite la présence d'une ventilation corrélative, assurée soit à l'aide de ventilateurs spéciaux (Bellot), soit à l'aide de vitres perforées placées à la partie supérieure des fenêtres.

En Angleterre, on emploie depuis longtemps, pour la ventilation, des appareils dits *Sun-burners*, consistant dans la combinaison d'un certain nombre de becs Manchester fixés horizontalement sur un cercle, de manière à former une étoile ; on réunit un certain nombre de ces appareils à une certaine distance du plafond et on les place sous deux cheminées concentriques qui emportent au dehors les produits de la combustion. On règle la vitesse des gaz brûlés à l'aide d'un papillon. Pendant le jour, on peut mettre ces appareils en veilleuse, et la ventilation qu'ils déterminent peut être encore considérée comme suffisante.

La réunion des conduites d'évacuation dans une cheminée spéciale a pour effet d'empêcher de découvrir les fuites, s'il s'en produit ; d'autre part, si l'on fait évacuer les gaz chauds par certains orifices placés le plus près possible du plafond, on n'est plus garanti contre la détérioration des peintures.

En outre, l'emploi des tuyaux de tôle pour la confection des conduites n'est pas exempt d'inconvénients ; les produits de la combustion les attaquent facilement. Enfin il est nécessaire de ménager, pour permettre la vidange facile de l'eau de condensation et empêcher son retour aux brûleurs, des pentes suffisantes et continues.

CHAPITRE II

VENTILATION MÉCANIQUE

---

§ 1. — Généralités

140. La ventilation mécanique s'impose dans le cas où le renouvellement de l'air doit être très actif ; dans les hôpitaux, salles de spectacle ou de réunion, établissements industriels insalubres, et en général lorsqu'il y a agglomération d'occupants pendant un temps assez long.

Les procédés de ventilation par appel, précédemment décrits, ne produisent qu'une circulation d'air insuffisante, étant donné que la dépression moyenne obtenue avec une cheminée d'appel de 25 à 30 mètres de hauteur n'est guère que de 4 millimètres d'eau, en marche normale ; l'utilisation du combustible est très faible.

Par contre, l'emploi de ventilateurs permet d'obtenir un renouvellement d'air considérable, sans exiger une augmentation sensible des frais de premier établissement ; seule la force motrice est nécessaire ; mais la dépense occasionnée par la présence d'un moteur spécial, comparée au résultat obtenu, démontre l'économie manifeste résultant de l'emploi de ces appareils.

Les *injecteurs*, appareils d'un usage moins général que les ventilateurs, mais n'exigeant pas de moteur, sont d'un rendement moins avantageux.

La ventilation mécanique se réalise de deux manières, par *insufflation* ou par *aspiration*.

1° **Ventilation par insufflation.** — Ce mode de ventilation, très avantageux, exige l'emploi de *ventilateurs soufflants ;* il crée une légère surpression dans les locaux ; surpression qui évite les rentrées d'air par les interstices des portes et des fenêtres et ne nécessite que des conduites de section limitée pour amener l'air chaud aux points où il doit être distribué. Il est très facile, par ce procédé, de faire varier la quantité d'air insufflé et sa vitesse.

On peut réaliser une ventilation *par infiltration* ou *par pulsion* sans employer de force motrice. Il résulte de l'étude faite précédemment qu'il suffit d'établir un *calorifère quelconque*, en un point suffisamment en contre-bas des locaux à chauffer et à ventiler, pour que la vitesse de la colonne d'air chaud soit assez forte pour vaincre toutes les résistances interposées. Dans l'établissement d'un chauffage continu par l'air chaud, l'emploi d'un ventilateur soufflant n'est indispensable que lorsque les résistances opposées au passage de l'air chaud dans les conduites sont considérables, ou que les prises d'air ne sont pas suffisantes pour assurer le débit exigé.

2° **Ventilation par aspiration.** — Ce système crée une dépression dans les locaux et une rentrée de l'air extérieur par tous les interstices. Au point de vue de l'installation, si l'on excepte le plus grand développement à donner aux gaines de sortie de l'air insufflé pour diminuer sa vitesse, les frais de premier établissement sont les mêmes que pour l'insufflation ; dans certains cas même, comme par exemple dans les établissements industriels insalubres, les gaines d'aspiration sont plus développées que les bouches d'émission.

La ventilation par aspiration produit une différence de température notable entre le haut et le bas des salles ventilées ; elle s'emploie de préférence lorsqu'il faut enlever des gaz délétères, ou chasser des miasmes aux endroits mêmes où ils se produisent ; l'aspiration permet en effet d'enlever toutes les impuretés sans les diluer dans les locaux voisins.

141. **Injecteurs de vapeur.** — Les injecteurs de vapeur, construits sur des principes décrits d'autre part [1], produisent

---

[1] Injecteurs Kœrting, Friedmann, etc., décrits dans le volume *Locomotive et Matériel roulant*.

à l'orifice de sortie des dépressions que l'on utilise pour
déterminer un appel d'air extérieur. Ces appareils présentent
un rendement très faible (environ 10 0/0), et la dépression
qu'ils produisent est sensiblement proportionnelle à la pression de la vapeur injectée ; ils ont l'avantage de tenir peu de
place, de n'exiger que peu d'entretien et de coûter relativement bon marché.

§ 2. — DES VENTILATEURS

142. Définition et classification. — Les *ventilateurs* sont
des appareils formés par des palettes fixées sur un axe et
pouvant tourner en même temps que lui. Généralement l'air
est aspiré par des canaux très développés ménagés autour
de l'axe, et appelés les *ouïes* ou *œillards* du ventilateur ; une
enveloppe, en tôle ou en maçonnerie, de forme variable suivant le but à atteindre, isole l'appareil de l'extérieur. Les
conduits qui amènent l'air au ventilateur, ou qui le déversent
dans une enceinte quelconque, sont plus spécialement appelés *buses* d'entrée ou de sortie de l'air.

Considérés au point de vue de leur construction, les ventilateurs peuvent se classer dans une des quatre catégories
suivantes :

1º Les ventilateurs centrifuges, dont les types les plus usités sont ceux de Farcot, d'Anthonay, Ser, Bourdon, etc. ;

2º Les ventilateurs centripètes, dont celui de Desgoffes et
de Georges est un exemple ;

3º Les ventilateurs à hélice, tels que ceux de Farcot, Geneste-Herscher, etc. ;

4º Les ventilateurs à capacité variable ; les plus usités sont
ceux de Root et Fabry.

Considérés au point de vue de l'effet à produire, on distingue :

1º Les ventilateurs *aspirants*, qui aspirent l'air par une
conduite d'*appel* et le refoulent directement dans l'atmosphère ;

2º Les ventilateurs *soufflants*, qui aspirent l'air dans l'atmosphère et le refoulent ou le soufflent dans une conduite ;

3° Les ventilateurs aspirants et soufflants, qui possèdent à la fois une conduite d'aspiration aboutissant à l'axe et une conduite de refoulement. La figure 205 représente la disposi-

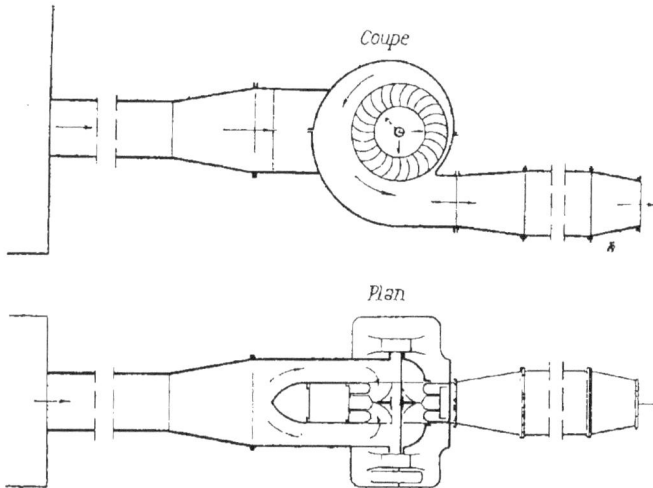

Fig. 205.

tion d'un tel ventilateur, les flèches indiquant le sens de la marche de l'air.

143. De quelques types de ventilateurs. — Généralités. — Les ventilateurs à force centrifuge sont très employés pour la ventilation des édifices ; comme les résistances à vaincre dans le parcours des conduites sont généralement faibles, on construit des appareils pouvant produire une pression maxima de 80 millimètres de hauteur d'eau, le nombre de tours par minute variant de 200 à 2.000, suivant les dimensions. Ces ventilateurs sont dits à *basse pression*, en opposition à ceux employés pour les forges, souffleries diverses, qui sont destinés à vaincre des pressions énormes.

La figure 206 donne un exemple de ventilateur construit par M. Ser, d'après une théorie énoncée par cet ingénieur [1],

[1] Une théorie complète des ventilateurs à force centrifuge, à hélices, se trouve énoncée dans l'ouvrage de M. SER : *Traité de Physique industrielle*.

et confirmée par de nombreuses expériences. Le rendement de cet appareil varie de 65 à 80 0/0, alors que les ventilateurs ordinairement employés n'atteignent pas un rendement de 50 0/0.

Le ventilateur Ser se compose d'une roue, formée d'un plateau circulaire fixé sur l'arbre de rotation et portant un certain nombre d'ailettes courbes, en tôle. L'air, aspiré directement dans l'atmosphère par deux ouïes ménagées autour

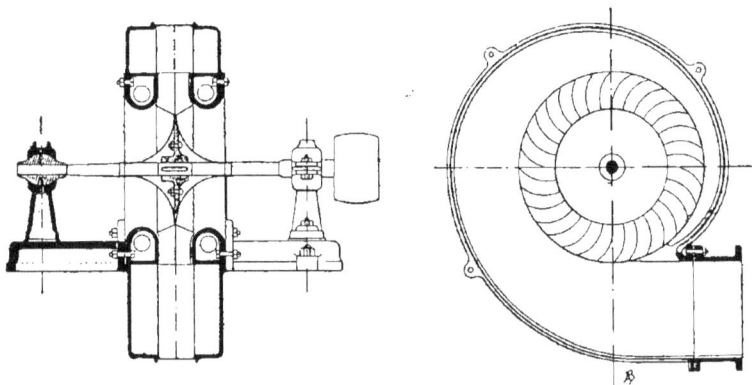

FIG. 206.

de l'arbre, est refoulé, par la rotation des ailettes, dans une enveloppe en forme de spirale qui le conduit à la buse d'échappement, sur laquelle est fixée la conduite de refoulement. Les dispositions sont prises et les angles des ailettes déterminés pour que l'air arrive à la roue mobile avec une vitesse régulière et sans coudes brusques, qu'il pénètre sans choc entre les ailettes et que les veines successives qui s'échappent à la circonférence s'épanouissent librement dans l'enveloppe, parallèlement les unes aux autres, en conservant leur vitesse.

Dans ce genre de ventilateurs, la pression de l'air est sensiblement égale à celle qui correspond à la vitesse de la circonférence du plateau portant les aubes.

Dans la construction des ventilateurs aspirants on cherche parfois à diminuer la vitesse de l'air à la sortie des aubes; à cet effet, la partie des ailes située près de la couronne est inclinée en sens inverse du mouvement de rotation. La dépression produite correspond alors à la vitesse du point des aubes situé à la naissance de l'inflexion de la courbe.

D'expériences faites récemment en Angleterre [1] il résulte :

1° Que les ventilateurs composés d'ailettes peu nombreuses et de forme simple donnent les meilleurs résultats, pourvu que la forme de ces aubes et les dimensions de l'enveloppe soient convenablement établies ;

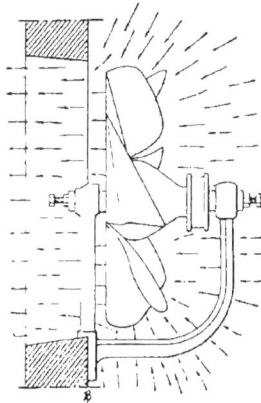

Fig. 207.

2° Les ventilateurs compliqués présentent des résistances intérieures trop considérables pour offrir un bon rendement mécanique dans le cas où le refoulement doit se faire à haute pression.

On a également pu vérifier les lois suivantes, énoncées depuis longtemps :

1° Le *débit* d'un ventilateur varie en raison directe de la vitesse ;

2° La *pression* varie en raison du carré de la vitesse ;

3° Le *travail effectif* absorbé varie comme le cube de la vitesse.

Le *ventilateur centripète* de Desgoffe et de Georges peut se classer dans la catégorie des *déplaceurs d'air*, c'est-à-dire parmi les ventilateurs à grand débit et à faible pression ; il donne néanmoins de bien meilleurs résultats que la plupart de ces *déplaceurs d'air* dont les résultats semblent peu efficaces.

Les ailes (*fig.* 207) sont en forme de conoïde parabolique, excentrées sur le moyeu de l'appareil, avec lequel elles sont reliées par la partie plate hexagonale qui fait suite à leur courbe parabolique.

[1] Mémoire présenté à la Société des ingénieurs civils de Londres, par MM. Keeman et Gilber-Donkin (décembre 1895).

Ces ventilateurs, comme tous les déplaceurs d'air, peuvent être placés contre les murs, ou appliqués au plafond des salles à ventiler ; mais la pose en diffère en ce que leurs *ailes doivent toujours être complètement en saillie vers l'intérieur du local où ils sont placés*, et non logés dans une enveloppe ou dans l'encastrement d'un mur ou d'une charpente.

Ils tournent sans bruit et fonctionnent régulièrement.

Les *ventilateurs à hélice (fig. 208)* se composent, comme les ventilateurs précédemment décrits, d'un certain nombre d'ailes montées sur un arbre auquel on donne un mouvement de rotation ; ils en diffèrent en ce que les ailes, au lieu d'être des surfaces cylindriques avec génératrices paral-

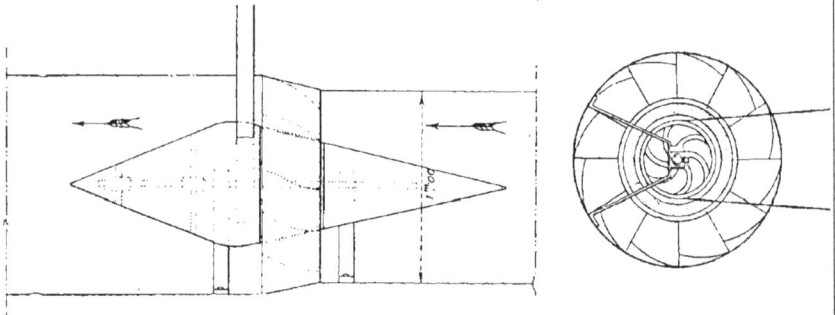

Fig. 208.

lèles à l'axe, sont des surfaces hélicoïdales inclinées sur l'axe, de telle sorte qu'elles impriment à l'air non seulement un mouvement de rotation, mais encore un mouvement de translation dans le sens de l'axe. Le ventilateur Geneste-Herscher possède douze ailes ; le noyau tronconique est établi pour empêcher les courants rentrants. Un ventilateur de ce genre, de 1 mètre de diamètre, tournant à 350 tours, débite environ 6.000 mètres cubes et exige une force de 3/4 de cheval.

Les ventilateurs à ailes hélialoïdes de Fouché, Farcot, etc., présentent souvent un rendement assez faible ; cela tient à ce qu'il est nécessaire, pour chaque application spéciale, de choisir les inclinaisons les plus favorables pour le pas des ailes, leur surface, le diamètre de l'enveloppe et celui du noyau, la forme de ces différentes parties, etc. En tenant compte de ces considérations, déduites des applications antérieures, on construit de bons appareils produisant une dépression donnée (de 5 à 25 millimètres de hauteur d'eau) et un déplacement d'air moyen fixé *a priori*, entre des *limites de vitesses assez restreintes*. Si l'on dépasse la vitesse maxima prévue, il se produit une déformation notable des ailes, surtout dans les grands appareils, et diminution du rendement mécanique.

Tous les constructeurs possèdent actuellement des modèles de toutes dimensions, pouvant se fixer dans des positions diverses, selon les besoins; on peut les monter avec des moteurs électriques, ce qui permet de se soustraire à l'établissement d'une machine motrice, si l'on dispose d'un courant électrique. Jusqu'à présent, le rendement des appareils ainsi établis est très faible.

On trouvera dans le tableau suivant les dimensions de la turbine d'un ventilateur à faible pression pouvant débiter un volume d'air préalablement déterminé, à une vitesse donnée; on en déduira approximativement l'espace à réserver.

144. Volume d'air débité par heure et par seconde par des ver...

DIAMÈTRE DE LA TURBINE		0m,500		0m,600		0m,700		0m,800	
Section de la Buse		0m2,1200		0m2,1700		0m22320		0m2,3040	
Pression en millit. d'eau	Vitesse de l'air à la buse	Nombre de tours par minute	Volume débité par heure et par seconde	Nombre de tours par minute	Volume débité par heure et par seconde	Nombre de tours par minute	Volume débité par heure et par seconde	Nombre de tours par minute	Volume débité par heure et par seconde
			m. cubes		m. cubes		m. cubes		m. cubes
5	8,94	586	3.860 / 1,073	490	5.470 / 1,519	420	7.470 / 2,074	360	9.790 / 2,718
10	12,65	830	5.460 / 1,518	700	7.740 / 2,150	600	10.570 / 2,935	525	13.840 / 3,845
15	15,49	1.020	6.700 / 1,860	850	9.480 / 2,633	735	12.940 / 3,593	645	16.960 / 4,712
20	17,89	1.200	7.730 / 2,148	990	10.950 / 3,041	850	14.940 / 4,150	725	19.590 / 5,441
25	20,00	1.320	8.640 / 2,400	1.100	12.240 / 3,400	946	16.700 / 4,640	800	21.890 / 6,080
30	21,91	1.450	9.460 / 2,628	1.200	13.400 / 3,723	1.040	18.230 / 5,080	900	23.980 / 6,660
35	23,66	1.560	10.240 / 2,844	1.300	14.480 / 4,022	1.100	19.760 / 5,849	970	25.890 / 7,192
40	25,30	1.670	10.930 / 3,036	1.400	15.520 / 4,301	1.200	21.130 / 5,869	1.045	27.690 / 7,692
45	26,83	1.780	11.580 / 3,219	1.450	16.420 / 4,561	1.265	22.410 / 6,224	1.100	29.360 / 8,156
50	28,28	1.870	12.220 / 3,393	1.500	17.310 / 4,805	1.340	23.620 / 6,561	1.160	30.950 / 8,597

DIAMÈTRE DE LA TURBINE		1m,400		1m,600		1m,800		2m.000	
Section de la Buse		0m2,9300		1m2,2100		1m2,5300		1m2.9000	
Pression en millit. d'eau	Vitesse de l'air à la buse	Nombre de tours par minute	Volume débité par heure et par seconde	Nombre de tours par minute	Volume débité par heure et par seconde	Nombre de tours par minute	Volume débité par heure et par seconde	Nombre de tours par minute	Volume débité par heure et par seconde
	m.		m. cubes		m. cubes		m. cubes		m. cubes
5	8.94	210	29.930 / 8,314	180	38.940 / 10,817	160	49.240 / 13,678	144	61.150 / 16,986
10	12.65	300	42.350 / 11,764	260	55.100 / 15,306	230	69.680 / 19,354	210	86.530 / 24,035
15	15.49	360	51.900 / 14,415	320	67.520 / 18,755	285	85.380 / 23,715	250	106.020 / 29,450
20	17.89	425	59.930 / 16,647	360	77.980 / 21,659	330	98.580 / 27,387	300	122.440 / 34,010
25	20.00	470	66.960 / 18,600	400	87.120 / 24,200	369	110.020 / 30,600	330	136.800 / 38,000
30	21.91	520	73.320 / 20,367	450	95.440 / 26,511	405	120.630 / 33,507	360	149.800 / 41,610
35	23.66	550	79.210 / 22,004	485	102.880 / 28,628	435	130.320 / 36,200	390	161.840 / 44,954
40	25.30	600	84.700 / 23,529	520	110.210 / 30,613	460	139.350 / 38,709	415	173.050 / 48,070
45	26.83	630	88.530 / 24,952	550	116.870 / 32,464	490	147.780 / 41,050	440	183.520 / 50,977
50	28.28	670	94.952 / 26,319	580	123.320 / 34,243	515	155.980 / 43,300	470	193.440 / 53,732

tilateurs à grand débit et à basse pression (Système d'ANTHONAY)

| 0m,900 | | 1m,000 | | 1m,100 | | 1m,200 | |
| 0m2,3840 | | 0m2,4750 | | 0m2,5730 | | 0m2,6840 | |
Nombre de tours par minute	Volume débité par heure et par seconde	Nombre de tours par minute	Volume débité par heure et par seconde	Nombre de tours par minute	Volume débité par heure et par seconde	Nombre de tours par minute	Volume débité par heure et par seconde
	m. cubes		m. cubes		m. cubes		m. cubes
320	12.360 / 3,433	286	15.290 / 4,246	267	18.440 / 5,122	245	22.010 / 6,115
465	17.490 / 4,857	420	21.630 / 6,008	382	26.100 / 7,248	350	31.150 / 8,652
572	21.410 / 5,948	500	26.490 / 7,357	469	31.950 / 8,875	425	38.170 / 10,602
660	24.730 / 6,870	600	30.610 / 8,502	541	36.910 / 10,251	495	44.080 / 12,243
735	27.650 / 7,680	660	33.200 / 9,500	600	41.620 / 11,560	550	49.230 / 13,680
810	30.290 / 8,413	720	37.470 / 10,407	660	45.180 / 12,548	600	53.930 / 14,979
873	32.720 / 9,035	780	40.460 / 11,238	715	48.810 / 13,557	650	58.260 / 16,183
935	34.980 / 9,715	830	43.260 / 12,017	765	52.190 / 14,497	700	62.300 / 17,305
990	36.100 / 10,027	880	45.880 / 12,744	811	55.340 / 15,373	725	66.070 / 18,352
1.030	39.120 / 10,867	935	48.390 / 13,442	860	56.580 / 16,216	750	69.700 / 19,357

| 2m,250 | | 2m,500 | | 2m,750 | | 3m,000 | |
| 2m2,4000 | | 2m2,9600 | | 3m2,5900 | | 4m2,2700 | |
Nombre de tours par minute	Volume débité par heure et par seconde	Nombre de tours par minute	Volume débité par heure et par seconde	Nombre de tours par minute	Volume débité par heure et par seconde	Nombre de tours par minute	Volume débité par heure et par seconde
	m. cubes		m. cubes		m. cubes		m. cubes
130	77.240 / 21,456	117	93.460 / 26,462	110	115.540 / 32,094	100	138.200 / 38,400
180	109.300 / 30,360	168	134.800 / 37,444	150	163.490 / 45,413	140	195.800 / 54,400
220	133.920 / 37,200	205	165.170 / 45,880	180	200.320 / 55,645	165	239.760 / 66,600
264	154.660 / 42,960	237	190.750 / 52,984	215	231.340 / 64,261	200	276.840 / 76,900
294	172.800 / 48,000	265	213.120 / 59,200	240	258.480 / 71,800	220	309.600 / 86,000
325	189.220 / 52,560	290	234.270 / 64,824	265	283.035 / 78,621	240	338.760 / 94,100
348	204.320 / 56,784	315	252.120 / 70,033	280	305.780 / 84,939	260	366.120 / 101,700
372	218.600 / 60,720	335	269.600 / 74,868	290	326.980 / 90,827	275	391.680 / 108,800
396	231.810 / 64,362	360	285.900 / 79,416	330	346.750 / 96,319	295	415.080 / 115,300
415	244.510 / 67,920	370	301.570 / 83,768	340	365.750 / 101,597	310	437.760 / 121,660

145. Humidificateurs. — **Pulvérisateurs d'eau.** — Il est indispensable, pour assurer des conditions de bonne marche pour la fabrication, dans les établissements de filature et de tissage, que le renouvellement de l'air soit accompagné de l'humidification de cet air. Il existe deux procédés pour arriver à ce résultat.

1° *Ventilation des ateliers avec de l'air mouillé par de l'eau pulvérisée sous une forte pression.* — Parmi les bons appareils fonctionnant sur ce principe, il faut indiquer l'*humidificateur d'air à jet d'eau* de Kœrting, dont la partie essentielle est une tuyère de pulvérisation à spirale. En envoyant un jet d'eau sous pression dans cette tuyère, la spirale qui y est placée imprime un mouvement de rotation au jet et le fait sortir sous forme de cône renversé et divisé en poussière très ténue. L'effet aspirant du jet entraîne une grande quantité d'air qui se sature complètement. Les grosses gouttelettes d'eau, en excès, sont retenues par des pavillons placés à la sortie de l'appareil et réunies ensuite dans une bâche où l'eau est filtrée et réemployée.

Ce procédé a l'inconvénient de ne pas répartir convenablement l'humidité dans toutes les parties d'une même salle, parce qu'il y a excès d'humidité dans le voisinage immédiat de l'appareil et, par suite, oxydation des organes brillants et polis des machines placées près de là. Il a, par contre, l'avantage de n'exiger que des appareils tenant peu de place, économiques d'achat et d'entretien.

2° *Envoi d'air humide obtenu par l'insufflation, dans les salles, d'air qui a traversé de grandes surfaces imprégnées d'eau.* — Il existe de nombreux appareils construits sur ce principe (humidificateurs Farcot, d'Anthonay, etc.); ils ont tous l'inconvénient d'être encombrants et d'exiger des canalisations volumineuses, en bois, l'humidité oxydant le métal. L'appareil de MM. Kœcklin et Schmidt est beaucoup mieux compris. Il se compose (*fig.* 209) d'un ventilateur V, marchant à 2.000 tours environ, et chassant dans l'atmosphère des salles l'air aspiré au dehors, au travers d'un tambour en tôle T, tournant lentement dans l'eau et portant une couronne de baguettes en bois, dont le développement donne une grande

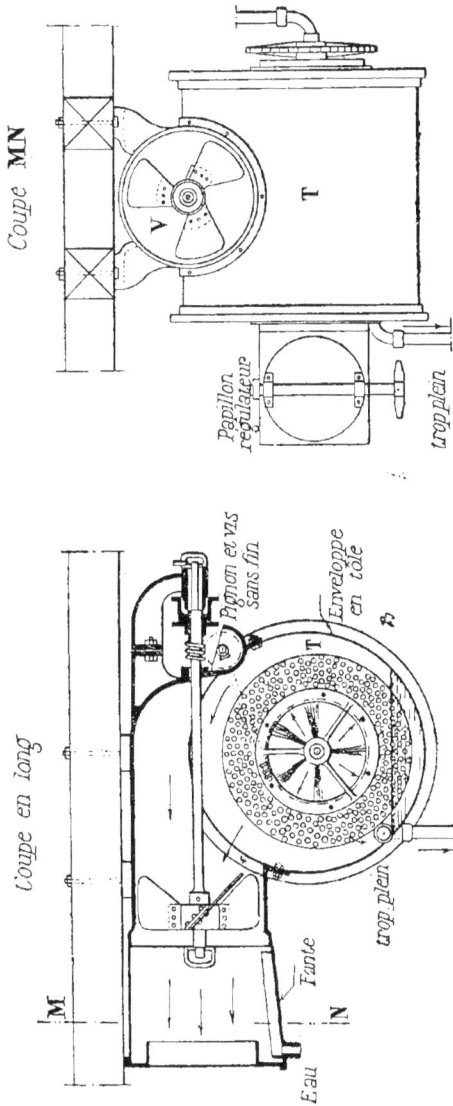

Coupe MN

Papillon
régulateur

trop plein

Pignon et vis
sans fin

Enveloppe
en tôle

Coupe en long

Fente

trop plein

Eau

Fig. 209.

surface mouillée. L'air entre par l'axe, s'humidifie sur les balais, tout en se débarrassant des impuretés qu'il entraîne avec lui, puis passe sur les baguettes du tambour où il se sature avant de passer entre les aubes du ventilateur V.

L'eau arrive sans pression, dans l'axe du tambour T, mouille les balais et se maintient à un niveau constant à la partie inférieure du tambour.

Cet *aéro-humecteur* permet l'emploi d'eau sans pression, exige peu d'entretien, le graissage ne demandant pas plus de soin que pour un ventilateur ordinaire, l'entretien et le nettoyage des balais ne se faisant que tous les deux mois, il ne projette pas de gouttelettes d'eau sur les matières de fabrique et les organes des machines.

Dans les théâtres, en été, il est nécessaire de rafraîchir l'air émis dans la salle. A cet effet, on utilise des *pulvérisateurs d'eau*, composés d'une tuyère lançant de l'eau fortement comprimée sur un obstacle où le jet se pulvérise. Ces appareils se placent au centre de la conduite de refoulement du ventilateur, et l'eau ainsi mélangée à l'air refroidit celui-ci en se vaporisant partiellement.

146. Calculs relatifs à la ventilation. — On doit distinguer deux cas : 1° Le chauffage et la ventilation sont indépendants ; 2° le chauffage et la ventilation sont solidaires.

1° Lorsque les services du chauffage et de la ventilation sont *indépendants*, il est facile d'établir les conditions qui assurent le fonctionnement régulier des services par toutes les températures, étant donné que l'on peut faire varier les quantités de chaleur introduite en modifiant alternativement ou simultanément le volume d'air extrait et la température des gaz chauds. Le problème est le même, quel que soit le système de ventilation adopté.

Dans le cas d'une ventilation par cheminée chauffée, la hauteur de celle-ci est presque toujours déterminée par la nature même du bâtiment ; elle est comprise entre 6 et 10 mètres pour l'appel par le haut et ne dépasse pas 30 mètres dans le cas de l'appel par le bas. La section S de la cheminée au sommet s'obtient en admettant une vitesse de sortie constante de 1m,50, vitesse nécessaire pour que les vents extérieurs ne gênent pas l'aspiration. On connaît *a priori* le volume V d'air à aspirer par seconde ; on a donc :

$$S = \frac{V}{1^m,50}.$$

La quantité de combustible à brûler par heure, la surface de grille, etc., se déterminent comme il a été dit précédemment (84), en admettant que la température de sortie de l'air est au minimum de 30° :

$$V = Na.$$

Pour les salles de réunion on détermine le volume d'air à ventiler V, en se basant sur un nombre moyen N d'occupants : a étant compris entre 15 et 30 mètres cubes par heure.

Pour évaluer les dimensions à donner au ventilateur, on calcule son débit par seconde $\dfrac{V}{3.600}$.

Les sections des conduites d'arrivée et de sortie de l'air s'obtiennent en supposant une vitesse de parcours comprise entre 1 et 2 mètres par seconde.

2° Lorsque le chauffage et la ventilation sont *solidaires*, le problème est plus complexe ; en effet, pour élever la température des locaux, il faut augmenter la quantité d'air admis, ou augmenter sa température ; mais cette dernière est limitée par la nature des appareils de chauffe. Il faut, en outre, tenir compte des admissions directes d'air extérieur, lorsque la ventilation se fait par appel.

Soient : V_1, le volume d'air chaud introduit à T° ; V_2, le volume d'air entrant par les fissures à température θ ; V, le volume d'air extrait par la ventilation :

$$(1) \qquad V = V_1 + V_2.$$

Le nombre de calories fourni par heure, en adoptant les mêmes notations que précédemment (p. 221), est :

$$V_1 \delta c \, (T - t).$$

Les parois de surface S et de coefficient de transmission Q perdent :

$$SQ(t - \theta).$$

L'air froid admis à θ absorbe :

$$V_2 \delta c (t - \theta),$$

et l'on a :

$$(2) \qquad V_1 \delta c (T - t) = (t - \theta)(SQ + V_2 \delta c).$$

En admettant que V_2 soit une fraction constante de la ventilation totale, $V = mV_2$, on tire de (1) :

$$V_2 = \frac{V_1}{m - 1}.$$

Tous calculs faits, on trouve l'égalité suivante, déduite de (2) :

$$t = \frac{TV_1 \delta c + \theta \left(SQ + \frac{V_1}{m - 1} \delta c \right)}{SQ + m V_1 \delta c}.$$

qui permet de déterminer la température t de la salle à ventiler, connaissant la température extérieure θ, la température de l'air chaud admis T, et son volume V_1.

Pratiquement, on prend pour valeur de T, suivant les cas :

$$T = 80 \text{ à } 100°$$

pour les calorifères à air chaud ;

$$T = 60 \text{ à } 70°$$

pour les calorifères à vapeur à haute pression et à eau chaude ;

$$T = 45 \text{ à } 55°$$

pour les calorifères à vapeur et à eau à basse pression.

De même, on prend : $m = 2$ ou $m = 3$ suivant la construction proposée.

Inversement, si le volume V_1 d'air n'est pas fixé d'avance, on peut calculer ce volume en se donnant comme condition que la température t soit comprise entre 16 et 18°.

§ 3. — DISPOSITIONS PARTICULIÈRES

147. Ventilation des ateliers. — Si l'on excepte les filatures qui forment une classe particulière d'établissements, on peut dire que les systèmes adoptés pour la ventilation des ateliers se réduisent à deux systèmes distincts : les ventilations *per ascendum* et *per descendum*, quelquefois combinées.

Dans les scieries mécaniques, par exemple, où il est nécessaire d'établir une ventilation énergique, on procède par aspiration des poussières. A cet effet, on installe au-dessus

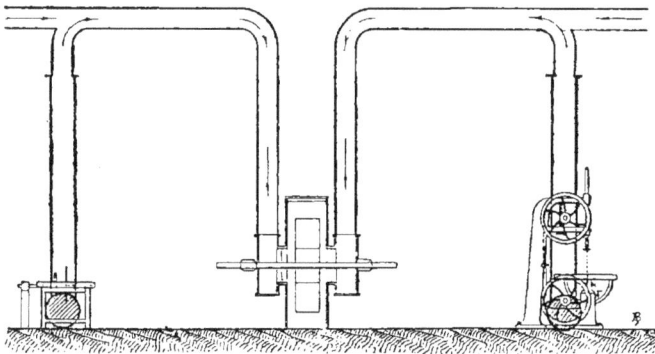

Fig. 210.

de chaque machine-outil (lorsque c'est possible) un large entonnoir en tôle ou une bouche de grandes dimensions qui enveloppe complètement la surface sur laquelle se produit l'émission de poussières (*fig.* 210). Cet entonnoir vient rejoindre, par l'intermédiaire d'un tuyau coudé, la canalisation générale installée dans l'atelier à une certaine distance du sol (ventilation *per ascendum*). Comme certaines machines (machines à tenons, scies, etc.) projettent les copeaux et poussières de haut en bas, il est préférable d'établir une conduite au-dessous de chacune d'elles (ventilation *per descendum*), et les branchements se font sur la conduite principale installée dans le sous-sol. Il est, en effet, de règle, dans les scieries, de faire la commande par dessous ; il est alors facile d'installer dans les sous-sols un ventilateur *aspirant*, qui prend son mouvement sur la transmission principale.

Par la force d'aspiration, les copeaux et les poussières se réunissent dans la conduite principale d'où ils se rendent dans la chambre de vide de l'aspirateur et passent dans une roue à ailettes qui les refoule dans une chambre spéciale à copeaux d'où ils sont extraits pour être conduits aux générateurs de la machine motrice.

Un des exemples les plus intéressants et les mieux compris dans ce genre d'installation est celui qui existe dans les ateliers de confection des bois de la Compagnie du Nord, à Tergnier.

La ventilation *per descendum* est également appliquée dans les usines où l'on manipule des substances dégageant des vapeurs *lourdes*, telles que les vapeurs mercurielles, le sulfure de carbone, etc.

Les ateliers sont d'ailleurs régis par les décrets du 1er juin 1893 et du 10 mars 1894, qui indiquent la nécessité d'établir des hottes, cheminées d'appel, tambours, etc., et fixent l'espace cubique minimum, par ouvrier, à 6 mètres cubes.

148. Ventilation des établissements publics. — Les systèmes de ventilation applicables aux grands édifices peuvent se diviser en deux catégories : ventilation par insufflation ; ventilation par appel.

En principe, il faut enlever l'air vicié là où il se produit et introduire l'air pur de façon à n'amener aucune gêne ni aucun courant d'air nuisible à l'intérieur des locaux habités.

Si l'on examine les faits comparatifs produits par une bouche soufflant de l'air et une autre aspirant à la même vitesse, on constate que la première bouche produit un courant d'air sensible à une distance notable de la bouche, tandis que le courant produit par la seconde est à peine appréciable sur la bouche même. Il faut conclure de là qu'on doit répartir, sur toute la surface ventilée, des bouches d'aspiration d'air aussi près que possible soit de la partie habitée, soit des appareils d'éclairage, qui sont une cause de viciation.

Il ne suffit pas d'enlever l'air vicié, il faut encore, et surtout, que le mouvement inévitable qu'on est obligé de produire se fasse sans trouble et quelles que soient les conditions accidentelles des locaux.

Or la ventilation par appel, employée seule, produit à l'intérieur des salles ventilées une dépression, qui, quoique minime, n'en suffit pas moins pour déterminer un mouvement rapide d'air affluant de l'extérieur par toutes les ouvertures normales ou accidentelles ; une porte ouverte, une fissure de fenêtre deviennent autant de bouches d'insufflation dont l'effet nuisible se fait sentir à grande distance.

La ventilation par appel doit être doublée d'une ventilation par insufflation amenant à grande distance des parties habitées, par des orifices ménagés à cet effet, de l'*air préparé*, c'est-à-dire chaud en hiver, froid en été, et dont le volume doit être réglé de façon à établir dans les pièces une *surpression* très minime, suffisante pour empêcher toute entrée d'air non préparé venant de l'extérieur.

Tous les locaux n'ont pas les mêmes exigences. S'il convient dans un salon d'établir la surpression, il faut, dans les cuisines, les écuries, les cabinets d'aisances, les offices et salles à manger, établir une *dépression*, afin que les odeurs qui y sont produites ne puissent se répandre dans les autres parties de l'édifice. A ce point de vue, l'étude de la répartition générale de l'air est indépendante de celle des appareils qui doivent le mettre en mouvement.

Étant donné que la ventilation par insufflation est nécessaire dans la majorité des locaux, il faut recourir à des moyens mécaniques de mise en mouvement d'air; la force mécanique est d'ailleurs, dans l'espèce, facile et économique à produire, au moyen des générateurs dont on dispose, lorsqu'on chauffe l'édifice au moyen de la vapeur.

Les appareils d'éclairage peuvent être employés au point

de vue de l'aération, notamment pour les locaux nécessitant une ventilation de nuit.

149. Ventilation des maisons d'habitation, des écoles, hôpitaux, magasins, etc. — Dans les maisons d'habitation, c'est généralement la ventilation naturelle que l'on adopte, car elle suffit dans la plupart des cas, en été comme en hiver. Cependant il est facile, lorsqu'on dispose d'un chauffage continu, d'aérer d'une façon spéciale, surtout en hiver, alors que le froid empêche de recourir à l'aération directe, les salons et les salles à manger qui reçoivent une certaine agglomération de personnes. A cet effet, on emploie une ventilation par aspiration, réalisée au moyen de bouches réparties également sur tout le développement de la corniche creuse de chaque pièce ; le conduit d'aspiration débouche dans un couloir ou se dirige vers une cheminée d'appel, s'il y a lieu. La ventilation par les appareils à gaz d'éclairage est également à conseiller.

Dans les hôtels, où l'on dispose d'un chauffage continu, on ménage des grilles d'évacuation d'air au-dessus des portes d'entrée, les cages d'escalier formant toujours cheminées d'appel.

Dans les écoles, collèges, où les salles d'études sont chauffées à l'aide de poêles-calorifères, ou de radiateurs disposés aux endroits les plus frais des locaux, la ventilation est assurée par des arrivées d'air frais passant au travers des vitres perforées, couvertes ou non de vasistas à vitres pleines, répartis dans chaque baie. L'évacuation des gaz viciés s'effectue par des bouches de sortie convenablement disposées le long d'une corniche creuse aboutissant à une cheminée de ventilation spéciale ou au conduit vertical d'évacuation ménagé autour du tuyau vertical de fumée du poêle-calorifère. Les radiateurs montés en ventilation dans les allèges des fenêtres sont d'un emploi courant dans les salles d'étude.

Dans les dortoirs, chauffés modérément l'hiver, il faut surtout éviter les courants d'air. A cet effet, l'admission peut se faire par doubles fenêtres, dont l'une extérieure, à châssis fixe, porte à sa partie supérieure des vitres perforées, et l'autre, intérieure, à une distance de $0^m,04$ à $0^m,06$ de la première, à châssis ouvrant, est à vitres pleines.

L'air descend dans le vide le long des vitres, et, passant dans l'enveloppe en tôle du cordon de chaleur alimentant la salle, s'échappe ensuite par les orifices percés sur cette gaine.

Dans l'axe longitudinal du dortoir est la conduite, suspendue au plafond, communiquant avec les gaines verticales d'évacuation et portant un grand nombre d'orifices de passage pour l'air vicié.

Ce système est également applicable dans les hôpitaux où la ventilation doit être très active. Dans certains établissements publics, restaurants, cafés, il est préférable d'employer la ventilation par aspiration pour ne pas diluer les odeurs provenant des cuisines ou des fumées de tabac ; ordinairement le chauffage des salles est réalisé par un calorifère de cave, et, dans ce cas, on doit placer les arrivées d'air chaud sous les banquettes disposées au pourtour des salles. On emploie pour l'aspiration soit une cheminée d'appel, soit, si l'on dispose d'un éclairage électrique, un ventilateur commandé électriquement et placé à la partie haute de la salle. Les appareils à gaz d'éclairage se prêtent généralement bien à un montage en ventilation.

Dans les grands magasins de nouveautés, dans les banques, la ventilation dépend surtout du système de chauffage adopté. Quand l'air chaud provient d'un calorifère et qu'on dispose d'un éclairage électrique, il faut installer à la partie centrale du local une cheminée d'évacuation unique avec ventilateur à la base, ou répartir convenablement des petits ventilateurs électriques pouvant fonctionner par intermittences. Lorsque l'air chaud est pulsé, si la disposition du bâtiment n'oblige pas à disposer un conduit unique d'évacuation, il est préférable de multiplier les orifices de sortie de l'air vicié. Par contre, en été, la présence d'une cheminée centrale de ventilation facilite et assure le mouvement ascensionnel de l'air ; on devra donc, s'il est possible, faire simultanément les deux installations. Avec de l'air pulsé, on a l'avantage de pouvoir, en été, rafraîchir l'air par une pulvérisation d'eau.

Lorsqu'on emploie un ventilateur, appareil mécanique

sujet à des accidents, il y a lieu d'établir une communication directe, sans passer par le ventilateur, entre l'air extérieur et la conduite générale d'amenée d'air ; une telle disposition est représentée sur la figure 211 ; un registre R,

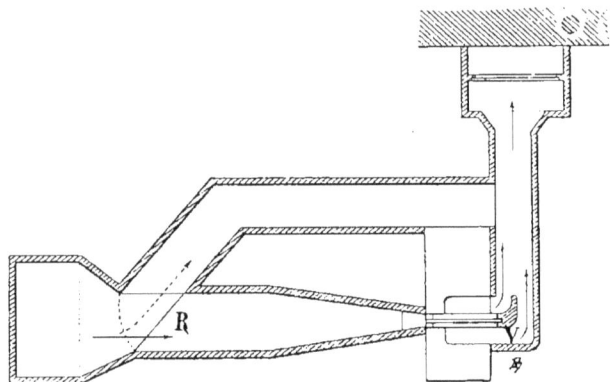

Fig. 211.

manœuvré par une manette, permet d'intercepter le passage de l'air en V.

§ 4. — EXEMPLES DE VENTILATION PAR PULSION ET APPEL COMBINÉS

150. Ventilation d'un amphithéâtre de l'École centrale[1]. — La figure 212 représente la disposition adoptée par MM. Geneste et Herscher ; la coupe est faite dans un pavillon d'angle contenant un de ces amphithéâtres.

« L'air est pris en A, dans la partie haute du cloître qui entoure la grande cour ; il descend en B par une gaine, passe en C à travers un filtre fait de molleton tendu sur des châssis développés, et arrive à un ventilateur V. Ce ventilateur le refoule dans un calorifère à vapeur H ou dans une chambre

[1] Extrait de l'ouvrage de M. Denfer, professeur à l'École centrale et constructeur de cette école.

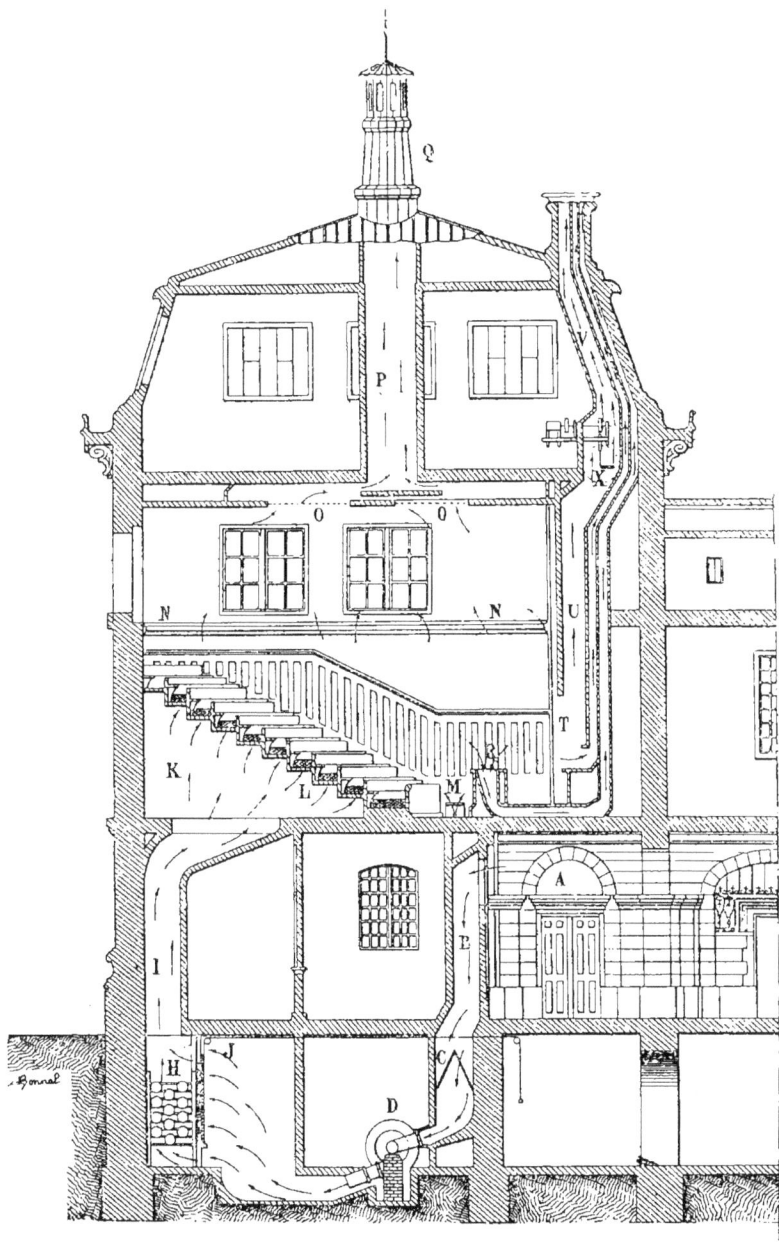

Fig. 212.

latérale J ou dans les deux à la fois. On forme ainsi une chambre de mélange qui permet, au moyen de la manœuvre des deux registres combinés, d'obtenir la température voulue.

« L'air, poussé par l'action du ventilateur, monte à travers le rez-de-chaussée en L et arrive dans l'espace K placé au-dessous des gradins de l'amphithéâtre ; il s'y répand par une grande étendue, environ 13 mètres, et passe dans la pièce par des grilles placées tout le long des contre-marches des gradins.

« Il sort avec une vitesse insensible de $0^m,25$ à $0^m,30$ et à la température de 18 à 22°. Comme la température de cet air ne compenserait pas les pertes de calorique des parois de la pièce, on a installé, de chaque côté de l'amphithéâtre, des surfaces annexes chauffées par la vapeur, et, pour éviter les courants descendants produits par les parois refroidissantes des vitres, on a établi en N un cordon de deux tuyaux de vapeur tout autour de la pièce.

« L'air vicié est extrait de l'amphithéâtre au moyen de ventilateurs mus mécaniquement. Une première sortie a lieu au plafond, dans une grande gaine O communiquant, par le conduit P, avec la cheminée de ventilation Q.

« On voit donc que l'air, de cette façon, se trouve réparti au mieux entre tous les occupants, tandis que l'air vicié s'élève par un chemin direct vers les orifices d'évacuation. L'air neuf pousse l'air plus ancien, suivant le chemin qu'il tend à prendre de lui-même et en se mélangeant avec lui aussi peu que possible. Il y a également des arrivées d'air neuf le long de la table du professeur. On réalise ainsi la ventilation rationnelle.

« Les expériences de chimie se font soit sur la table du professeur, soit sur une paillasse T en arrière, sous une hotte de dégagement. On a ménagé un conduit spécial U à la partie supérieure de la hotte, dans lequel aspire un ventilateur X mù par moteur, et l'air est chassé par une cheminée spéciale V. Une chapelle R placée sur la table aspire les gaz qui doivent être éliminés en ce point et les conduit à une cheminée distincte. Une seconde cheminée identique aspire dans une chapelle placée sous la hotte, lors des expériences dégageant exceptionnellement des masses considérables de gaz. Lorsqu'on doit se servir de ces deux cheminées, on y allume momentanément une rampe de gaz déterminant le tirage. Avec ces précautions et ces dispositions on a obtenu un résultat complètement satisfaisant. »

151. Chauffage et ventilation de l'Hôtel de Ville de Paris. — Le chauffage a lieu par la vapeur ; les locaux sont divisés en plusieurs *services* distincts, dont quelques-uns (le service des fêtes, par exemple) ne fonctionnent que par intermittences, tandis que les autres demandent une action continue.

La production de vapeur nécessaire a lieu dans la partie centrale du bâtiment, au moyen de générateurs placés dans les sous-sols (*fig.* 213) et alimentant des prises de vapeur répondant aux différents services. Les générateurs donnent une puissance suffisante pour qu'on n'ait jamais besoin de leur demander un service simultané, alors même que tous les services de l'Hôtel de Ville fonctionnent en même temps. Cet excès de puissance a pour but de permettre le nettoyage périodique et les réparations et de n'avoir, en aucun cas, à redouter une interruption dans la marche.

Le *Service du Conseil municipal* comprend la grande salle du Conseil avec ses dépendances : vestiaire, buvette, etc. La partie importante du chauffage consiste dans le chauffage et la ventilation de la salle des séances. La destination de la salle ne permettant pas l'établissement de surfaces de chauffe *apparentes*, celles-ci ont été établies au dehors et fonctionnent comme calorifères envoyant de l'air chaud : 1° par des bouches réparties au pourtour de la salle, au niveau du sol ; 2° par des ouvertures ménagées en contre-haut à une distance suffisante pour éviter aux personnes l'action directe des courants entrants.

Les bouches placées au niveau du sol sont spécialement destinées à établir le *régime* ou la température voulue, avant que la salle soit occupée ; alors on ralentit considérablement, ou même on arrête le débit de ces bouches, qui pourrait incommoder les personnes placées à proximité et l'on fait arriver l'air chaud par les bouches supérieures, tandis que l'aspiration de l'air vicié est produite à la partie inférieure, à travers des ouvertures ménagées sous les gradins.

Les appareils de ventilation sont établis de telle façon qu'il y a toujours une légère suppression d'air dans la salle, pour éviter tous les courants d'air gênants de l'extérieur.

Les divers autres services du conseil municipal sont chauffés et ventilés par des surfaces de chauffe apparentes et par des prises d'air spéciales.

Le *service du Préfet* comprend les escaliers, les écuries, au rez-de-chaussée, puis, aux différents étages, les bureaux, les salons, etc. Pour les salons, en admettant quatre personnes par mètre carré, ce qui semble le maximum de l'agglomération, on a compté sur un renouvellement de 30 mètres cubes par heure et par personne. Cet air est aspiré près du sol, et l'air chaud est également introduit par des bouches placées au niveau du sol, au commencement du chauffage, pour obtenir le *régime* le plus rapidement possible. Ensuite cet air chaud est distribué par les bouches supérieures. Pour donner issue aux gaz viciés provenant des appareils d'éclairage, on a ménagé à la partie haute une évacuation d'air représentant le quart du cube total de la ventilation.

Les dégagements, couloirs, escaliers, etc., sont chauffés par le sol à une température supérieure à celle du salon. Les cabinets d'aisance, les écuries, les cuisines, tous locaux pouvant produire une odeur quelconque, sont ventilés par appel. Les cabinets d'aisance sont largement pourvus d'air et communiquent à un conduit d'aspiration énergique. La ventilation mécanique est d'ailleurs assurée partout par des ventilateurs à hélice mus par la vapeur. La nuit, les appareils d'éclairage suffisent à assurer une ventilation convenable.

Dans les *écuries*, les gaz viciés qui s'y produisent par la présence du fumier sont plus lourds que l'air; il faut donc les aspirer près du sol : une bouche d'aspiration est placée au-dessous des mangeoires. En temps ordinaire, l'air peut être introduit directement sur la face opposée, à la partie haute ; mais, dans certains cas, alors que la température extérieure est très basse, il y aurait inconvénient à introduire de l'air pouvant amener une transition brusque de température. Dans ce cas, au moyen d'un dispositif spécial, on mélange l'air introduit avec une partie plus ou moins

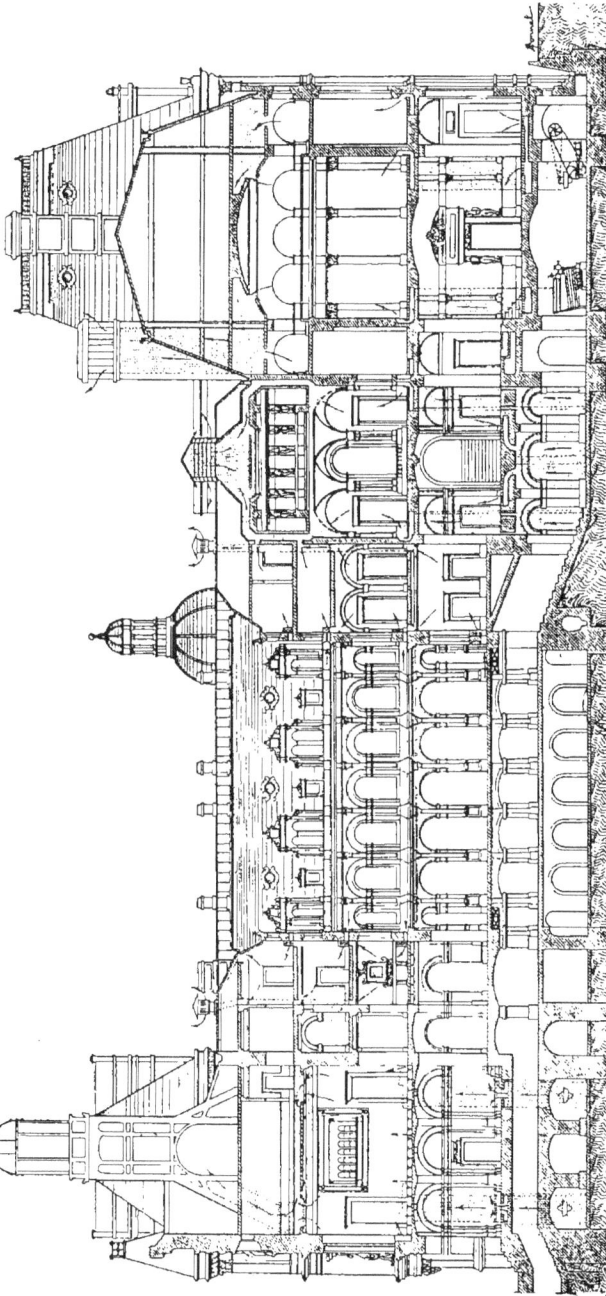

FIG. 213.

grande d'air chaud, afin d'atténuer l'effet d'une température trop froide, tout en maintenant le bénéfice d'une large aération.

Service des bureaux. — Dans aucun des locaux, l'agglomération n'est assez grande pour motiver l'emploi de moyens énergiques de ventilation. Pour les couloirs, galeries, escaliers, on ne s'est pas préoccupé du renouvellement de l'air, qui est toujours fourni en quantité plus que suffisante par les ouvertures ou communications permanentes.

Les poêles placés dans chaque bureau portent un robinet *à bouton de réglage*, qui permet d'activer ou de ralentir l'introduction de vapeur.

ANNEXE

NOTE SUR L'ACOUSTIQUE DES SALLES DE RÉUNION

152. Généralités. — L'étude qui vient d'être faite des procédés de chauffage et de ventilation des salles de spectacle conduit à donner ici, succinctement, les conditions qui doivent présider à leur exécution matérielle, en vue de réaliser une *acoustique* acceptable.

On sait [1] que, lorsqu'un objet est suffisamment ébranlé, les vibrations de cet objet se propagent par l'intermédiaire de celles de l'air ambiant, à notre organe auditif, de telle sorte que nous en percevons le *son*.

Dans la construction d'une salle, tous les éléments constitutifs de l'aménagement influent d'une façon plus ou moins notable sur l'audition de la parole ou des sons musicaux ; la capacité, la forme, la nature des matériaux contribuent à rendre une salle détestable ou excellente suivant les cas.

Explication de quelques faits. — Le son se propage dans l'air suivant des ondes sphériques dues à l'ébranlement des molécules de ce fluide ; le son n'occasionne qu'une oscillation, un mouvement de raréfaction dans les corps ou les milieux qu'il traverse ; ces oscillations engendrent des *ondes* qui se propagent de proche en proche. L'*intensité* du son est due à l'étendue des oscillations ; elle diminue à mesure qu'on s'éloigne du centre d'ébranlement, c'est-à-dire de l'endroit origine de l'émission.

[1] Voir *Physique et Chimie*.

La *hauteur* du son est déterminée par le nombre de vibrations effectuées dans un temps donné.

Le *timbre* est la propriété qui distingue deux sons de même hauteur et de même intensité.

Le phénomène de l'*écho* résulte de la réflexion du son sur un obstacle solide. Il arrive fréquemment, en hiver, que le sol est recouvert de neige ; les sons émis, n'étant plus répercutés par des surfaces polies, arrivent à l'oreille très nets, mais peu intenses ; le même fait a lieu dans une salle recouverte de tapis et de tentures : l'intensité du son augmente lorsque la neige disparaît, ou qu'on enlève les tentures. Les murs des maisons qui bordent les rues font sentir très sensiblement leur influence répercutante sur l'intensité du son.

Il est d'usage de dire que la *voix monte*, alors que c'est simplement parce que le sol, jouant le rôle de réflecteur, augmente notablement le son émis près du sol ; les ondes réfléchies s'ajoutent aux ondes directes. L'*abat-son*, placé au-dessus de la chaire des prédicateurs dans les églises, joue le même rôle que le sol dans le cas précédent.

Dans les théâtres, les meilleures places pour bien entendre sont les *baignoires*, en raison de ce fait que l'oreille se trouve dans un milieu très calme, où le bourdonnement continuel résultant de la présence des spectateurs ne peut nuire à l'audition.

153. Historique et classification. — Chez les Anciens les théâtres, affectés aux jeux scéniques, présentaient une forme circulaire et les gradins étaient établis par zones placées sur la route des ondes sonores directes.

Pour rendre les sons plus intenses, on plaçait sous les gradins, dans les *ventres* des ondes sonores, des vases destinés à renforcer les sons et dont la capacité était réglée de telle sorte que la masse d'air qu'ils contenaient entrât en vibration sous l'influence de certaines ondulations.

Les acteurs portaient des masques et articulaient ainsi les sons devant une sorte de pavillon conique dont était munie la bouche de ces masques. Enfin la scène était peu profonde, et la répercussion produite était encore tout à l'avantage des spectateurs.

Chez les modernes il y a lieu de distinguer, au point de vue de l'acoustique, deux sortes de salles, les *théâtres* et les *amphithéâtres*.

154. Acoustique des théâtres et des concerts. — Les théâtres modernes doivent être parfaitement clos ; les formes diverses à donner aux salles doivent être étudiées, selon nos goûts, pour permettre aux spectateurs, non seulement de suivre les acteurs, mais aussi de pouvoir examiner la salle en détail ; aussi les galeries sont-elles presque toujours en encorbellement. En outre la toiture doit être constituée par un comble solide, très élevé, rendant possible l'éclairage. Ces conditions ne sont pas compatibles avec les exigences de l'acoustique.

Au point de vue de la scène, il serait nécessaire qu'elle eût peu de profondeur et que les parois du mur de fond fussent bien lisses, à l'inverse de ce qui se passe généralement, les coulisses occupant une large place nécessaire à la manœuvre des décors, formés eux-mêmes de panneaux de toiles, de tentures légères, qui absorbent une grande partie des ondes sonores et en renvoient peu dans la salle.

Les cloisons des loges, assez souvent construites en bois, les colonnettes supportant les balcons, nuisent à l'acoustique en brisant les ondes et en déterminant une répercussion qui peut, parfois, amener de l'écho. Enfin toutes les draperies, tentures, sont autant de tampons qui absorbent et modifient les sons émis : si elles sont nécessaires dans les salles de grandes dimensions, pour éviter les répercussions, il est préférable, dans les petites salles, de construire le fond et la devanture des galeries de manière à ce que toutes les surfaces soient répercutantes.

Le parterre des théâtres et des concerts ne nécessite pas l'emploi de gradins ; il suffit de poser directement les sièges sur le sol, en contre-bas de la scène et à une distance telle que le premier rang de spectateurs puisse voir les personnages et suivre le jeu des artistes.

Lorsque les salles de concert, qu'elles soient circulaires ou carrées, ne sont pas trop grandes, et sont destinées spécialement à la musique instrumentale, il est préférable de placer l'orchestre au milieu, en l'élevant un peu au-dessus du sol, afin de faciliter la dispersion des ondes ; l'auditoire sera disposé suivant une courbe très légère, afin d'éviter une trop grande hauteur de salle, une importante masse d'air et une notable différence de température entre la partie inférieure et la partie supérieure. Les murs seront en parois solides et polies, répercutant avec avantage, augmentant la sonorité et produisant des résonnances qui peuvent être utiles et même d'un grand secours à l'orchestre.

Si, au contraire, la salle est très grande, il faudra ménager des parois répercutantes dans les environs des centres d'ébranlement et des surfaces absorbantes dans le fond de la salle pour éviter les échos.

155. Acoustique des amphithéâtres. — La première condition essentielle à remplir, lorsqu'on dispose d'un local déterminé, c'est de disposer les gradins de façon à ce que tous les spectateurs puissent voir ; cette condition n'est pas obtenue dans toutes les salles de réunion, parce que les gradins sont tracés suivant une ligne droite, alors qu'ils doivent être disposés suivant une courbe qu'il est facile de déterminer en considérant le point le plus bas à percevoir sur l'estrade, et en traçant les rayons visuels de chaque gradin de manière qu'aucun rayon ne soit interrompu par la ligne du dessus des têtes (c'est-à-dire par un écran qui serait placé à $0^m,15$ au-dessus de la ligne des yeux, au minimum, et à $0^m,30$ au maximum, dans le cas d'une salle de spectacle, pour tenir compte des chapeaux de dames) des spectateurs placés immédiatement au rang précédent.

Les dimensions à donner aux gradins sont les suivantes : $0^m,45$ de hauteur de banquette, et $0^m,25$ de largeur de siège, $0^m,45$ d'espace entre le devant de la banquette et le dossier du gradin situé en avant ; $0^m,75$ de hauteur de dossier.

Dans les amphithéâtres scolaires, où l'on doit prendre des notes, il faut placer les banquettes un peu plus bas pour permettre aux assistants d'écrire commodément, sans s'appuyer sur les banquettes du rang précédent.

La meilleure forme à donner à un amphithéâtre, au point de vue de l'acoustique et de l'optique, serait la forme para-

bolique, en y comprenant l'auditoire et le plafond, l'orateur
étant placé au foyer : on sait, en effet, que la parabole a la
propriété de renvoyer parallèlement à son axe les rayons
émis de son foyer, qui viennent frapper un point quelconque
de sa courbe.

Quant aux murs, il est logique de les construire sur un
plan angulaire, de telle sorte que l'orateur occupe la partie
resserrée : cette disposition permet une répartition circulaire
des sièges, placés parallèlement au mur de fond de la salle,
et par cela même évite la position oblique des spectateurs.

L'orateur devrait occuper l'endroit le moins large et le
moins élevé, afin d'envoyer les ondulations sonores dans
l'espace occupé par des auditeurs; le plafond parabolique
incliné vers l'orateur, renverrait dans la salle, par le trajet
le plus court, les ondes sonores. Il est facile de remarquer
que les meilleures places, dans un amphithéâtre demi-circu-
laire, sont limitées par une ligne à 45° par rapport au rayon
médian : les premiers arrivants se groupent, en effet, au
milieu et en bas, les autres les entourent en montant. Il
arrive un moment où l'on a plus d'avantage à être placé plus
loin du professeur, mais de face, que plus près, mais de
profil.

Les parois des amphithéâtres doivent être exclusivement
construites en matériaux durs et susceptibles d'être polis,
comme la pierre, le marbre, le stuc; par contre, les murs de
fond des salles de réunion devront être recouverts de substances épaisses, draperies absorbantes, qui suppriment la
répercussion du son et empêcheront la formation d'un *écho*
désagréable pour les auditeurs placés près du professeur.

Les gradins devront être construits sur voûtes en maçonnerie et non sur charpentes en bois qui produisent toujours
des vibrations fâcheuses.

Les ondes sonores se propageant mal horizontalement, il
est mauvais de procéder comme il est fait dans les églises.

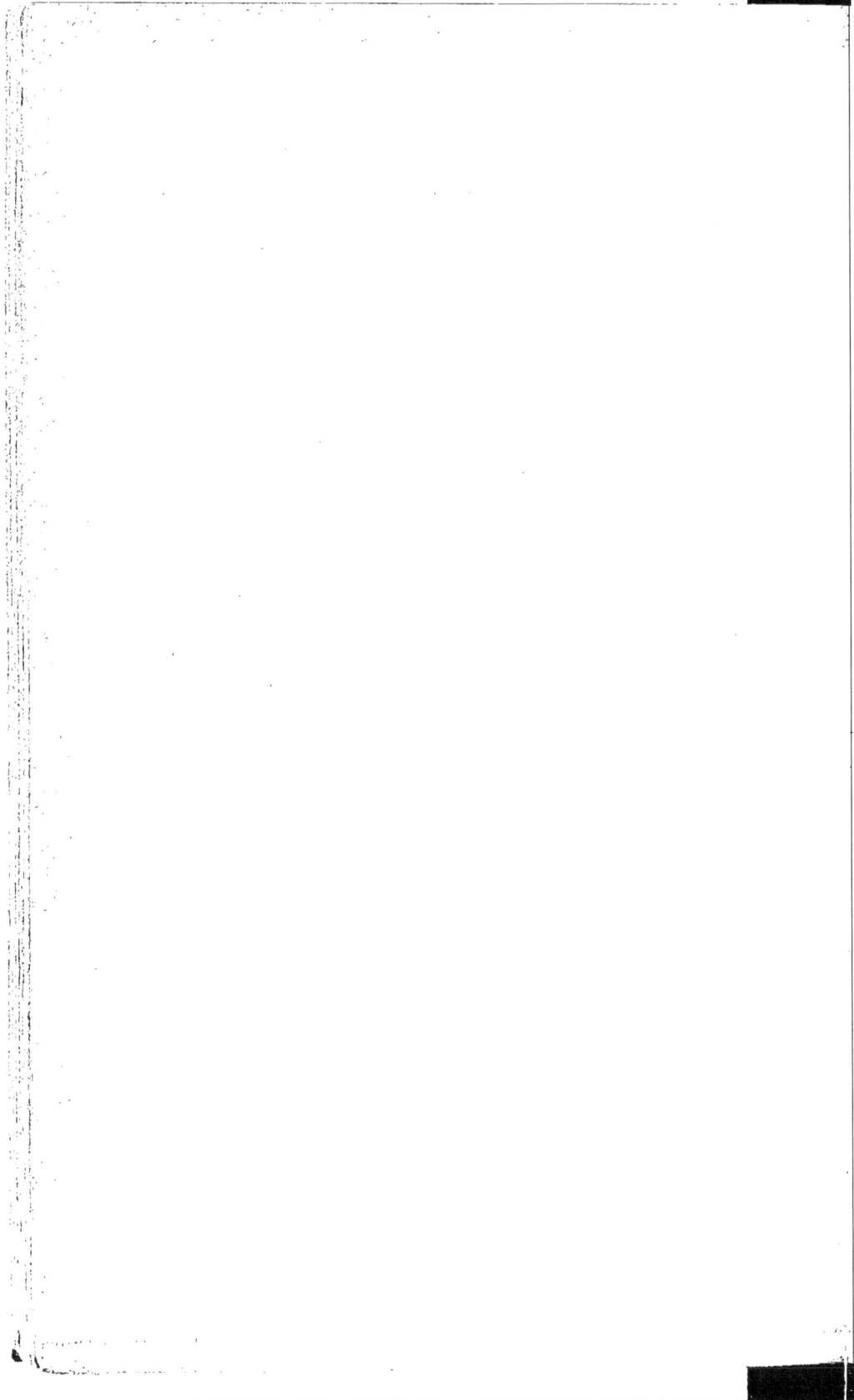

TABLE DES MATIÈRES

ORDONNANCES ET RÈGLEMENTS

DEUXIÈME PARTIE

CHAUFFAGE

CHAPITRE I

CONSIDÉRATIONS THÉORIQUES

§ 1. — DES DIVERS MODES DE TRANSMISSION DE LA CHALEUR

§ 2. — TRANSMISSION DE LA CHALEUR A TRAVERS UNE PAROI

CHAPITRE II

CHEMINÉES D'APPARTEMENTS

§ 1. — Généralités

§ 2. — Cheminées diverses

§ 3. — Cheminées-Poêles

CHAPITRE VIII

CHAUFFAGE PAR LA VAPEUR

§ 1. — Généralités

Chauffage par la vapeur à haute pression

ANNEXE

CALCULS RELATIFS A L'ÉTABLISSEMENT D'UN PROJET DE CHAUFFAGE

TROISIÈME PARTIE

VENTILATION

CHAPITRE I

VENTILATION NATURELLE ; VENTILATION PAR CHEMINÉE CHAUFFÉE

§ 1. — Généralités

CHAPITRE II

VENTILATION MÉCANIQUE

§ 1. — Généralités

§ 2. — Des ventilateurs, humidificateurs, etc.

§ 3. — Dispositions particulières

4. — Exemples de ventilation par pulsion et appel combinés

ANNEXE

NOTE SUR L'ACOUSTIQUE DES SALLES DE RÉUNION

TOURS

IMPRIMERIE DESLIS FRÈRES

6, Rue Gambetta, 6

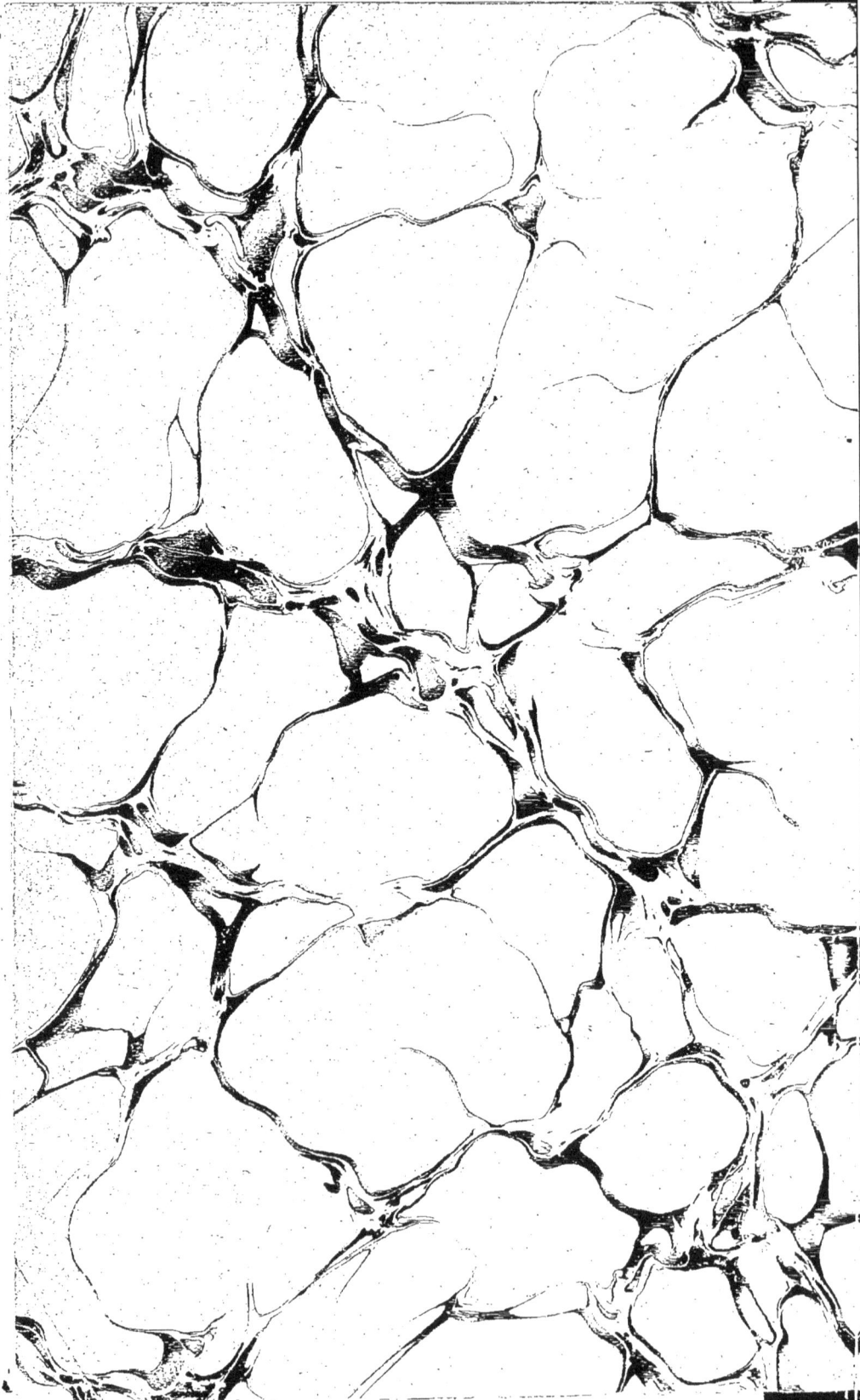

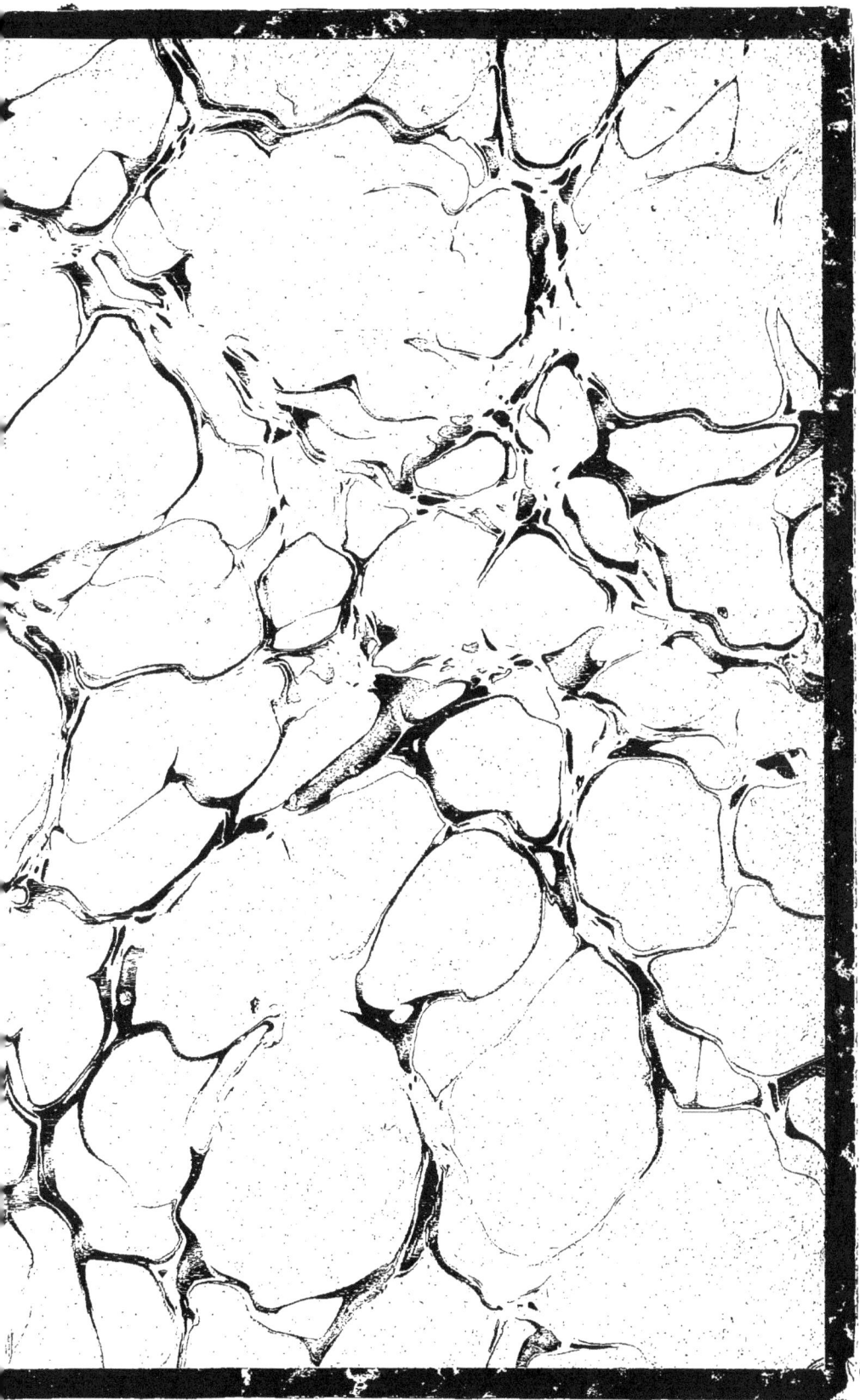

www.ingramcontent.com/pod-product-compliance
Lightning Source LLC
Chambersburg PA
CBHW060416200326
41518CB00009B/1377